# 机场建筑防疫通风

Ventilation for Epidemic Prevention in Airport Terminal Buildings

李安桂　崔海航　陈　力　等　著

中国建筑工业出版社

**图书在版编目（CIP）数据**

机场建筑防疫通风＝Ventilation for Epidemic
Prevention in Airport Terminal Buildings/李安桂
等著 .—北京：中国建筑工业出版社，2023.4
ISBN 978-7-112-28419-1

Ⅰ.①机… Ⅱ.①李… Ⅲ.①机场建筑物－通风－建
筑设计 Ⅳ.①TU248.6

中国国家版本馆 CIP 数据核字（2023）第 037068 号


责任编辑：张文胜
责任校对：李辰馨

# 机场建筑防疫通风

Ventilation for Epidemic Prevention in Airport Terminal Buildings

李安桂 崔海航 陈 力 等 著

\*

中国建筑工业出版社出版、发行（北京海淀三里河路9号）

各地新华书店、建筑书店经销

北京龙达新润科技有限公司制版

河北鹏润印刷有限公司印刷

\*

开本：787毫米×1092毫米 1/16 印张：18 字数：448千字

2023年4月第一版 2023年4月第一次印刷

定价：**65.00**元

**ISBN 978-7-112-28419-1**

（40681）

# 前　言

21 世纪初，世界正处于百年未有之大变局时代。新冠肺炎（COVID-19）疫情的暴发使我们从建筑环境安全保障与流行病、防疫角度对这一变局有了更加清醒的认识。此书即将付梓印刷之际，一个世纪以来影响范围最广、甚至影响人类历史进程的新冠肺炎仍在肆虐。截至 2022 年 10 月 22 日，全球感染人数已超 6 亿人，死亡人数超过 600 万人。新冠肺炎疫情还让人们的一些工作或生活被迫按下暂停键。世界范围内，也先后经历了 SARS、COVID-19 等类似疫情冲击。作为通风空调、室内环境控制工作者，需要对通风空调平时与疫情时的内涵、运行模式不断进行思考与探索。

从实践认识中看，迄今学术界对人体初始接触新冠病毒量的致病阈值仍未达成科学共识。无论新冠肺炎还是普通季节性流感，致病微生物通过空气流动进行扩散是其主要的传播途径之一。不同于既有污染物，对这些致病微生物的毒性大小乃至人体接触限值仍在逐步地认识过程中。因此，从通风工程角度而言，如何利用通风气流组织技术来排除此类污染物，降低建筑中的新冠肺炎疫情传播风险，是通风行业面临的挑战性难题。

本书阐述了致病微生物、生物气溶胶等气载污染物的传播与空气流动理论。从流体力学角度而言，均可以看作以流动的空气为动力的气溶胶进行传播，在微纳米尺度范围内忽略其惯性影响后，可采用统一方法处理。鉴于此，建筑防疫通风研究应基于实际污染物或考虑流体动力学性质的"示踪气体替代物"进行，需要考虑到小概率事件的不保证率问题，并以此确定通风风量及设计方法，最终平衡社会、经济投入和防疫效果风险之间的关系。

通风方向作为西安建筑科技大学"供热、供燃气、通风与空调工程学科"特色研究方向之一，从 20 世纪五六十年代起，至今已几代人了。笔者团队涵盖了暖通空调、流体力学、环境工程、流行病学的交叉学科背景，长期从事地下及封闭空间环境保障、先进通风技术的研究。2022 年初西安的新冠肺炎疫情暴发期间，受陕西省政府委托，笔者团队承担了西安咸阳国际机场新冠病毒传播空气输运路径解析的任务，团队第一时间进入了西安咸阳国际机场的国际到达疫情封控区，进行了现场测试调研。对机场内各典型区域及核酸采样间、卫生间进行环境参数现场实测，获得了第一手现场资料，获得了深入研究气载致病微生物空气传播所需的边界条件与初始条件。

为进一步摸清机场内气流流动路径，我们建立了包含国际指廊、国内航站楼及连接楼的缩尺比例模型，进行了速度场、空气龄等反映通风排除污染物效果的可视化及量化测试。同步开展了包含机场建筑内外环境（室外区域、机场航站楼、采样间等）的跨尺度（特征尺度介于 $10^{-2} \sim 10^{3}$ m 的范围）CFD 模拟工作。团队成员日夜奋战，通过模型试验和 CFD 模拟，完成了西安咸阳国际机场疫情溯源解析的研究报告，给出了西安咸阳国际机场疫情防控整改与环境提升的具体技术措施，提出了大型机场建筑内的分区通风模式，通过合理设置通风边界条件，在目标控制区域形成正压分区、负压分区，实现防疫通风气流有序引导，相关举措已付诸实施。完成了溯源任务，及时回应了社会关切。研究过程中，与清华大学江亿院士、国家疾控中心潘力军研究员及国家卫健委、陕西省卫健委、陕西省新冠肺炎医疗救治专家组及西安咸阳国际机场集团等多次交流，其中一些建议及时纳入了西安咸阳国际机场的疫情防控实践。

"科学理论源于实践，科学理论形成后又指导了实践"。在对西安咸阳国际机场疫情传播溯源的研究过程中，笔者更加体会到建筑通风及气载污染物控制是一个复杂课题，室外气象条件、机场建筑设计方案及通风空调运行方式等都会对机场建筑的防疫通风效果有重要影响。

本书包括病毒传播与气流运动、机场疫情传播路径解析、机场建筑高效驱替污染物分区通风技术三个方面；建立了大型机场建筑跨尺度、内外交互的空气运动及污染物输运高精度数值求解方案；探索了防疫通风中，自然通风与机械通风相互共存的空气流动与分区负压控制方法；针对机场等大型公共建筑的防疫通风问题，构建了建筑几何特征提取（确定边界）→建立具有流体动力学性质"示踪气体替代污染物"的流动、传热、传质的数学模型（理论分析）→开展实验测试及数值模拟研究→发现内在联系→提出工程举措的全流程研究方案，解决了机场疫情溯源及环境保障提升的问题。

关于大型国际机场的防疫通风研究尚不多见。本书的完成是笔者团队在污染物通风控制理论与技术多年研究积累的基础上，对机场建筑通风体系的思考与探索。所提出的机械通风与自然通风协同增益的理念、分区负压控制技术等环境提升措施已应用于西安咸阳国际机场疫情的防控中，助力机场疫情的防控与空气环境保障。

新冠肺炎疫情期间，笔者团队参加了科技部"新型冠状病毒传播与环境的关系及风险防控"专题研究，并受住房和城乡建设部及中国工程院委托，牵头编制了《公共及居住建筑室内空气环境防疫设计与安全保障指南（试行）》，并由住房和城乡建设部发布实施，为我国的抗疫工作做了些许工作。

"星星之火可以燎原"。本书的出版作为一团"火花"，期望助力公共建筑防疫通风设计体系的完善与提升。在本书的编写过程中，李安桂负责全书的整体结构，并撰写第5、9章及第10.6节；崔海航负责撰写第1.2节及第11章；陈力、李安桂负责撰写第7、8、10章，黄明华负责撰写第3.1、3.2、3.3、7.1节，尹海国、李安桂负责撰写第4、6章，高然负责撰写第3.4、3.5、3.6节，张莹负责撰写第1.1、1.3、1.4节，杨长青负责撰写第2章及第4.4节。全书由李安桂、崔海航和陈力统稿。

特别感谢熊静博士及研究生韩欧、郭晋楠、王天琦、李佳兴、张坻、陈程、孙维东、张帅帅、杨康、厉海萌、景若寅、刘梦超、姬黛娜、梁林峰、尤涛、刘玉波、卜宝芸等的帮助，在此，向他们表示衷心的感谢！西安建筑科技大学及西安咸阳国际机场股份有限公司给予了多方面的支持和帮助，在此一并感谢。

由于水平有限，书中难免存在不足之处，热忱欢迎广大读者批评指正。

李安桂
2022年12月于西安

# 目 录

## 上篇　气载有害物传播与气流运动

## 中篇  机场疫情传播路径案例解析

# 上 篇
# 气载有害物传播与气流运动

上篇为基础篇，共计 4 章，阐述了气载污染物（包括致病微生物、生物气溶胶等）的传播与空气流动的基础理论。

从流体力学角度而言，以流动的空气为动力传播的污染物包括气态、液滴与颗粒三种存赋形式，一些致病微生物被认为依附于微小液滴气溶胶、颗粒进行传播。在微纳米尺度下，忽略其惯性影响后，液滴与颗粒均具有较好的气流跟随性，可采用统一方法进行处理。

首先，讨论了气载致病微生物的传播类型，及气溶胶作为传播媒介被认识的历程；论证了建筑内外流动贯通的情况下，自然通风所具有的防疫潜力；给出了研究防疫通风问题的基础数学模型和一般求解过程，并给出了微生物气溶胶在输运过程中特别需要关注的问题；最后，针对大型机场建筑，介绍现行的机场选址、布局及内部通风系统的设计原则，这些现状将作为防疫背景下研究通风问题的前置条件，并引出"防疫通风"的概念，分析了防疫通风应具有的基本特征。本篇是研究防疫通风问题的共通理论基础，也可供非通风领域读者快速了解这一问题的相关背景。

# 第1章 呼吸道传染病传播方式

疫，"民皆疾也"。可以说，人类生存发展的历史是一部与传染病交织的斗争史。病毒、细菌传播造成的流行性或急性传染病，给人类带来了深重的灾难，其危害有时甚至超过战争和严重的自然灾害。传染病发病率及病死率一直居于人类各种疾病的首位，特别是急性呼吸系统疾病占感染性疾病的首位[1]，如1918年大流感（也称为西班牙大流感，1918 Influenza Pandemic）、2009年甲型H1N1禽流感（Influenza A/H1N1）、2019年以来的新型冠状病毒（Covid-19）等，呼吸道传播疫病的全球流行肆虐夺走了数以亿计的生命。了解呼吸道疾病的传播方式是疫情防控的科学基础。

## 1.1 呼吸道传染病

呼吸道传染病是指由病原微生物（病毒、细菌、支原体、衣原体等）引起的传染性疾病。表1-1给出了常见病原体类型及致病情况[2]。微生物（细菌、病毒等）主要依附在灰尘等粒子上，或单独浮游在空气中（如孢子等），以颗粒物的形式存在[3]。每一种微生物颗粒都有其特有的粒径范围[4]。相同大小的生物颗粒与非生物颗粒在空气中会表现出相似的空气动力学特征[5]。不同类型传染性呼吸道病原微生物空气动力学粒径不同（图1-1[2]），沉积于人体呼吸道的位置亦不同，如粒径大于 $10\,\mu m$ 的粒子通常可进入鼻腔和上呼吸道，$1\sim10\,\mu m$ 的粒子则多沉积于支气管内，而 $1\,\mu m$ 以下的粒子将进入远端肺处[6]。一般而言，上呼吸道感染主要由病毒引起，而下呼吸道感染多由细菌与病毒联合所致[7,8]。

随着人类社会的全面进步及预防医学、临床医学、基础医学及药学等迅速发展，人类与传染病的斗争积累了丰富经验。但是近年来，一些已被控制的传染病又卷土重来，甚至超出了原来的流行程度；同时还出现了数十种新发传染病[9,10]，特别是"非典"重症急性呼吸综合征（Severe Acute Respiratory Syndrome，SARS）、新型冠状病毒肺炎①（Corona Virus Disease 2019，COVID-19）等在全球大暴发造成了感染者长期的健康隐患，乃至极为严重的生命损失。一项新近发表的对4万余感染者的回顾性研究中，系统分析了新冠肺炎感染患者的长期残留症状（图1-2），包括疲劳、头痛、注意力障碍等在内的长期症状达55种之多[11]。控制传染病是一项复杂而艰巨的系统工程，不仅是一个卫生问题，而且是一个严峻的社会安全问题。对于呼吸道系统传染病的控制，更是需要多类学

---

① 本书中简称新冠肺炎；2022年12月26日，国家卫生健康委发布公告，将新型冠状病毒肺炎更名为新型冠状病毒感染。自2023年1月8日起，将新型冠状病毒感染从"乙类甲管"调整为"乙类乙管"。

科交叉，多种技术并举。

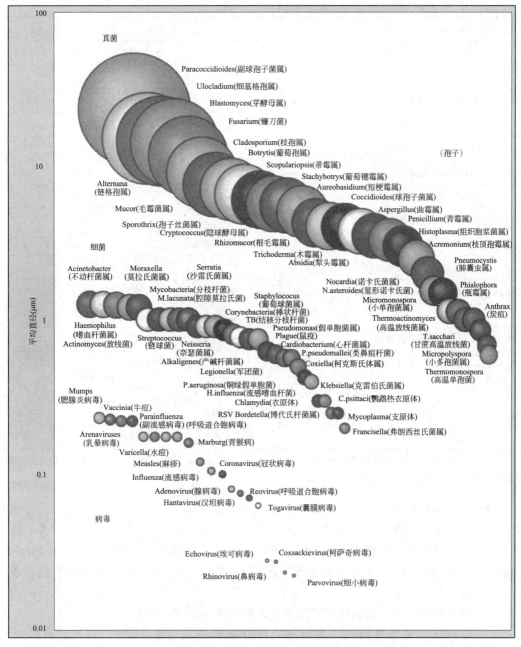

图 1-1　传染性呼吸道病原体平均粒径特征[2]

注：图中左轴表示典型当量直径或宽度，圆圈面积并不代表微生物的实际大小，仅标识它们之间的相对大小。

新发呼吸道系统传染病的流行具有下列的特殊性[12]：

（1）传染性强，一旦出现便暴发流行。如 2002 年 11 月的 SARS，在短短数月内即传播到全球 29 个国家，共计 8422 个病例，916 例死亡。2009 年首先在北美出现的新型甲型 H1N1 流感、新冠肺炎疫情暴发后数月内即席卷全球。

常见传染性呼吸道致病微生物[2] 表 1-1

| 气载致病微生物 | 微生物组 | 疾病 | 来源 | 平均直径(μm) | 备注① |
|---|---|---|---|---|---|
| Adenovirus(腺病毒) | | 感冒 | 人类 | 0.08 | — |
| Arenavirus(沙粒病毒) | | 出血热 | 啮齿动物 | 0.18 | F |
| Coronavirus(冠状病毒) | | 感冒 | 人类 | 0.11 | — |
| Coxsackievirus(柯萨奇病毒) | | 感冒 | 人类 | 0.027 | — |
| Echovirus(埃可病毒) | | 感冒 | 人类 | 0.028 | — |
| Morbillivirus(麻疹病毒) | | 麻疹(风疹) | 人类 | 0.12 | F,N |
| Influenza(流感病毒) | | 流感 | 人类,鸟 | 0.10 | F,N |
| Parainfluenza(副流感病毒) | 病毒 | 流感 | 人类 | 0.22 | N |
| Paramyxovirus(副粘病毒) | | 腮腺炎 | 人类 | 0.23 | F,N |
| Parvovirus B19(细小病毒 B19) | | 传染性红斑,贫血 | 人类 | 0.022 | F |
| Reovirus(呼吸道肠道病毒) | | 感冒 | 人类 | 0.075 | |
| Respiratory Syncytial Virus(呼吸道合胞病毒) | | 肺炎 | 人类 | 0.22 | F,N |
| Rhinovirus(鼻病毒) | | 感冒 | 人类 | 0.023 | — |
| Togavirus(囊膜病毒) | | 风疹(德国麻疹) | 人类 | 0.063 | N |
| Varicella-zoster(水痘带状疱疹) | | 水痘 | 人类 | 0.16 | N |
| Chlamydia pneumoniae(肺炎衣原体) | | 肺炎,支气管炎 | 人类 | 0.30 | N |
| Mycobacterium tuberculosis(结核分枝杆菌) | 细菌 | 结核病 | 人类 | 0.86 | F,N |
| Yersinia pestis(鼠疫杆菌) | | 肺炎型鼠疫 | 啮齿动物 | 0.75 | F |

① F：Fatalities Occur,可致死；N：Nosocomial Infection,院内感染,又称之为医院获得性感染,病人在住院期间发生的感染,或住院期获得而出院后才发生的感染。

（2）不可预知的隐现性。某些新发传染病在短期内突然出现,又快速消失,时隐时现,并在传播中不断变异,如 SARS,迄今未查明其出自何处,为何突然消失；再如新冠肺炎,其病毒在传播的过程中不断变异（图 1-3[13]）,如世界卫生组织（World Healthy Organization,WHO）公布的 5 种流行的新型冠状病毒①变异株,及 8 种需要留意的新冠病毒变异株,见表 1-2[14]。

（3）流动性强,即非流行地区或国家的新发病例来自于"原发"国家。

（4）易感人群缺乏规律。往往呈现人群普遍易感的特征[12,15]。可见,呼吸道传染病的流行,受传染源、传播途径及易感人群影响,特别是传播方式往往复杂,难以确定。

呼吸道传染病的流行与传染源、传播途径及易感人群密切相关,传播方式复杂,其主要感染途径及新冠病毒的环境防控技术正在不断地探索中,人们的认识水平也在不断提高。

① 本书中简称新冠病毒。

4

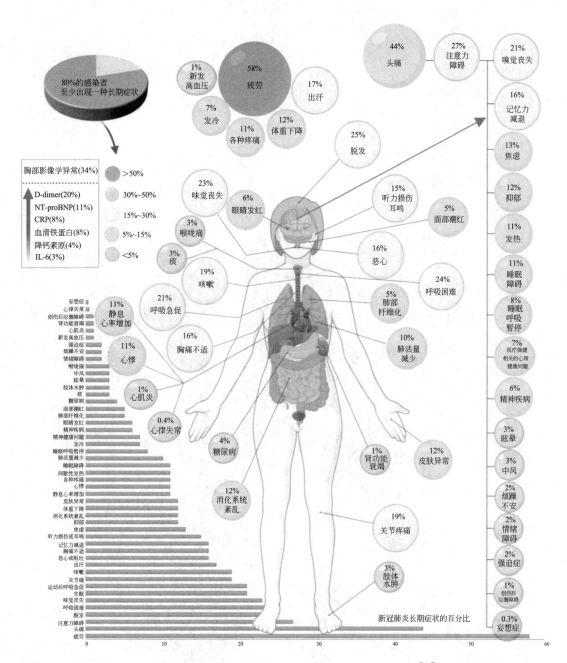

图 1-2　新冠肺炎的长期影响（病毒感染后 14 至 110 天）[11]

注：该图的彩图见本书附录 D。

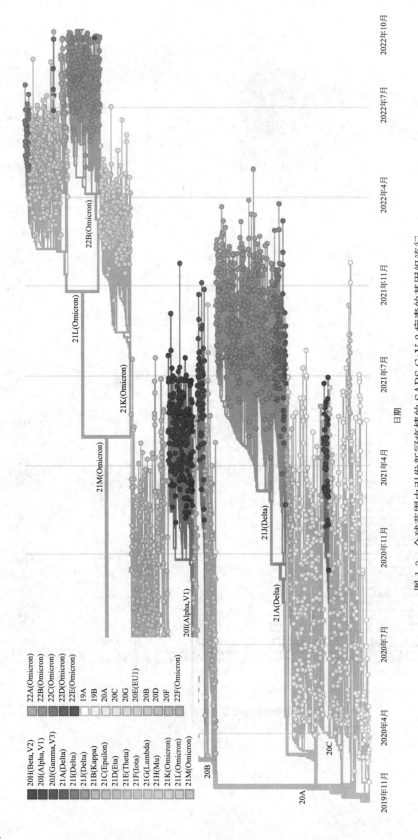

图 1-3  全球范围内引发新冠疫情的 SARS-CoV-2 病毒的基因组流行
病学进化树（2019 年 11 月至 2022 年 10 月 3033 个基因组样本）[13]

注：该图的彩图见本书附录 D。

WHO 公布的新冠病毒流行变异株及需要关注的变异株（截至 2022 年 5 月）[14]　表 1-2

| 类型 | 标签 | Pango 谱系① | 最早记录的样本 |
|---|---|---|---|
| 流行的变异株<br>（Variants of Concern） | Alpha | B.1.1.7 | 英国，2020 年 9 月 |
| | Beta | B.1.351 | 南非，2020 年 5 月 |
| | Gamma | P.1 | 巴西，2020 年 11 月 |
| | Delta | B.1.617.2 | 印度，2020 年 10 月 |
| | | B.1.1.529 | 多个国家，2021 年 11 月 |
| | | BA.2.12.1 | 美国，2021 年 12 月 |
| 需要关注的变异株<br>（Previously subvariants<br>under monitoring） | Omicron② | BA.4 | 南非，2022 年 1 月 |
| | | BA.5 | 南非，2022 年 1 月 |
| | | BA.2.9.1 | 多个国家，2022 年 2 月 |
| | | BA.2.11 | 多个国家，2022 年 3 月 |
| | | BA.2.13 | 多个国家，2022 年 2 月 |
| | | BA.2.75 | 印度，2022 年 5 月 |

①Pango 命名法正被世界各地的研究人员和公共卫生机构用于追踪 SARS-CoV-2 的传播和传播，包括关注的变体以及所有后代谱系。

②其中，BA.4 与 BA.5、BA.2.9.1 与 BA.2.13 在刺突蛋白中具有相同的系列突变，并且在刺突蛋白之外还分别具有差异。

# 1.2　呼吸道传染病主要感染途径及新冠病毒认识历程

## 1.2.1　主要感染途径

一般而言，呼吸道传染病的感染途径可分为飞沫传播、空气传播及接触传播三种方式，如图 1-4 所示。从空气动力学的角度看，这些病菌的传播实际上就是粒径为微米、纳米量级致病微生物颗粒随空气流动传播的过程，甚至部分"接触传播"也是致病微生物颗粒在空气中流动时受到曳力、重力、浮力、电场力、热泳力、万有引力等，沉积于壁面或物体表面造成的。

呼吸道传染病主要感染途径实际上是致病微生物颗粒的扩散及随流输运过程，其具体的过程分析详见本书第 4 章。

**1. 飞沫传播**

飞沫传播实际是颗粒物惯性运动主导的传播方式，指病原体存在于呼吸道黏膜表面的黏液中，或呼吸道黏膜纤毛上皮细胞的碎片中，伴随着病人咳嗽、打喷嚏或谈话时喷出的微细飞沫离开传染源作惯性运动，被易感者吸入体内而引起传染的一种传播途径和方式。当感染者在咳嗽或打喷嚏时，其飞沫喷射距离可远至十数米，飞沫可在其周围环境中漂浮，或随空气流动而扩散，是呼吸道传染病的重要传播途径。一些文献指出，飞沫传播是指粒径大于 5μm、传播距离较近（1～1.5m）的带有病原微生物的飞沫造成的传播。肺鼠疫、麻疹、百日咳、流行性感冒等常以此方式传播。这也是提倡在疾病的流行期间要戴口罩和在咳嗽、打喷嚏时养成用手帕掩住口鼻的卫生习惯，减少飞沫传染病的传播的理论依据[16,17]。

雾化过程是呼吸过程中形成飞沫的主要原因[18]。雾化过程中形成的液滴大小取决于不同的呼吸模式。对于人类呼吸活动而言，不同的呼吸模式具有明显不同的生物动力学机制[19]。常见的呼吸模式，比如正常说话、咳嗽和打喷嚏时所呼出的气流速度存在显著不同[20,21]，气流在呼吸道引起流动的激烈程度迥异，导致呼出液滴的雾化过程差异较大，从而产生不同数量和粒径分布的飞沫运动。

飞沫的蒸发过程以及飞沫核的大小决定了它们在室内的运动和传播[22,23]。较大的飞沫颗粒沉降较快，在短距离范围内被易感人群吸入或接触，即为"飞沫传播"，较小的飞沫颗粒蒸发成"飞沫核"，随气流长距离运动，产生"气溶胶传播"（有时也称"空气传播"）。

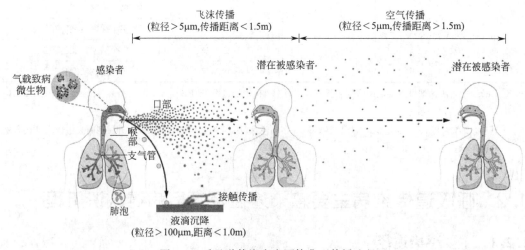

图 1-4　呼吸道传染病病原体典型传播途径

**2. 空气传播**

一般认为，通过悬浮于空气中，并能在空气中远距离传播（>1m），长时间保持感染性的飞沫核传播为空气传播[24]。也有研究者采用粒径界定空气传播，即仅发生于感染性颗粒粒径小于 5μm 时，以气溶胶的形式播散到空气中。空气传播可进一步细分为专性空气传播（Obligate Airborne）、优先性空气传播（Preferential Airborne）和机会性空气传播。专性空气传播是指仅通过气溶胶传播，典型的例子是肺结核。优先空气传播的疾病如水痘和麻疹，可以通过多种渠道传播，气溶胶传播则为其主要的传播方式。上述三种传染病（肺结核、水痘和麻疹）均被 WHO、美国疾病控制与预防中心及我国国家卫生健康委员会[24] 认定是经空气传播的疾病。机会性空气传播是指主要通过其他传播方式，但在特定的条件下，尤其是在诊疗插管等操作时会产生气溶胶，如流感和严重急性呼吸综合征（SARS）。机会性空气传播方式一般不认为是空气传播，在患者的常规医护中，只需要飞沫隔离和接触隔离措施[24,25]。

对于空气传播的认识，也有不同见解。有观点认为，病原体由病人的口、鼻处排出，以空气作为媒介，再经其他人的口鼻、呼吸道等吸入，就是空气传播方式。没有必要再硬性区分空气传播和飞沫传播，因为在自然流行的传染病中，所有经空气的传播都是通过飞沫的方式传播的。病原微生物不可能溶解在空气中，它们只有附着在液体微滴或尘埃颗粒上，疾病才能感染下一个体。真正的远距离空气传播只有在人为的条件下才能实现，如生物战争中使用气溶胶发生器等[26]。

也有文献[27]将菌尘传播也纳入空气传播的范围。菌尘传播是指降落在地面或物体表面的大的飞沫液滴、呼吸道分泌物、伤口的脓液、排泄物、皮肤鳞屑等，干燥后形成带菌的尘埃，在抹擦、清扫、整理床铺、人员行走、物品移动时，经由振动、摩擦或气流流动而扬起，形成尘化传播。菌尘的粒径较大，多在 15μm 以上，在空气中悬浮时间较短。通过吸入或落于伤口能引起直接感染，落在物体表面时引起间接传播。

**3. 接触传播**

接触传播则是指病原体通过媒介物接触引起的传播，包括直接接触传播和间接接触传播。病原体随血液或体液通过人的黏膜，例如口腔、鼻腔或破损的皮肤直接接触而造成的传播称为直接传播[28]；而易感者接触了感染者的排泄物或分泌物污染的日常生活用品，包括接触一些带有病原体的动物而造成的传播称为间接传播，又称日常生活接触传播[29]。

对于呼吸道传染病，特别是新发传染病的传播方式，往往要经历较为曲折的认识过程。下面将以新冠病毒为例，探讨对呼吸道传染病致病微生物传播方式的认识过程。

## 1.2.2　新冠病毒空气传播方式的认识历程

**1. WHO 有关新冠病毒传播方式的表述**

根据认识论的观点，认识过程通常包括感性认识、理性认识和真理性认识三个阶段。感性认识形成对象的大致映像；理性认识是质变阶段，抓住了事物的根本矛盾和主要矛盾，从中看到事物的内在规律；第三个阶段则是用形成的概念辨证改造对象。在新冠病毒的空气传播问题上，同样经历了这样一个复杂、曲折的认知过程[30-32]。

在第一阶段，即 2020 年之前，世界卫生组织（WHO）坚持认为，导致 COVID-19 的 SARS-CoV-2 病毒是通过咳嗽、打喷嚏或说话时释放出的相对较大的"呼吸道"飞沫进行传播的，这些飞沫会污染附近的表面或被其他人吸入。因此，在这一阶段 WHO 主要强调洗手以及表面消毒的重要性。在第二阶段，WHO 花了近两年时间才逐渐认识到病毒可以通过气溶胶颗粒进行传播，这种微小颗粒可以在空气中长时间地传播和停留。WHO 在 2022 年才明确给出了"病毒通过空气传播的"这一明确结论。在第三阶段，WHO 根据"病毒通过空气传播的"的论断，更新了新冠病毒的防疫指南，用以指导世界各地的防疫工作。下面以 WHO 认识历程，简要梳理这一认识历程的时间线（图 1-5），下面的相关信息均来自 WHO 网站的公开资料。

（1）2020 年 2 月 23 日

"这种疾病可以通过鼻子或嘴上的微小液滴在人与人之间传播，这些微小液滴在 COVID-19 病患咳嗽或呼气时生成。液滴落在患者周围的物体表面上。其他人则通过触摸这些物体表面，然后触摸自己的眼睛、鼻子或嘴感染 COVID-19。如果人们吸入新冠病毒感染者咳嗽或呼出的飞沫，也可能感染冠状病毒。这就是为什么与患者保持 1m 以上的距离非常重要。"

这一阶段，WHO 尚未提到病毒可以通过气溶胶传播，也没有提到病毒可以传播到 1m 之外的距离，或可在空气中滞留。

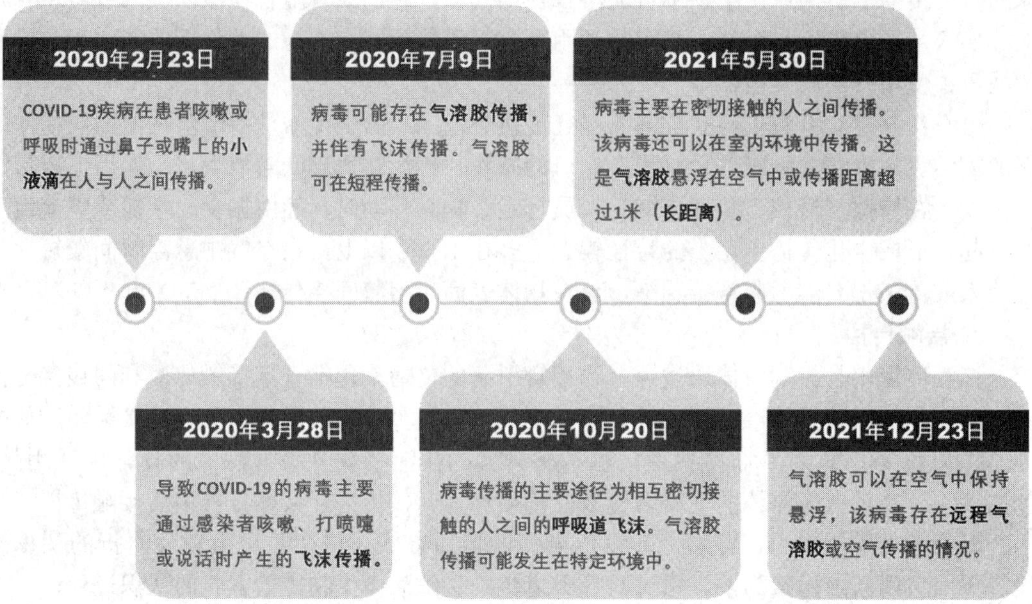

**2020年2月23日**
COVID-19疾病在患者咳嗽或呼吸时通过鼻子或嘴上的小**液滴**在人与人之间传播。

**2020年7月9日**
病毒可能存在**气溶胶传播**，并伴有飞沫传播。气溶胶可在短程传播。

**2021年5月30日**
病毒主要在密切接触的人之间传播。该病毒还可以在室内环境中传播。这是气溶胶悬浮在空气中或传播距离超过1米（**长距离**）。

**2020年3月28日**
导致COVID-19的病毒主要通过感染者咳嗽、打喷嚏或说话时产生的**飞沫传播**。

**2020年10月20日**
病毒传播的主要途径为相互密切接触的人之间的**呼吸道飞沫**。气溶胶传播可能发生在特定环境中。

**2021年12月23日**
气溶胶可以在空气中保持悬浮，该病毒存在**远程气溶胶**或空气传播的情况。

图1-5  WHO对新冠病毒传播认识历程的时间线[30]

（2）2020年3月28日

"导致COVID-19的病毒主要通过感染者咳嗽、打喷嚏或说话时产生的飞沫进行传播。"

"这些液滴太重，无法悬浮在空中，它们会较快落到地面上。"

可见，WHO明确表示病毒是飞沫传播而不是通过空气传播的。但在此期间及之前的研究报道表明病毒可能是通过空气传播的。

（3）2020年7月9日

"与拥挤的室内空间有关的一些疫情报告表明，即使在医疗设施之外，病毒也可能存在气溶胶的传播方式，并伴有飞沫传播……在这些案例中，气溶胶可在短距离内传播，特别是在特定的室内位置，如拥挤和通风不良的空间中，但不能排除病毒与被感染者长期接触的可能性。"

在这份简报中，尽管WHO仍继续强调病毒通过落在物体表面的液滴污染表面，造成密切接触式的传播。但是，也第一次承认了病毒是可能通过气溶胶传播的，与之前的表述方法开始出现差异。

（4）2020年10月20日

"目前证据表明，病毒传播的主要途径为相互密切接触人员间的呼吸道飞沫。气溶胶传播可能发生在特定环境中，尤其是在室内拥挤且通风不良的空间，在这些空间中，感染者长时间与他人在一起……目前正在进行更多的研究，以更好地了解在医疗设施外发生气溶胶传播的条件。"

这时WHO已表示气溶胶传播是可以在医疗环境之外发生的。

（5）2021年5月30日

"目前证据表明，病毒主要在相互密切接触的人之间传播，通常在1m内。当吸入含有病毒的气溶胶或飞沫，或者直接接触眼睛、鼻子或嘴巴时，人们就可能会被感染。该病毒还可以在通风不良或拥挤的室内环境中传播，人们往往会在这些环境中驻留更长的时间。这时气溶胶悬浮在空气中，传播距离超过 1m。"

这里世界卫生组织首次提到气溶胶可以悬浮在空气中进行长距离传播。

（6）2021 年 12 月 23 日

"目前证据表明，病毒主要在彼此密切接触的人之间传播，例如在交谈距离内……该病毒还可以在通风不良或拥挤的室内环境中传播，人们往往会在这些环境中驻留更长的时间。因为气溶胶可以在空气中保持悬浮，传播距离会超过彼此对话的距离（通常称为远程气溶胶或空气传播）。"

在新冠疫情大流行近两年后，世界卫生组织首次明确使用了"空气传播"一词。

**2. 新冠病毒传播方式认知演变的深层原因**

"认识新事物运动规律总是从个别、特殊事物开始，通过认识若干事物的特殊本质之后，方找出事物的共同本质。"要真正地认识对象，就必须把握和研究它的一切方面，一切联系和要素。在 2021 年年末，传染性强的新冠病毒 Omicron 变种在全球范围内蔓延，迫使全球各国政府再次采取紧急行动。2021 年 12 月 23 日，WHO 给出了一个之前尚未用于 SARS-CoV-2 病毒的词——空气传播。在 WHO 的网站上，题为 "COVID-19 是如何传播的？"的提问中，说明了人们在一定距离内（1m 以外）通过吸入空气传播的传染性粒子时可以被感染，这一过程又被称为"气溶胶或空气传播"。该网站内容说明在通风不良或拥挤的室内环境中，可以通过"远距离"空气传播方式进行传播，这是因为气溶胶可以悬浮在空气中或漂浮至 1m 以外。

这一目前看来无可争议的声明标志着世界卫生组织对关于新冠病毒的传播方式发生了明显的转变。在新冠疫情早期，WHO 明确表示"事实：COVID-19 不是通过空气传播的"。当时 WHO 坚持认为，新冠病毒主要通过咳嗽、打喷嚏或说话时产生的飞沫传播，这一假设是基于数十年来形成的有关呼吸道病毒如何在人与人之间传播的感染控制学说给出的。相应的指南则建议与其他人保持 1m 以上的距离，在该距离内新冠病毒飞沫会落到地面上，通过清洗和表面消毒可以阻止液滴转移到眼睛、鼻子和口腔。

直到 2020 年 10 月 20 日，WHO 才承认气溶胶（微小的液体微粒）可以传播病毒，但 WHO 表示，这仅在特定环境下才需要给予关注，例如室内拥挤和通风不足的空间。在接下来的 6 个月里，WHO 逐渐改变了表述，称气溶胶可以携带新冠病毒传播超过 1m 并滞留在空气中。这在一定程度上导致部分观点认为，是由于 WHO 的不作为导致了世界各地的国家和地方卫生机构在应对空气传播威胁方面行动迟缓。世界卫生组织在过去两年中逐渐改变了立场，但未能给公众充分传达其不断变化的立场。这一阶段，WHO 并没有足够早、足够清楚地强调通风和室内防护的重要性，而这些是防止新冠病毒在空气中传播的关键措施。

2020 年 4 月 1 日，WHO 给出的案例说明了两个重要观点：第一，确凿证据表明，即使在超过 WHO 建议的 1m 安全距离的情况下，人们也会受到感染；第二，相关研究给出了气道中的黏液如何在人讲话时喷射形成气溶胶的机制，以及气溶胶是如何在房间中不断积聚的。相关研究[31] 在对 2002～2003 年 SARS 疫情的研究后得出结论，SARS-CoV 病毒可能是通过空气传播的，因此，也合理怀疑导致新冠疫情的 SARS-CoV-2 能够在空气中传播。随后，越来越多的证据表明，密闭室内环境比室外环境可以构成更大的感染风险。一份 2020 年 8 月中旬前的新冠肺炎疫情报告指出，室内感染的可能性是室外的 18 倍以上[32]。如果传播新冠病毒的主要媒介只是飞沫或接触，那么就不会观察到如此严重的差异。

WHO 直到 2020 年 10 月才认可气溶胶在社区环境疾病传播中发挥的作用。在 2020 年 12 月更新了口罩使用指南，但仍然强调气溶胶传播证据不足，需要通过更多的"高质量研究"以了解新冠病毒传播的具体情况。直到 2021 年 4 月底，WHO 网站上关于新冠病毒传播方式的部分才增加了远距离气溶胶传播。2021 年 12 月空气传播这一术语才被正式认可。

WHO 决定将 SARS-CoV-2 归类为空气传播，尽管这一决定来得晚，但意义重大。这是因为这一观点与新冠肺炎疫情开始时其所主导的呼吸道病毒传播的既定观点背道而驰，即几乎所有的呼吸道传染病都是通过飞沫传播的，而不是通过空气传播的。WHO 对 SARS-CoV-2 传播的评估方式受到了强烈质疑，但 WHO 的解释是：WHO 的主要作用是"证明当前专家的共识，而不是推进新的、暂时的知识"。

通常情况下，科学研究、紧急决策和大众认知难以同步，这也反映了认识新生事物的曲折历程。WHO 在 *Nature* 发表的声明中认为，自新冠病毒流行初期，WHO 一直在寻求来自工程师、建筑师和气溶胶生物学家的专业帮助，以及传染病、感染预防控制、病毒学、呼吸系统医学和其他领域的专业知识。通过评估现有状况（干预措施的益处及危害），包括将室内空气质量管理和有效通风作为新冠病毒疾病背景下的工程控制措施，为制定指南提供专业意见。

2020 年 2 月，中国疾病预防控制中心就公共建筑空调和公共交通方面建议最大限度地利用建筑物的外部气流，以帮助清除任何可能的空气传播传染病。改善通风是可行的"预防性方法"。在气载致病微生物的传播机理及通风防控方面，李玉国团队多年来做了大量研究工作及突出贡献[33,34]。

随着人们对病毒演化过程的认识，2022 年 12 月国家卫生健康委员会将"新型冠状病毒肺炎"更名为"新型冠状病毒感染"。

总之，伴随新冠病毒的大流行，人们对病毒空气传播的认识越来越深入。这也提示当呼吸道传染病再次传播时，全世界都将对病毒空气传播更加警惕，认知更加清楚，应对更加从容。这也印证了人类认识运动的秩序的两个过程："一个是由特殊到一般，一个是由一般到特殊。人类的认识总是这样循环往复地进行的，而每一次的循环（只要是严格地按照科学的方法）都可能使人类的认识提高一步，使人类的认识不断地深化"[35]。

## 1.3  国内外关于新发呼吸道传染病的通风防控途径概述

对于任何新发呼吸道传染病，人们对其感染途径的认识都是逐步深入的。普遍认为，通风是预防呼吸道系统病原微生物传播的有效方法之一[36]。以新冠肺炎疫情为例，我国的国家卫生健康委员会、住房和城乡建设部，以及美国供暖、制冷和空调工程师协会（American Society of Heating, Refrigerating, and Air Conditioning Engineers, ASHRAE）、欧洲暖通空调协会（Representatives of European Heating and Ventilating

Associations，REHVA）等室内通风技术相关部门、工程协会、学术组织也均将室内通风作为重要的防疫方法，并通过立场文件、通风技术指南等形式大力推广。

**1. 我国关于新冠肺炎的防控方案及相关指南**

随着新冠肺炎疫情的发展，国务院应对新型冠状病毒肺炎疫情联防联控机制综合组、国家卫生健康委员会逐步更新《新型冠状病毒肺炎防控方案》（以下简称《方案》）（第一版至第九版）。

在新冠病毒传播方式的论述方面，《方案》进行过两次主要修订[37-39]。第一次为第五版《方案》[37]，将主要传播途径论述修改为"经呼吸道飞沫和接触传播，在相对封闭的环境中长时间暴露于高浓度气溶胶情况下，存在经气溶胶传播的可能，其他传播途径尚待明确。"第二次为第七版[39]《方案》，相较于第六版[38]，强调新冠病毒的"主要传播途径仍为经呼吸道飞沫和密切接触传播，但是特定条件下接触病毒污染的物品和暴露于病毒污染的环境可造成接触传播或气溶胶传播。"

在流行病学调查、接触者管理方案、特定场所消毒指南等方面，《方案》自第三版[40]开始强调通风的条件和作用，如在流行病学调查中关注病例所乘坐的交通工具是否通风，病例所在家庭环境中是否通风；在接触者管理方案中，要求重点场所和公共交通工具通风等。

此外，国家卫生健康委员会还发布了《新冠肺炎疫情期间办公场所和公共场所空调通风系统运行管理卫生规范》（WS696）[41]，阐明了对空调通风系统的卫生质量、运行管理、日常检查与卫生监测等要求。具体措施包括全空气空调系统、风机盘管加新风系统、分体式空调、无新风的风机盘管系统或多联机系统，开启前准备以及运行中的管理与维护，及空调系统的卫生学评价、清洗消毒。该规范适用于新冠肺炎疫情期间办公场所和公共场所的空调通风系统的卫生管理。

2020 年，受住房和城乡建设部和中国工程院委托，西安建筑科技大学牵头，会同相关单位编制了《公共及居住建筑室内空气环境防疫设计与安全保障》，详细规定了室内空气环境防疫设计、疫情期间室内空气环境防疫应急技术措施，及通风空调系统规章制度，为我国建筑疫情防控与室内空气环境安全提供了科学指导。

**2. 美国供暖、制冷和空调工程师协会（ASHRAE）新冠肺炎立场文件**

对于通过气溶胶传播的传染病，暖通空调系统可以对从主要宿主到次要宿主的传播产生重大影响。减少二级宿主的接触是遏制传染病传播的重要步骤。暖通空调界意识到，通风并不能解决感染控制的所有方面。然而，暖通空调系统确实会影响传染性气溶胶的分布和生物负荷。较小的气溶胶可能会持续存在于呼吸区，可直接吸入上呼吸道和下呼吸道，或沉积在表面，通过再悬浮或间接接触传播。无论一种疾病是否被定义为"空气传播的传染病"，传染性气溶胶都会带来接触风险[42]。

在所有设施的设计中，应考虑削弱传染性气溶胶传播，在被确定为高风险设施的设计中应纳入适当的控制设计[42]。

**3. 欧洲暖通空调协会（REHVA）基于新冠肺炎的通风指导文件**

2020 年 8 月，关于 SARS-CoV-2 空气传播的新证据和对远距离气溶胶传播的普遍认识有所发展。这使得通风措施成为感染控制中重要的工程技术措施。虽然保持身体距离可有效避免密切接触，但通过适当的通风和有效的空气分配，可以降低距离感染者 1.5m 处气溶胶浓度和交叉感染的风险。在这种情况下，至少需要三个级别的指导：

（1）在疫情期间，如何在现有建筑中运行 HVAC（Heating，Ventilation and Air，Conditioning）和其他建筑服务；

（2）如何进行风险评估，评估不同建筑物和房间的安全性；

（3）采取更进一步的行动，减少未来在通风系统得到改善的建筑物中病毒性疾病的传播。建筑的每个空间和运行都是独特的，需要进行具体的评估[43]。

**4. 日本空气调和卫生工学会（The Society of Heating, Air-Conditioning and Sanitary Engineers of Japan, SHASE）关于通风在控制新冠肺炎作用的紧急发言**

日本厚生劳动省新型冠状病毒感染症对策专家组公布了《针对新型冠状病毒感染症的对策立场》，该文件涵盖了降低日常情况下传播风险的三种方法：

（1）加强通风：在有窗户的房间里，如果可能的话，同时打开对面或不同侧的窗户，以促进通风。然而，没有确定的证据表明多大通风量是足够的。

（2）降低人流密度：在人多的情况下，通过确保场地空间，增加人际距离 1～2m 来降低人流密度。

（3）避免短距离对话、发声和吟唱，如果需要近距离交谈，需戴上口罩以防止飞沫传播[44]。

SHASE 在 2020 年 3 月 23 日发表的紧急演讲中指出：COVID-19 存在三种可能的传播方式：飞沫传播、接触传播和空气传播。对咳嗽飞沫传播距离的研究表明，保持 1～2m 的距离可以降低飞沫传播的风险[44]。

综上，从国内外对新冠肺炎这种新发呼吸道传染病的认识情况来看，尽管空气传播感染途径的确定"姗姗来迟"，但是，将通风作为预防呼吸道系统致病微生物传播的做法是普遍共识。这也体现了唯物主义认识论对新生事物的思想内涵及认识历程。

## 1.4 通风排除气载致病微生物效果的指标：感染概率与稀释倍率

研究表明，气载致病微生物本身的侵袭力和人体免疫系统共同决定了致病阈值。但是时至今日，学术界对人员初始接触新冠病毒量的致病阈值仍未达成科学共识。对于如何预防诸如新冠肺炎等传播力较快的疾病，通风空调保障系统的设计改进是值得研究的课题。不同于既有污染物，对新冠病毒的侵袭力乃至人体接触限值仍有待于深入研究。在通风气流组织设计计算中缺乏该类污染物的容许浓度标准和生活、工作场所的接触限值。因此，建筑防疫通风方案需要考虑小概率事件的不保证率问题，平衡社会、经济投入和防疫效果风险之间的关系。

防疫通风效果通常采用感染概率和稀释倍率两个指标评价。其中，感染概率的计算大多基于 Wells-Riley 模型[45]，该模型已被广泛用于评估多种呼吸道疾病[46]，如流感[47]、麻疹[48]、结核病[49]、SARS[50]、中东呼吸综合征（MERS）以及新冠肺炎[51-55] 等的空气传播风险，如式(1-1)：

$$P = 1 - \exp\left(-\frac{Iqpt}{Q}\right) \qquad (1\text{-}1)$$

式中　$P$——感染概率；

　　　$I$——传播者人数；

$q$——每名传播者每分钟产生的空气传播感染量，quanta/min；

$p$——易感者每分钟的呼吸潮气量，$m^3/min$；

$t$——易感者停留的时间，min；

$Q$——新风（送风未被污染）房间通风量，$m^3/min$。

该模型成功地验证和预测了 1974 年美国纽约州罗切斯顿附近一所郊区小学的麻疹爆发情况。但值得注意的是，该模型的建立基于以下假设：

（1）飞沫核均匀散布在整个空间的空气中，即房间内任何一处被感染的概率相等（忽略气流组织）；

（2）飞沫核浓度在整个感染时间内稳定，即感染者呼出的致病微生物量（quanta 值）、感染者的数量、通风量等在整个感染时间内稳定；

（3）忽略生物病毒在被通风带出病房前的死亡率；

（4）忽略通过泄漏、过滤或沉降等方法移出房间空气中的飞沫核数。Wells-Riley 模型还被扩展到包括口罩防护修正[56]、不稳定暴露[57]、非充分混合[58]、与随机函数相结合[59] 等不同模型。

在运用 Wells-Riley 模型进行计算时，呼吸道传染病的病毒量（quanta 产生率）是一个需要确定的重要参数。尽管病毒量（quanta 产生率）不能直接获得，但目前主要有三种方法可以对其进行估算。一是根据感染者口腔病毒载量估算，可通过实验测试感染者在特定病房内呼吸和说话时的新冠病毒核糖核酸拷贝数浓度及其口腔病毒载量[60]，并使用理论预测方法[61,62]，对再现实验分析相同情景的空气传播新冠病毒的 RNA copies/mL 进行理论量化。二是从流行病学角度通过对真实爆发事件的回顾性分析获得 quanta，当已知某确定传染事件中的感染概率、人员活动、房间配置和通风设置时，可以反向计算 quanta 产生率，如通过对广州某餐馆传染案例空气传播路径的数值计算再现，推测餐馆内传播者的 quanta 产生率为 79.3quanta/h[63]。此外，还可以根据其他呼吸系统疾病的基本繁殖数（$R_0$）与 quanta 的统计关系，进行统计学分析，估计 quanta 产生率[51]。不同呼吸性疾病患者所产生的 quanta 值不同，相关数据统计见表 1-3[63-83]。

**空气传播传染病患者产生的感染者病毒产率[63-83]**　　　　　　　表 1-3

| 病毒及场景 | $q$(quanta/h) | 参考文献 |
|---|---|---|
| 麻疹（教室） | 18 | Wells(1955)[64]，Riley et al.(1962)[65] |
| 麻疹（小学及中学） | 60～5600 | Riley(1980)[66] |
| 流感（无通风的延误航班） | 79 | Moser et al.(1979)[67]，Rudnick and Milton(2003)[68] |
| 麻疹（儿科医生办公室） | 8640 | Remington et al.(1985)[69] |
| SARS 非典型肺炎 | 10～300 | WHO(2003)[70] |
| SARS-CoV-1(台北医院) | 29 | Liao et al.(2005)[71] |
| 肺结核 | 1～50 | Stephens(2012)[72]，Li et al.(2018)[73] |
| 流行性感冒 | 15～500 | Lee et al.(2012)[74] |
| 麻疹 | 570～5600 | Plans Rubió(2012)[75] |
| 中东呼吸症 | 6～140 | WHO(2019)[76] |

续表

| 病毒及场景 | $q$(quanta/h) | 参考文献 |
|---|---|---|
| SARS-CoV-2(武汉公交 1 号) | 36 | Prentiss et al. (2020)[77] |
| SARS-CoV-2(武汉公交 2 号) | 62 | |
| SARS-CoV-2(健身中心) | 152 | Buonanno et al. (2020)[78] |
| SARS-CoV-2(餐厅) | 61 | |
| 麻疹(中学) | 2765 | Azimi et al. (2020)[79] |
| SARS-CoV-2(德国合唱队) | 4213 | Kriegel et al. (2020)[80] |
| SARS-CoV-2(德国学校) | 116 | |
| SARS-CoV-2(以色列学校) | 139 | |
| SARS-CoV-2(武汉公寓) | 15 | Bazant and Bush(2021)[81] |
| SARS-CoV-2(大型游轮) | 15 | |
| SARS-CoV-2(宁波公交) | 45 | |
| SARS-CoV-2(法庭) | 130 | Vernez et al. (2021)[82] |
| SARS-CoV-2(美国合唱队) | 970 | Miller et al. (2021)[83] |
| SARS-CoV-2(广州餐厅) | 79.3 | Li et al. (2021)[63] |

Quanta 产生率是空气传播风险评估的一个基本输入参数,但它与诸多因素有关,如致病微生物的毒力、致病剂量、传染性强弱等,综合国内外数据,本书相关研究中取值界定为 $q=40$quanta/h,对于极端情况取 $q=500$quanta/h。

排除了致病微生物自身特性带来的 quanta 难以准确定量问题,为更为直观地表征防疫通风对室内致病微生物传播的阻断效果,本书还定义了稀释倍率 $DR$,如式(1-2):

$$DR=C_{0\text{-pathogen}}/C_{\text{pathogen}} \tag{1-2}$$

式中　$DR$——稀释倍率,原意为感染者呼出空气的带菌浓度与易感染者吸入空气的带菌浓度之比[84];

$C_{0\text{-pathogen}}$——感染者呼出的致病微生物的浓度,ppm;

$C_{\text{pathogen}}$——易感染者吸入的致病微生物。

假设以 $CO_2$ 作为空气携带致病微生物的示踪物质,此时的稀释倍率则为感染者呼出的 $CO_2$ 浓度与易感染者吸入的 $CO_2$ 浓度之比。本书的研究中,同时采用了感染概率和稀释倍率两个指标来评估防疫通风的效果。

需要指出,对于复杂建筑的分区域(如高大空间建筑内隔间与隔间外)大型数值模拟过程,需全面考虑 $DR$ 为所涉及的两个或多个环节稀释倍率的乘积,定义综合稀释倍率 $DR^*$,对个体迎风面所暴露的致病微生物浓度积分确定式(1-3):

$$DR^*=\frac{\int VC_{0\text{-pathogen}}\mathrm{d}s}{\int VC'\mathrm{d}s}\cdot\frac{\int VC'\mathrm{d}s}{\int VC_{\text{pathogen}}\mathrm{d}s} \tag{1-3}$$

式中,$s$ 为个体相对于来流风速的迎风面投影面积微元,采用数值模拟方法时,人体投影面积参数参考《人机工程设计与应用手册》[85]确定,可取值肩宽 0.6m、高 1.7m 的投影面积。本书的相关研究中,考虑到模拟计算中风场的复杂性,在所考察的点位将代表人体的矩形设定为不同朝向（在 0～360°范围），计算出不同朝向时的稀释倍率，取最小值。

呼出气体的稀释倍率还可以与接受到病毒的概率联系起来。江亿院士在 2020 年 3 月的"新冠病毒封闭空间传播规律研讨会"上提出，当吸入的气体稀释倍率较低时（射流喷出），一次命中的概率较高；当稀释倍率达到 800 倍时，停留 3h 以内还有可能不会接受到病毒，超过 24h 后就比较危险；当稀释倍率在 800～2000 之间时，有一定的接受到病毒的概率，且随停留时间延长而加大；当稀释倍率达到 2000 时，接受到病毒已经是小概率事件；当稀释倍率在 10000 倍以上，可以认为是完全安全的。在本书的研究中采用了稀释倍率及传染概率来描述人群在空间中的感染风险。

## 本章参考文献

[1] 曹武奎，袁桂玉，范玉强. 中西医结合实用传染病学 [M]. 天津：天津科学技术出版社，2008.

[2] Kowalski W J，Bahnfleth W. Airborne respiratory diseases and mechanical systems for control of microbes [J]. HPAC Engineering，1998，70（7）：34-48.

[3] 方治国，欧阳志云，胡利锋，等. 北京市夏季空气微生物粒度分布特征 [J]. 环境科学，2004，25（6）：1-5.

[4] [美] 瓦迪斯瓦夫·扬·科瓦尔斯基（Wladyslaw Jan Kowalski）. 免疫建筑综合技术 [M]. 蔡浩，王晋生，等译. 北京：中国建筑工业出版社，2006.

[5] Kulkarni P，Baron P A，Willeke K. Aerosol measurement：principles，techniques，and applications，third edition [M]. Chichester：John Wiley & Sons，2011.

[6] Kleinstreuer C，Zhang Z，Donohue J F. Targeted drug-aerosol delivery in the human respiratory system [J]. Annual Review of Biomedical Engineering，2008，10：195-220.

[7] 侯立安. 看得见的室内空气污染危害 呼吸道传染病的传播与个人防护 120 问 [M]. 北京：中国建材工业出版社，2021.

[8] 董晨，张欢. 传染病流行病学 [M]. 苏州：苏州大学出版社，2018.

[9] 中国协和医科大学出版社. 中华医学百科全书 军事与特种医学 军队流行病学 [M]. 北京：中国协和医科大学出版社，2017.

[10] 李兰娟，任红. 传染病学 [M]. 9 版. 北京：人民卫生出版社，2018.

[11] Lopez-Leon S，Wegman-Ostrosky T，Perelman C，et al. More than 50 long-term effects of COVID-19：a systematic review and meta-analysis [J]. Scientific Reports，2021，11（1）：1-12.

[12] 周吉坤. 病因研究与新发传染病防治 [M]. 石家庄：河北科学技术出版社，2011.

[13] Freunde von GISAID e. v. 全球流感共享数据库（GISAID）. Genomic epidemiology of SARS-CoV-2 with subsampling focused globally since pandemic start [EB/OL] 2022-10-31 [2022-10-31]. https：//nextstrain. org/ncov/gisaid/global/all-time.

[14] World Healthy Organization. Coronavirus disease（COVID-19）pandemic [EB/OL] 2022-08-02 [2022-08-02]. https：//www. who. int/emergencies/diseases/novel-coronavirus-2019.

[15] 钟南山，呼吸疾病国家重点实验室. 甲型 H1N1 流感防治知识 [M]. 广州：广东教育出版社，2009.

[16] 王春然，石长吉. 卫生管理词典 [M]. 北京：经济管理出版社，1990.

[17] 胡必杰，胡国庆，卢岩. 医疗机构空气净化最佳实践 [M]. 上海：上海科学技术出版社，2012.

[18] Morawska L. Droplet fate in indoor environments，or can we prevent the spread of infection [C]//

Proceedings of the 10th International Conference on Indoor Air Quality and Climate. Beijing：Tsinghua University Press，2005，9-23.

[19] Chao C，Wan M. A study of the dispersion of expiratory aerosols in unidirectional downward and ceiling-return type airflows using a multiphase approach [J]. Indoor Air，2006，16（4）：296-312.

[20] Gerone P J，Couch R B，Keefer G V，et al. Assessment of experimental and natural viral aerosols [J]. Bacteriological Reviews，1966，30（3）：576-588.

[21] Gao N，Niu J. Transient CFD simulation of the respiration process and inter-person exposure assessment [J]. Building and Environment，2006，41（9）：1214-1222.

[22] Nicas M，Nazaroff W W，Hubbard A. Toward understanding the risk of secondary airborne infection：emission of respirable pathogens [J]. Journal of Occupational and Environmental Hygiene，2005，2（3）：143-154.

[23] Liu Y，Ning Z，Chen Y，et al. Aerodynamic analysis of SARS-CoV-2 in two Wuhan hospitals [J]. Nature，2020，582（7813）：557-560.

[24] 北京大学第一医院，等. 经空气传播疾病医院感染预防控制规范：WS/T 511—2016 [S]. 北京：中国标准出版社，2016.

[25] 胡必杰，高晓东，陈文森，等. 国际医院感染防控研究进展 [M]. 上海：上海科学技术出版社，2017.

[26] 葛洪. 新编法定传染病控制手册 [M]. 哈尔滨：黑龙江人民出版社，2005.

[27] 张愈，伍后胜. 中国疗养康复大辞典 [M]. 北京：中国广播电视出版社，1993.

[28] 夏征农. 辞海 医药卫生分册 [M]. 上海：上海辞书出版社，1989.

[29] 李志刚. 实用医院管理辞典 [M]. 北京：中国商业出版社，1994.

[30] Lewis D. Why the WHO took two years to say COVID is airborne [J]. Nature，2022，604（7904）：26-31.

[31] Yu I，Li Y，Wong T，et al. Evidence of airborne transmission of the severe acute respiratory syndrome virus [J]. New England Journal of Medicine，2004，350（17）：1731-1739.

[32] Bulfone T C，Malekinejad M，Rutherford G W，et al. Outdoor transmission of SARS-CoV-2 and other respiratory viruses, a systematic review [J]. The Journal of Infectious Diseases，2021，223（4）：550-561.

[33] Wei J，Li Y. Airborne spread of infectious agents in the indoor environment [J]. American Journal of Infection Control，44（9）：S102-S108，2016，44（9）：S102-S108.

[34] Li Y. Basic routes of transmission of respiratory pathogens-a new proposal for transmission categorization based on respiratory spray，inhalation，and touch [J]. Indoor Air，2021，31（1）：3-6.

[35] 刘敬东，张玲玲.《实践论》《矛盾论》导读 [M]. 北京：中国民主法制出版社，2017.

[36] Somsen G，Van R C，Kooij S，et al. Small droplet aerosols in poorly ventilated spaces and SARS-CoV-2 transmission [J]. The Lancet Respiratory Medicine，2020，8（7）：658-659.

[37] 国家卫生健康委员会. 新型冠状病毒肺炎防控方案（第五版）（国卫办疾控函〔2020〕156号），2020.

[38] 国家卫生健康委员会. 新型冠状病毒肺炎防控方案（第六版）（国卫办疾控函〔2020〕204号），2020.

[39] 国务院应对新型冠状病毒肺炎疫情联防联控机制综合组. 新型冠状病毒肺炎防控方案（第七版）（联防联控机制综发〔2020〕229号），2020.

[40] 国家卫生健康委员会. 新型冠状病毒肺炎防控方案（第三版）（国卫办疾控函〔2020〕80

号），2020.

[41] 中国疾病预防控制中心环境与健康相关产品安全所，等. 新冠肺炎疫情期间办公场所和公共场所空调通风系统运行管理卫生规范：WS 696—2020 [S]. 北京：中华人民共和国国家卫生健康委员会，2020.

[42] ASHRAE. ASHRAE position document on infectious aerosols [R]. Atlanta：American Society of Heating，Refrigerating and Air-Conditioning Engineers，2020.

[43] REHVA. COVID-19 Guidance. How to operate HVAC and other building service systems to prevent the spread of the coronavirus（SARS-CoV-2）disease（COVID-19）in workplaces Version 4.1 [R]. 2021.

[44] Tanabe S，Takewaki I. Role of ventilation in the control of the COVID-19 infection：Emergency presidential discourse [R]. AIJ，2020.

[45] Riley E C，Murphy G，Riley R L. Airborne spread of measles in a suburban elementary school [J]. American Journal of Epidemiology，1978，107（5）：421-432.

[46] Stephens B. HVAC filtration and the wells-riley approach to assessing risks of infectious airborne diseases [R]. Virginia：National Air Filtration Association（NAFA）Foundation Report，2013.

[47] Chen S，Liao C. Modelling control measures to reduce the impact of pandemic influenza among schoolchildren [J]. Epidemiology and Infection，2008，136（8）：1035-1045.

[48] Zemouri C，Awad S F，Volgenant C M C，et al. Modeling of the transmission of coronaviruses，measles virus，influenza virus，mycobacterium tuberculosis，and legionella pneumophila in dental clinics [J]. Journal of Dental Research，2020，99（10）：1192-1198.

[49] Yates T A，Khan P Y，Knight G M，et al. The transmission of Mycobacterium tuberculosis in high burden settings [J]. The Lancet Infectious Diseases，2016，16（2）：227-238.

[50] Qian H，Li Y，Nielsen P V，et al. Spatial distribution of infection risk of SARS transmission in a hospital ward [J]. Building and Environment，2009，44（8）：1651-1658.

[51] Dai H，Zhao B. Association of the infection probability of COVID-19 with ventilation rates in confined spaces [J]. Building Simulation，2020，13（6）：1321-1327.

[52] Harrichandra A，Ierardi A M，Pavilonis B. An estimation of airborne SARS-CoV-2 infection transmission risk in New York City nail salons [J]. Toxicology and Industrial Health，2020，36（9）：634-643.

[53] Shen J，Kong，Dong B，et al. A systematic approach to estimating the effectiveness of multi-scale IAQ strategies for reducing the risk of airborne infection of SARS-CoV-2 [J]. Building and Environment，2021，200：107926 1-19.

[54] Pavilonis B，Ierardi A M，Levine L，et al. Estimating aerosol transmission risk of SARS-CoV-2 in New York City public schools during reopening [J]. Environmental Research，2021，195：110805 1-9.

[55] Stabile L，Pacitto A，Mikszewski A，et al. Ventilation procedures to minimize the airborne transmission of viruses in classrooms [J]. Building and Environment，2021，202：108042 1-11.

[56] Fennelly K P，Nardell E A. The relative efficacy of respirators and room ventilation in preventing occupational tuberculosis [J]. Infection Control and Hospital Epidemiology，1998，19（10）：754-759.

[57] Gammaitoni L，Nucci M C. Using a mathematical model to evaluate the efficacy of TB control measures [J]. Emerging Infectious Diseases，1997，3（3）：335-342.

[58] Ko G，Burge H A，Nardell E A，et al. Estimation of tuberculosis risk and incidence under upper

room ultraviolet germicidal irradiation in a waiting room in a hypothetical scenario [J]. Risk Analysis, 2001, 21 (4): 657-674.

[59] Noakes C J, Sleigh P A. Mathematical models for assessing the role of airflow on the risk of airborne infection in hospital wards [J]. Journal of the Royal Society, Interface, 2009, 6: S791-S800.

[60] Buonanno G, Robotto A, Brizio E, et al. Link between SARS-CoV-2 emissions and airborne concentrations: Closing the gap in understanding [J]. Journal of Hazardous Materials, 2022, 428: 128279

[61] Buonanno G, Stabile L, Morawska L. Estimation of airborne viral emission: quanta emission rate of SARS-CoV-2 for infection risk assessment [J]. Environment International, 2020, 141: 105794.

[62] Buonanno G, Morawska L, Stabile L. Quantitative assessment of the risk of airborne transmission of SARS-CoV-2 infection: prospective and retrospective applications [J]. Environment International, 2020, 145: 106112.

[63] Li Y, Qian H, Hang J, et al. Probable airborne transmission of SARS-CoV-2 in a poorly ventilated restaurant [J]. Building and Environment, 2021, 196: 107788.

[64] Wells W F. Airborne Contagion and Air Hygiene. An ecological study of droplet infections. airborne contagion and air hygiene [J]. American journal of clinical pathology, 1955, 25 (11): 1301.

[65] Riley R L, Mills C C, O' grady F, et al. Infectiousness of air from a tuberculosis ward: ultraviolet irradiation of infected air: comparative infectiousness of different patients [J]. American Review of Respiratory Disease, 1962, 85 (4): 511-525.

[66] Riley E C. The role of ventilation in the spread of measles in an elementary school [J]. Annals of the New York Academy of Sciences, 1980, 353 (1): 25-34.

[67] Moser M R, Bender T R, Margolis H S, et al. An outbreak of influenza aboard a commercial airliner [J]. American Journal of Epidemiology, 1979, 110 (1): 1-6.

[68] Rudnick S N, Milton D K. Risk of indoor airborne infection transmission estimated from carbon dioxide concentration [J]. Indoor Air, 2003, 13 (3): 237-245.

[69] Remington P L, Hall W N, Davis I H, et al. Airborne transmission of measles in a physician's office [J]. Jama, 1985, 253 (11): 1574-1577.

[70] World Health Organization. Consensus document on the epidemiology of severe acute respiratory syndrome (SARS) [R], 2003.

[71] Liao C, Chang C, Liang H. A probabilistic transmission dynamic model to assess indoor airborne infection risks [J]. Risk Analysis: An International Journal, 2005, 25 (5): 1097-1107.

[72] Stephens B. HVAC filtration and the Wells-Riley approach to assessing risks of infectious airborne diseases [R]. Virginia: National Air Filtration Association (NAFA) Foundation Report, 2012.

[73] Li H, Zhang X, Wang K. A quantitative study on the epidemic situation of tuberculosis based on the transmission disease dynamics in 14 prefectures of Xinjiang from 2005 to 2017 [J]. Chinese Journal of Infection Control, 2018, 17 (11): 945-950.

[74] Lee S, Golinski M, Chowell G. Modeling optimal age-specific vaccination strategies against pandemic influenza [J]. Bulletin of Mathematical Biology, 2012, 74 (4): 958-980.

[75] Rubió P P. Is the basic reproductive number (R0) for measles viruses observed in recent outbreaks lower than in the pre-vaccination era? [J]. Eurosurveillance, 2012, 17 (31): 20233.

[76] World Health Organization. WHO MERS global summary and assessment of risk [R], 2019.

［77］ Prentiss M G，Chu A，Berggren K K. Superspreading events without superspreaders：Using high attack rate events to estimate for airborne transmission of COVID-19 ［J］. MedRxiv，2020.

［78］ Buonanno G，Stabile L，Morawska L. Estimation of airborne viral emission：Quanta emission rate of SARS-CoV-2 for infection risk assessment ［J］. Environment International，2020，141：105794.

［79］ Azimi P，Keshavarz Z，Cedeno Laurent J G，et al. Estimating the nationwide transmission risk of measles in US schools and impacts of vaccination and supplemental infection control strategies ［J］. BMC Infectious Diseases，2020，20 (1)：1-22.

［80］ Kriegel M，Buchholz U，Gastmeier P，et al. Predicted infection risk for aerosol transmission of SARS-COV-2 ［J］. MedRxiv，2020.

［81］ Bazant M Z，Bush J W M. A guideline to limit indoor airborne transmission of COVID-19 ［J］. Proceedings of the National Academy of Sciences，2021，118 (17)：e2018995118 1-12.

［82］ Vernez D，Schwarz S，Sauvain J J，et al. Probable aerosol transmission of SARS-CoV-2 in a poorly ventilated courtroom ［J］. Indoor Air，2021，31 (6)：1776-1785.

［83］ Miller S L，Nazaroff W W，Jimenez J L，et al. Transmission of SARS-CoV-2 by inhalation of respiratory aerosol in the Skagit Valley Chorale superspreading event ［J］. Indoor Air，2021，31 (2)：314-323.

［84］ Shao X，Li X. COVID-19 transmission in the first presidential debate in 2020 ［J］. Physics of Fluids，2020，32 (11)：115125.

［85］ 童时中. 人机工程设计与应用手册 ［M］. 北京：中国标准出版社，2007.

# 第2章　自然通风驱除气载有害物

调查统计表明，在交通高度发达的全球化时代，频繁的商旅交往是世界范围传染病大流行的主要原因。机场交通建筑作为人客运输、冷链货物等交互流通的关键点位，是疫情的易发、多发和高发区（图 2-1）[1]。如第 1 章所述，呼吸道传染病的传播风险与空气运动有直接关系。通风量越低，室内气载致病微生物的平均浓度就越高，人们感染概率越大。室内环境中气载致病微生物平均浓度决定了远距离空气传播风险[2]。

世界卫生组织（WHO）发布的关于呼吸道疾病的感染预防指南[3]，指出自然通风是控制疾病空气传播的有效措施之一。机场航站楼中，一方面，室内空间较高，当室内外温差较大时，航站楼热压自然通风风量较大；另一方面，高大空间建筑设有天窗，周边往往也没有遮挡，且建筑朝向布置多接近当地的主导风向，有利于实现自然通风。幕墙窗户的启闭及开口面积的控制可粗略地调节自然通风。

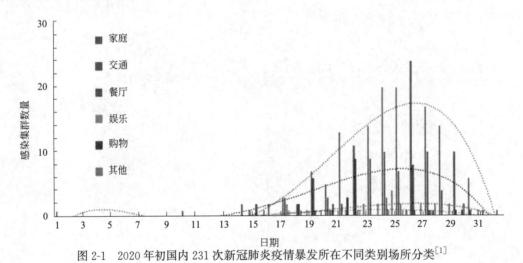

图 2-1　2020 年初国内 231 次新冠肺炎疫情暴发所在不同类别场所分类[1]

注：该图的彩图见本书附录 D。

## 2.1　防疫自然通风的特点

气载致病微生物气溶胶传播的距离与其粒径有关。Blachere 等[4] 对医院急诊科空气环境中的流感病毒进行检测，发现 49% 的流感病毒附着于 $1\sim4\,\mu m$ 的气溶胶上。Wang 等[5] 采用粒子 Stokes 定律估算了不同粒径气溶胶在空气中的悬浮时间，其中 $5\,\mu m$ 与

$1\mu m$ 的气溶胶从 1.5m 高度落到地面所需时间分别为 33min 与 12.2h。在不考虑感染者个体差异的情况下，感染者呼出气流中的气载致病微生物浓度主要与通风量有关，并随着与感染者距离的增大而不断降低（图 2-2）[5,6]。如果通风量足够大，室内平均气载致病微生物浓度就会远小于距离患者口部 1.5m 以内呼出气流中的浓度，意味着室内远距离空气传播风险小于近距离空气传播风险[6]。但需注意的是，感染发生与否还取决于接触的潜在人数，在机场等交通建筑环境中，大量接触人群的存在也可能使得这种小概率的远距离空气传播演变为超级传播事件。从本质上而言，防疫通风需要利用室内空气流动控制污染气体有序流动，或者增大气载致病微生物浓度稀释风量，进而有效降低机场建筑中疫情的传播风险。

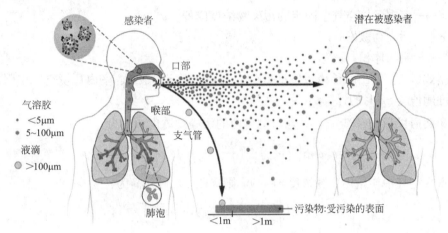

图 2-2　呼吸道传染病远距离空气传播和近距离空气传播[5]

## 2.1.1　气载致病微生物浓度空气流动的稀释效应

在建筑防疫通风过程中，建立充分稀释、有序引排的科学通风理念，有效抑控气载致病微生物空气传播，其"提前预防"作用，从防疫角度上与患病后"治病救人"的医学救治方法相比，在防疫过程中具有同等重要位置。

增加建筑室内通风量，提高换气次数，可以有效稀释气载致病微生物浓度，李玉国[7]、钱华[8]、江亿[9] 等研究已经证明了这一观点（图 2-3），其中 quanta 值代表感染者呼出的病原体量，具体见第 1.4 节。Fadaei 等[10] 调查发现，通风量的增加可以限制新冠病毒的传播，并给出了基于封闭空间中一系列参数（如环境风、通风率、温湿度等）来预防病毒传播的操作指南。实际上，疫情期间机场建筑等通风空调系统一般以全新风运行[11]，以最大限度地稀释气载致病微生物浓度，降低疫情传播风险。

根据风量及污染物质量平衡原理，假定

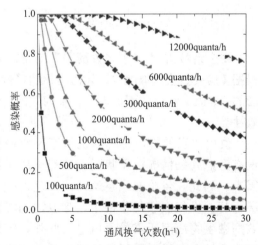

图 2-3　感染风险与通风换气次数之间的关系[8]

污染物（气载致病微生物）在传播过程中的理化特性不变，室内污染物浓度与通风量之间的关系为：

$$L = \frac{\Phi}{c_2 - c_0} - \frac{V_f}{\tau} \cdot \frac{c_2 - c_1}{c_2 - c_0} \tag{2-1}$$

式中　$L$——全面通风量，$m^3/s$；

　　　$\Phi$——污染物散发量，$g/s$；

　　　$c_0$——进风中污染物浓度，$g/m^3$；

　　　$c_1$——某一时刻室内空气中污染物浓度，$g/m^3$；

　　　$c_2$——室内环境空气中限定的污染物浓度阈值，$g/m^3$；

　　　$\tau$——污染物散发时间，$s$；

　　　$V_f$——房间体积，$m^3$。

利用式(2-1)得出的稀释通风量是在给出某个规定时段$\tau$、室内环境空气中限定的污染物浓度阈值为$c_2$时的计算结果。

当全面通风量$L$一定时，任意时刻室内的污染物浓度[12]为：

$$c_2 = c_1 \exp\left(-\frac{\tau L}{V_f}\right) + \left(\frac{\Phi}{L} + c_0\right)\left[1 - \exp\left(-\frac{\tau L}{V_f}\right)\right] \tag{2-2}$$

若室内空气中初始污染物浓度$c_1=0$，则式(2-2)可化简为：

$$c_2 = \left(\frac{\Phi}{L} + c_0\right)\left[1 - \exp\left(-\frac{\tau L}{V_f}\right)\right] \tag{2-3}$$

室内污染物浓度$c_2$处于稳定状态时所需全面通风量为：

$$L = \frac{\Phi}{c_2 - c_0} \tag{2-4}$$

实际上，室内污染物的分布及通风气流是难以均匀混合的，即使室内平均污染物浓度值符合卫生标准要求，污染源附近的污染物浓度值仍然会比室内平均值高。为了保证污染源附近人员呼吸带的污染物浓度控制在容许限值以下，引入安全系数$K$，式(2-4)可写为：

$$L = \frac{K\Phi}{c_2 - c_0} \tag{2-5}$$

安全系数$K$为考虑多方面因素的通风量倍数，根据实验或数值模拟确定。如污染物的毒性、污染源的分布及其散发的不均匀性、室内气流组织的有效性等。

值得注意的是，传统的机械通风空调设计并没有考虑到疫情等突发状况对稀释通风量的巨大需求。因此，传统通风空调系统即使以全新风工况运行，换气次数仍然偏小，难以达到稀释气载致病微生物浓度所需的通风量。此外，疫情期间空调系统全新风运行还导致了能耗大幅增加[13]。与之相比，自然通风能够较容易地形成较大的通

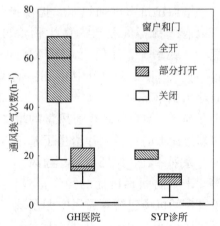

图 2-4　机械通风关闭时 GH 医院和 SYP 诊所的通风换气次数[8]

风换气次数，如图 2-4 所示[8]。因此，开启外窗增加新风量可有效降低气载致病微生物的传播风险。2021 年，民航局修订发布了《运输航空公司、机场疫情防控技术指南（第八版）》[14]，指出"……应开门开窗，采用自然通风"。Zheng 等[15] 提出疫情期间机械通风室外新风量即使达到 100%，有外窗的房间也应尽可能开窗，以增加室外空气进入室内的比例。因此，机场等交通建筑，疫情期间通风空调系统应尽可能采用全新风模式运行和开启外窗自然通风的方式来增大航站楼的通风换气量，降低气载致病微生物的传播概率。

一般而言，较大的通风换气率可以提供更高的稀释能力，从而降低室内空气感染的风险。在《运输航空公司、机场疫情防控技术指南（第八版）》[14] 中给出了机场室内场所不同人员密度的防控措施建议（表 2-1），但在具体的通风措施中并未给出参考数值。

机场室内场所不同人员密度的防控措施建议[14]　　　　表 2-1

| 人员密度(人/100m²) | 高频物表消毒频次 | 通风措施 |
| --- | --- | --- |
| ≤50 | 1 次/4h | 保持良好通风 |
| 50～100 | 1 次/3h | 增加通风换气效率 |
| 100～150 | 1 次/2 h | 进一步加大通风换气效率 |
| ≥150 | 1 次/1h | 最大效率通风换气 |

对于航站楼等大型交通建筑中，在采用开窗自然通风进行全面稀释时，其效果存在多样性，一方面是由于传染病污染源（感染旅客）位置分布及行走路径具有人为限定性规定路径的"半随机性"，另一方面还取决于多变的外部气候条件。WHO 在关于呼吸道疾病的感染预防和控制的指南中亦指出自然通风的主要缺点如下[3]：

（1）相对于室内环境，自然通风受外部气候条件影响较大，自然通风的两个主要驱动力（即风和温差），其大小及方向均逐时变化。因此，自然通风较难控制，通常某一区域风速较高，而另一区域则停滞。在不利的气候条件下，通风换气次数变得极低。

（2）无法形成持续可控的负压，较难控制气流方向，难以形成有序气流运动。

（3）自然通风只有在通风自然力可用时才有效，当需要提高通风率时，对自然力可用性的要求也相应较高。

（4）自然通风会因多种原因而中断，包括门窗未开、设备故障、设计不良等，导致空气传播病原体的传播风险增加。

## 2.1.2　通风气流有序引排

合理的气流组织是降低建筑室内疫情空气传播的关键。在疫情防控常态化及生化恐袭的大背景下，对国际机场涉外场所等交通建筑内气流组织提出了更严格的要求。科学地设计气流组织可实现气流从洁净区到污染区定向流动的压力梯度分区通风。对整栋建筑，若污染源区域点位清晰，通风系统应按照清洁区、半污染区和污染区划分，排风设在污染区，控制整栋建筑气流有序流动（如武汉雷神山医院通风系统，见图 2-5）[16]；房间内组织有序的送风排风气流组织[17] 可通过送风口的形式（散流器、喷口等）、位置（上送、侧送、下送)、送风射流参数(风速、温度等)等来实现,其中送风口形式、位置和送风射流参数是主要影响因素。

以污染源区域点位明确(即病床)的医疗建筑为例,建立合理的气流流向,阻止污染区内的污染空气流向其他区域。《传染病医院建筑设计规范》GB 50849—2014[18]和《新型冠状肺炎病毒感染的肺炎传染病应急医院医疗设施设计标准》T/CECS 661—2020[19]都要求负压隔离病房与其相邻相通的缓冲间、走廊应有不小于5Pa的负压差。《经空气传染疾病医院感染预防与控制规范》WS/T 511—2016[20]提出,病室与外界压差宜为−30Pa,缓冲间与外界压差为−15Pa。对机场建筑通风空调系统而言,须根据建筑的功能、人流物流方向(如区分国际、国内旅客到达运动流线),使空气实现有序流动。通风气流组织可形成压力梯度,使清洁区空气流向半污染区再流向污染区,避免出现气流倒流的现象。但是,过大的压差会提高排风换气次数、增大开门的阻力。

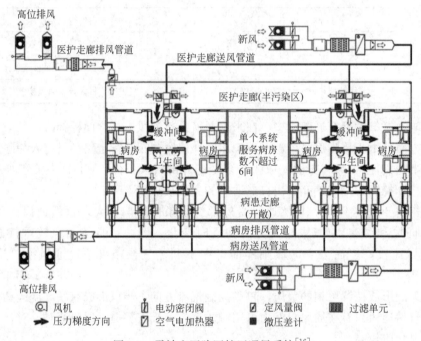

图 2-5 雷神山医院医护区通风系统[16]

对于存在潜在感染者的机场建筑国际到达区,其气流组织首先应防止送排风气流短路,应使清洁空气首先流经健康人员工作区域,然后流过污染源进入排风口[21]。机场等交通建筑客流运动往往遵循特定的功能流线(图 2-6),实现新鲜空气从"上游"洁净区流向潜在高风险的境外人员到达区。

开启门窗稀释通风造成了建筑内外气流贯通,其内部气流流动及污染物扩散会受到室外风场的影响,存在病原微生物在室内纵向、展向输运和扩散的可能性[22]。此外,由于浮力导致的烟囱效应会加剧气载污染物在建筑内的纵向传播[23-25]。Lim[26,27]指出,医院高层建筑内存在典型的烟囱效应,且较低楼层的空气污染物可通过烟囱效应驱动的气流输送到建筑较高楼层。Yu 等[28]发现浮力效应显著影响垂直楼层间污染物扩散,病毒可

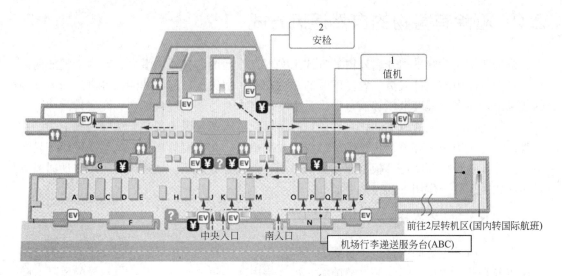

图 2-6　机场人员流动路线示意

随羽流进行传播。

　　作为一个现实案例，2021 年末西安咸阳国际机场疫情中，通过对机场现场测试、可视化试验、CFD 模拟研究发现，尽管机场采用了开窗自然通风及机械通风，位于一层国际到达区的境外输入病例产生的气载致病微生物仍通过扶梯井的"拔风效应"，扩散至位于三层的国内出发区连廊，造成了路经连廊转机人员感染（扶梯井附近气载致病微生物最小稀释倍率为 1199，感染概率达 1.65%，见图 2-7，详细分析见第 6 章）。

　　应当指出，疫情期间"一刀切"式的开窗自然通风，无法有效控制气流有序流动，难以保证基本的热环境要求，且造成室内供暖/供冷能耗急剧增大。关于北京大兴国际机场的一项调查显示，疫情期开窗自然通风的运行模式造成机场通风空调系统夏季用电提高了数倍。究其原因，无论"非典"抑或当前新冠肺炎疫情期间，作为临时性应急手段的开窗等自然通风或机械通风并举的通风模式尚缺乏理论支撑，其污染物通风引排效果是难以预料的。

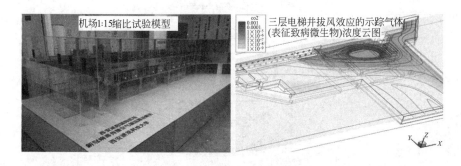

图 2-7　机场新冠肺炎空气传播溯源现场测试、
模型试验及数值模拟（详见第 6 章）

## 2.2 驱除有害物的自然通风方式

　　机场航站楼普遍采用开启外窗的方式来实现自然通风，其通风潜力、室内空气如何流动，是现阶段困惑设计人员、急需阐明的关键问题。解决这一问题才能回答自然通风增加的通风量，在多大程度上能够满足引排污染物的需求，乃至实现自然通风高效排污。

　　自然通风与机械通风不同，自然通风的通风孔口风速、风向都是无法预先确定的。它受气候、建筑周围微环境、建筑围护结构及内部热源分布情况等影响，风速和风向等具有不确定性和随机性等特征。根据驱动力的不同，主要分为风压驱动通风、热压驱动通风以及热压和风压联合作用下的自然通风。

### 2.2.1 风压驱动通风

　　自然通风的主要原因是由于自然界"风压"产生的环绕围护结构的空气流动及通过机场建筑各类开口（窗、门、洞、缝隙等）进入室内所导致的空气流动。自然界的风具有随机性、紊乱性和可变性。除具有全球尺度的湍流特征外，在大气边界层的地面建筑物、障碍物和热源也会诱发湍流。

**1. 风压驱动流动机制**

　　由于建筑物迎、背风面出现的压力差，使空气从迎风面的门/窗和其他空隙流入室内，形成了室内风压自然通风。室外空气流经单体建筑物时将发生绕流，部分气流向建筑上部偏离，部分向侧面偏离，大部分向下流动发展成地面涡流，而在建筑背风面的负压区会导致回流，如

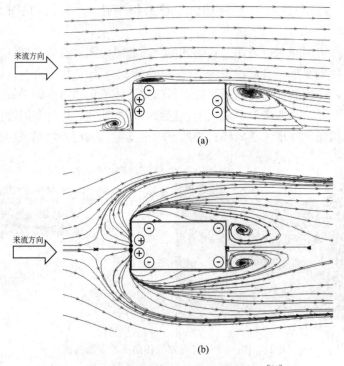

(a)

(b)

图 2-8　风压作用在建筑物上的压力分布[29]
(a) 建筑侧视图；(b) 建筑俯视图

图 2-8 所示。在此过程中，动压力转变为静压力，迎风面上会产生正压（为风速动压力的 0.5~0.8 倍），背风面上产生负压（为风速动压力的 0.3~0.4 倍）[29]。

机场等建筑物周围风压的分布与该建筑物的几何形状和室外风向有关。建筑物外围结构上任意一点的风压 $P_w$ 表示为：

$$P_w = \frac{C_p \rho v^2}{2} \tag{2-6}$$

式中　$P_w$——风压，Pa；

$C_p$——空气动力系数（也称风压系数，与建筑形状等诸多因素有关）；

$\rho$——空气的密度，kg/m$^3$；

$v$——建筑表面或开口高度处的自由来流时均速度（图 2-9）[30]，英国标准（BS 5925）中其计算式为[31]：

$$\frac{v}{v_r} = cH^a \tag{2-7}$$

式中　$v_r$——距地面 10m 高度处时均风速，m/s；

$c$、$a$——常数，见表 2-2，m/s。

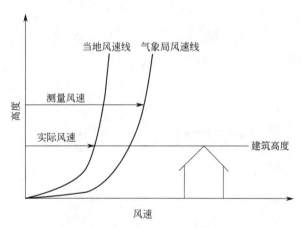

图 2-9　测量风速与实际风速的关系

基准面风速的地形因素　　　　　　　　　　　　　　　　　　表 2-2

| 地形 | $c$ | $a$ |
| --- | --- | --- |
| 开阔平坦的乡村(Open flat country) | 0.68 | 0.17 |
| 带有分散阻碍物的乡村(Country with scattered wind breaks) | 0.52 | 0.20 |
| 城市(Urban) | 0.35 | 0.25 |
| 都市(City) | 0.21 | 0.33 |

**2. 建筑空气动力系数**

建筑表面空气动力系数 $C_p$ 主要与风向、风速及建筑形状等因素有关，还受附近建筑物、植被（粗糙度）等因素影响。一般可通过建筑风洞模型试验或全尺寸试验来确定 $C_p$。

也可查询既有的数据库[32]，或根据数据库生成的参数函数[33] 及相关程序[34,35] 计算 $C_p$。

（1）建筑风向角对 $C_p$ 的影响

机场建筑群设计时需要考虑跑道方向与地区主导风向的关系，以利于飞机起降，而影响建筑空气动力系数 $C_p$ 的主要因素之一也是主导风向[36-38]。建筑风向角是指建筑迎风面法线与风向的夹角 $\alpha$，如图 2-10 所示。实验测试给出的建筑迎风面平均空气动力系数 $C_{pw}$、背风面平均空气动力系数 $C_{pl}$，如图 2-11 所示[36]。迎风面风向角大于 30°时，随着风向角的增大，迎风面平均空气动力系数降低；在入射角为 75°时，平均风压系数开始变为负值。值得注意的是，当风向角为 15°时，迎风面与背风面平均空气动力系数差值最大，风向角为 30°时次之，$C_p$ 随风向角的改变而变化。

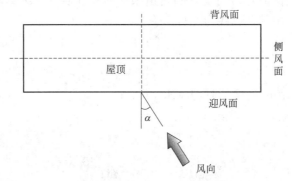

图 2-10　外风场来流风向角[36]

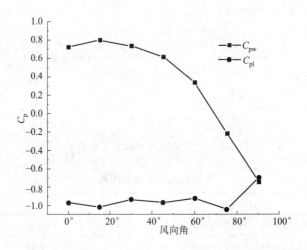

图 2-11　风向角对建筑表面平均空气动力系数的影响[36]

（2）建筑体形系数对 $C_p$ 的影响

空气动力系数 $C_p$ 与风向风速、建筑高度 $H$、侧面长度 $W$ 及高度与侧面长度比 $H/W$ 等参数直接相关。建筑迎风面中上部会形成高压区，其中心位置约为建筑高度的 2/3 处，低压区位于建筑的边角区域。随着建筑高度的增加，迎风面的空气动力值逐渐增大，高压区在竖向有所增大。其原因是在外部风场主流区高度范围内，绕流风速随着高度的增加而增大[36,37]。

对于不同侧面长度，迎风面 $C_{pw}$ 值基本不变，背风面 $C_{pl}$ 值随侧面长度的增加而逐步减小。对于高度与侧面长度比，随着 $H/W$ 的增大，建筑迎风面 $C_{pw}$ 值缓慢增加，而背风面 $C_{pl}$ 值明显下降，空气动力系数差随着建筑 $H/W$ 增大有明显提高，如图 2-12 所示。

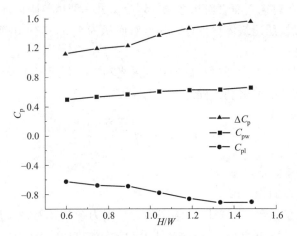

图 2-12  不同高度与侧风面长度比（$H/W$）对
建筑平均空气动力系数的影响[36]

（3）周围构筑物（地表粗糙度）对 $C_p$ 的影响

建筑周围的其他构筑物对高层和低层建筑的地面压力都有较大影响，尤其是间距与高度比小于 5 时，应考虑周围构筑物遮挡对 $C_p$ 的影响。机场一般建于远离居住区的空旷地带，航站楼等主要受到周围机场附属建筑群的影响，低层建筑的遮挡效应是风压随着地形粗糙度变化所致[29]。地表粗糙度系数增大，迎风面的空气动力系数降低、背风面则增大，空气动力系数差减小；反之，地表粗糙度系数减小，则空气动力系数差增大，如图 2-13 所示。此外，对于相邻建筑的风压影响，建筑相对位置[38,39]、截面尺寸[40,41]、屋顶形式[42-44] 等对建筑表面风压及空气动力系数也有干扰作用。

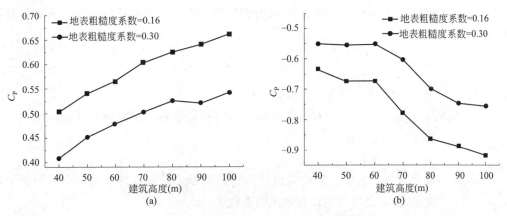

图 2-13  不同地表粗糙度平均空气动力系数[36]
（a）迎风面；（b）背风面

**3. 风压驱动下建筑单侧开口室内通风**

（1）建筑开口换气

建筑开口内外存在压差时，空气在压差作用下产生流动。建筑开口类型可按尺寸分为大开口（门、窗等）和小开口（缝隙等）。主要有两种划分方法：一种是按无因次面积（开口面积与开口所在建筑立面表面积之比）划分，另一种是英国标准（BS 5925）按开口边长划分。前者一般按照建筑体量计算，其绝对面积为 $0.5\sim5m^2$；英国标准规定尺寸小于 10mm 的开口为小开口。

机场建筑中，门、窗等大开口一般为实现采光和空间联通等而设计，对于其自然通风量，根据不可压缩流动的伯努利方程计算[45-47]：

$$Q=C_d A\sqrt{\frac{2\Delta P}{\rho}} \tag{2-8}$$

式中　$Q$——通风流量，$m^3/s$；

　　　$A$——建筑开口面积，$m^2$；

　　　$C_d$——开口流量系数，可采用风洞实验、总阻力损失系数或 CFD 确定，一般自然通风中（$Re>100$）二维锐缘大开口 $C_d$ 值可取 0.611[47]；

　　　$\Delta P$——开口内外总压差，包含静压差和风压，Pa。

对于大开口有组织的自然通风通常分为单侧开口通风和双侧开口通风（穿堂风）。相对于单侧开口通风，双侧开口通风的空气流量更大。然而，由于建筑室内隔断和障碍物等影响，实现双侧通风存在一定困难。因此，单侧通风在建筑设计中仍然具有重要意义。

（2）单室单侧开口室内空气流动

风压驱动下建筑单侧开口室内空气流动是建筑自然通风的最简单形式，通过一个建筑开口（窗或门）或者其他通风装置（如安装在墙上的微流通风器）使室外空气进入建筑室内，同时室内的空气从同一开口流出，或从同一面墙上的另一个开口流出。

单侧通风空气的流动通常难以控制，且流动只在离风口 $2.5h$ 的距离内有效（$h$ 为空间高度）[48]。由于开口处的双向流动和建筑物周围的复杂流动，单侧开口空气流量较难预测，一般可由经验或半经验公式计算。如仅考虑时均风速的经验模型[49]，英国标准（BS 5925）和英国建筑设备注册工程师协会（CIBSE）[50] 规定，作为单侧开口风压驱动自然通风的设计基准为：

$$Q_s=Q^* A u_r \tag{2-9}$$

式中　$Q_s$——建筑单侧开口室内空气流量，$m^3/s$；

　　　$Q^*$——无因次空气流量，不同研究者给出的研究结果不尽相同，其受风向角、窗开度等因素影响；

　　　$A$——建筑开口面积，$m^2$；

　　　$u_r$——参考风速，通常选取所考虑建筑物高度处未受干扰的风速，也可根据平坦地面 10m 高度处时均参考风速来确定，$m/s$。

**4. 风压驱动下建筑双侧开口室内通风**

双侧通风或穿堂风，即空气从一侧一个或多个开口流入室内，从另一侧的一个或多

个开口流出。一般情况下，穿堂风的空气流动主
要由风压引起，只有在进风口和出风口之间存在
明显高度差的时候，热压的作用才会体现。由于
建筑迎风面和背风面形成的压差强化了空气流
动，其通风作用范围较深，更适用于进深较大的
房间。

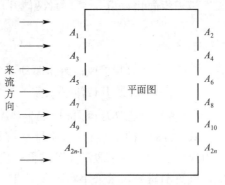

图 2-14　建筑多开口穿堂风原理

　　双侧开口室内空气流量可根据质量守恒原理
进行基本预测。以图 2-14 所示房间为例，作用
于开口的总压差见式(2-10)，考虑到流动的方向
问题，总压差分迎风面和背风面两种形式，相应
的开口空气流量也分为迎风面和背风面两种
形式：

$$\Delta P_{2n-1}=\Delta P_0+P_{w(2n-1)}$$
$$\Delta P_{2n}=-\Delta P_0-P_{w(2n)} \qquad n=1,2,3\cdots\cdots \tag{2-10}$$

式中　$\Delta P_{2n-1}$、$\Delta P_{2n}$——作用于建筑迎风面、背风面各开口的总压差，Pa；

　　　　　$\Delta P_0$——室内外参考静压差，Pa；

　　$P_{w(2n-1)}$、$P_{w(2n)}$——作用于建筑迎风面、背风面各开口的风压，Pa。

$$Q_{2n-1}=C_{d(2n-1)}A_{2n-1}\sqrt{\frac{2\Delta P_{2n-1}}{\rho}}$$

$$Q_{2n}=-C_{d(2n)}A_{2n}\sqrt{\frac{2|\Delta P_{2n}|}{\rho}} \qquad n=1,2,3\cdots\cdots \tag{2-11}$$

式中　$Q_{2n-1}$、$Q_{2n}$——建筑迎风面、背风面各开口空气流量，$m^3/s$；

$C_{d(2n-1)}$、$C_{d(2n)}$——建筑迎风面、背风面各开口流量系数；

　$A_{2n-1}$、$A_{2n}$——迎风面、背风面各开口面积，$m^2$；

　　　　　　$\rho$——空气密度，此处不考虑温差效应，且密度分布均匀，$kg/m^3$。

　　根据质量守恒定律，有：

$$\sum Q_{2n-1}+\sum Q_{2n}=0 \qquad n=1,2,3\cdots\cdots \tag{2-12}$$

　　联立求解式(2-10)～式(2-12)，可得各开口的空气流量。当 $n\leqslant2$ 且建筑同侧的风压
处处相等，各开口流量系数亦相等时，得到式(2-13)，这一公式与英国标准（BS 5925）
和英国建筑设备注册工程师协会（CIBSE）[50] 关于仅风压驱动穿堂风通风量计算式相同：

$$Q_{c4}=C_d A_c u_r\sqrt{\Delta C_p} \tag{2-13}$$

式中　$Q_{c4}$——双侧双风口风压驱动穿堂风风量，$m^3/s$；

　　　$C_d$——建筑大开口流量系数；

　　　$A_c$——当量面积，$\dfrac{1}{A_c^2}=\dfrac{1}{(A_1+A_2)^2}+\dfrac{1}{(A_3+A_4)^2}$，$A_1$～$A_4$ 分别为开口 1～4 的

　　　　　面积，$m^2$；

　　　$u_r$——参考风速，其高度可取所计算建筑物的高度，m/s；

　　　$\Delta C_p$——建筑迎风面与背风面空气动力系数差。

进一步简化，当 $n=1$，且两侧开口面积相等时，可得式(2-14)：

$$Q_{c2}=C_{d}Au_{r}\sqrt{\frac{\Delta C_{p}}{2}}$$ （2-14）

式中　$Q_{c2}$——双侧单风口风压驱动穿堂风风量，$\mathrm{m^3/s}$；

　　　$C_{d}$——建筑开口流量系数；

　　　$A$——建筑开口面积，$A_1 = A_2$，$\mathrm{m^2}$。

式(2-13)中的建筑开口流量系数 $C_{d}$，建筑迎风面与背风面空气动力系数差 $\Delta C_{p}$ 一般由风洞实验或基于风洞实验结果得出的参数函数确定。对于复杂的机场建筑风压驱动双侧空气流动研究，常采用实验或 CFD 方法进行。表 2-3 给出了时均风速作用的风压驱动双侧开口空气流动流量系数。此外，建筑开口形式和面积是影响开口流量系数的主要因素，如图 2-15 所示[51,52]。

**风压驱动双侧单、双开口空气流动流量系数[36]**　　表 2-3

| 开口方式 | 开口面积与所在建筑表面积之比 | 开口流量系数 |
|---|---|---|
| 双侧单开口 | 1/8 | 0.7255 |
| 双侧单开口 | 5/8 | 0.2383 |
| 双侧双开口 | 1/4 | 0.4982 |

注：实验原型开窗，所在建筑表面面积为 $30\mathrm{m^2}$。

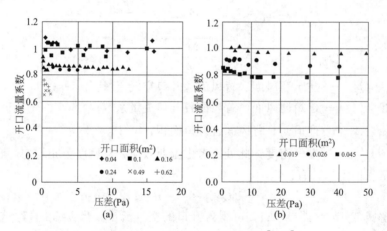

图 2-15　不同开口面积的流量系数[51,52]

（a）平开窗；（b）下悬窗

## 2.2.2　热压驱动通风

前文已提及，在具有内部热源的上部和下部均有通风口的房间，下部风口将会有密度较大的外部流体流入，补充上部空间排出的热空气，在整个通风房间内形成了热压驱动的置换流动。热压驱动的自然通风与进、出风口高差和室内外温差有关，进、出风口高差和室内外温差越大，热压作用越显著。在机场建筑环境控制过程中，可利用建筑物内部贯穿多层的竖向空腔，如楼梯间、电梯井、中庭、拔风井等实现进排风口的高差要求，并可以在顶部设置可控开口，将建筑物各层的热空气排出，达到自然通风的目的。与风压式自然通风不同，热压式自然通风更能抵抗常变的外部风环境。

**1. 热压驱动流动机制**

大型枢纽机场因人员密集、电子设备众多等散发大量余热，热空气被加热、诱导室外空气从房间下部的进风口流入室内，被加热上升到房顶后一部分被排除，形成热压驱动的自然通风。

机场类热压自然通风建筑模型简化如图 2-16 所示，在外围护结构的不同高度上开设窗孔 1 和 2，两者的高差为 $\Delta h$。设窗孔外的静压力分别为 $P_1$、$P_2$，窗孔内的静压力分别为 $P_1'$、$P_2'$，室内外的空气温度和密度分别为 $t_n$、$\rho_n$ 和 $t_w$、$\rho_w$。由于 $t_n > t_w$，所以 $\rho_n < \rho_w$。

若首先关闭窗孔 2，仅开启窗孔 1，不管最初窗孔 1 两侧的压差如何，由于空气的流动，$P_1$ 和 $P_1'$ 会趋于平衡，窗孔 1 的内外压差 $\Delta P = (P_1' - P_1) = 0$，空气流动趋向停止。根据流体静力学原理，此时窗孔 2 的内外压差为[12]：

$$\Delta P_2 = (P_2' - P_2) = (P_1' - g\,\Delta h \rho_n) - (P_1 - g\,\Delta h \rho_w)$$
$$= (P_1' - P_1) + g\,\Delta h\,(\rho_w - \rho_n) = \Delta P_1 + g\,\Delta h\,(\rho_w - \rho_n) \qquad (2\text{-}15)$$

式中　$\Delta P_1$、$\Delta P_2$——窗孔 1 和 2 的内外压差，Pa；

　　　$g$——重力加速度，$m/s^2$。

从式(2-15) 可以看出，在 $\Delta P_1 = 0$ 的情况下，只要 $\rho_w > \rho_n$（即 $t_n > t_w$），则 $\Delta P_2 > 0$。因此，若开启窗孔 2 空气自然流出，随着室内空气向外流动，室内静压逐渐降低，$(P_1' - P_1)$ 由等于零变为小于零。这时，室外空气就由窗孔 1 流入室内，一直到窗孔 1 的进风量等于窗孔 2 的排风量，室内静压趋于保持稳定。由于窗孔 1 进风，$\Delta P_1 < 0$；窗孔 2 排风，$\Delta P_2 > 0$。根据式(2-15) 有[12]：

$$\Delta P_2 + (-\Delta P_1) = \Delta P_2 + |\Delta P_1| = g\,\Delta h\,(\rho_w - \rho_n) \qquad (2\text{-}16)$$

建筑物进风窗孔和排风窗孔两侧压差的绝对值之和与两窗孔的高度差 $\Delta h$ 和室内外空气密度差 $\Delta \rho = (\rho_w - \rho_n)$ 有关，$g\,\Delta h\,(\rho_w - \rho_n)$ 被称为热压驱动力。当室内存在热分层时，$\Delta h$ 为进、排风窗孔高差与热分层高度的差值。实际上，如果只有一个窗孔仍然会形成自然通风，即该窗孔的上部排风、下部进风（或者根据内外温差反之）。

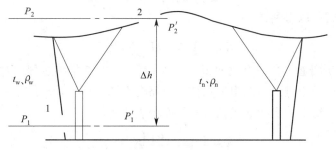

图 2-16　热压作用下自然通风

**2. 热压通风中和面**

冬季期间，机场建筑内由于人员、设备等的存在，室内温度会高于室外，即室内的密度比室外小（$\rho_n < \rho_w$）。在室内的某个高度的平面上，室内静压等于室外静压，在这个高度以下，室外静压大于室内静压，驱动室外气流流向室内（图 2-17）；在这个高度以上，

室内静压大于室外静压，驱动室内气流流向室外。中和面上室内外压力平衡，在这个面以上开口，则实现气流由室内流向室外，而在这个面以下开口，则气流由室外流向室内[53]。这一通风开口原则，对设计热压自然通风，乃至热压自然排烟至关重要。

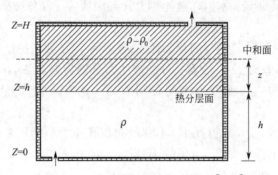

图 2-17　热置换浮力驱动分层流动[53,54]

设空气通过房间上、下通风口的速度分别为 $u_1$、$u_2$，上、下通风口的面积为 $a_1$、$a_2$，房间上、下通风口的高度差为 $H$。当外部来流空气不与室内空气混合，而形成一个高度为 $h$ 的空气层，空气层置换上部流体排出室外。通风房间的水平横截面的面积为 $s_h$，若 $s_h \gg (a_1, a_2)$，则可以视为房间风口的进出风不会对羽流的扩展产生影响。

在分层分界面和顶棚之间的某个高度处，通风房间内外的静压相等，这个分界面称为中和面。中和面距离热分层分界面的高度记做 $z_e$[53]：

$$u_1^2 = 2g'(H-h-z_e) \tag{2-17}$$

$$u_2^2 = 2g'z_e \tag{2-18}$$

流体流过孔口后将会收缩，所以这些方程应该只适用于收缩后的速度断面积。因此在进风口处，流体的压强将会有所降低，可用式(2-19)代替[53]：

$$u_2^2 = 2cg'z_e \tag{2-19}$$

式中　$c$——突扩局部阻力系数，介于 0.5～1 之间，理想情况下，可取 1。若视空气为不可压缩流体，进入房间的空气体积流量等于排出的空气体积流量，因此有：

$$Q_p = u_1 a_1 = u_2 a_2 \tag{2-20}$$

综合以上各式可以得到：

$$Q_p = A\left[g'(H-h)\right]^{\frac{1}{2}} \tag{2-21}$$

式中，$A$ 为房间通风孔口有效面积，一些文献[53-55]在推导过程中对孔口的速度给出了不同的表达式，导致进出口的阻力系数表达略有不同，但是计算结果基本相同，本书推荐采用赵鸿佐[55]给出的房间通风孔口有效面积表达式：

$$A = \frac{c_d a_1 a_2}{\left[\frac{1}{2}\left(\frac{c_d^2}{c}a_1^2 + a_2^2\right)\right]^{\frac{1}{2}}} \tag{2-22}$$

由式(2-17)~式(2-22)可得：

$$z_e = \frac{A^2(H-h)}{2ca_2^2} = (H-h)\frac{2a_1^2 - A^2}{2a_1^2} \tag{2-23}$$

36

对于高度方向上静压，可按不同的温度分布模型进行计算（表 2-4）：

（1）均匀温度分布，如排灌箱模型中可视为均匀温度分布的两个分层内部[53]、具有地板辐射供暖系统的机场建筑室温分布[54]。

在温度均匀分布模型中，温度保持为 $t = t_n$ 不变。空气可视为理想气体，$p = \rho \cdot R \cdot T$，有 $p/R = \rho_0 T_0 = \rho T = \mathrm{const}$，下标"0"代表标准状况（$\rho_0 = 1.29\mathrm{kg/m^3}$，$T_0 = 273.15\mathrm{K}$）。此时 $\mathrm{d}P_T = \oint_l \rho \cdot \vec{g} \cdot \mathrm{d}\vec{l} = -\rho(z)g \cdot \mathrm{d}z$，则静压力为：

$$P_T = \int_l \rho(z)g \cdot \mathrm{d}z = \rho_0 T_0 g \int_0^z \frac{1}{T(z)}\mathrm{d}z = \frac{\rho_0 T_0 g}{t_n + 273.15}z \tag{2-24}$$

（2）温度线性分布模型，如沿高度方向均匀分布的散热管[55]。

在温度线性分布模型中，温度分布为 $t = t_0 + \kappa z$。$\kappa$ 为温度变化率，为常数。此时静压力为：

$$P_T = \int_l \rho(z)g \cdot \mathrm{d}z = \rho_0 T_0 g \int_0^z \frac{1}{T(z)}\mathrm{d}z = \rho_0 T_0 g \int_0^z \frac{1}{t_0 + \kappa z + 273.15}\mathrm{d}z$$
$$= \frac{\rho_0 T_0 g}{\kappa}\ln\left(\frac{T_0 + \kappa z}{T_0}\right) \tag{2-25}$$

式中，$T_0 = t_0 + 273.15$。

（3）温度指数分布模型，如地下厂房的进厂交通洞[56]、太阳能烟囱[57]、双层通风玻璃幕墙[58]。

在温度指数分布模型中，温度分布为 $t = t_0 + \Gamma_1 e^{\Gamma_2 z}$，$\Gamma_1$、$\Gamma_2$ 为常数。此时静压力有，

$$P_T = \int_l \rho(z)g \cdot \mathrm{d}z = \rho_0 T_0 g \int_0^z \frac{1}{T(z)}\mathrm{d}z = \frac{\rho_0 T_0 g}{\Gamma_1 \Gamma_2}\ln\left(\frac{T_0 + \Gamma_1 e^{\Gamma_2 z}}{T_0 + \Gamma_1}\right) \tag{2-26}$$

**高度方向上静压计算方法**　　　　　　　　　　　　　　　　　　表 2-4

| 分布类型 | $t$ | $P_T$ | 典型应用场合 |
|---|---|---|---|
| 温度均匀分布模型 | $t = t_n$ | $P_T = \frac{\rho_0 T_0 g}{t_n + 273.15}z$ | 热压置换流动模型中的分层[53]、地板辐射供暖系统的机场建筑[54] |
| 温度线性分布模型 | $t = t_0 + \kappa z$ | $P_T = \frac{\rho_0 T_0 g}{\kappa}\ln\left(\frac{T_0 + \kappa z}{T_0}\right)$ | 沿高度方向均匀分布的散热管[55] |
| 温度指数分布模型 | $t = t_0 + \Gamma_1 e^{\Gamma_2 z}$ | $P_T = \frac{\rho_0 T_0 g}{\Gamma_1 \Gamma_2}\ln\left(\frac{T_0 + \Gamma_1 e^{\Gamma_2 z}}{T_0 + \Gamma_1}\right)$ | 地下厂房的进厂交通洞[56]、太阳能烟囱[57]、双层通风玻璃幕墙[58] |

**3. 热压驱动流动建筑通风量计算**

如前所述，热压作用与进风口和出风口高度差，以及室内外空气温度差存在密切的关系。一些文献中给出了热压驱动流动建筑通风量计算。

ASHRAE 2021 手册中热压通风驱动通风量计算如下式[59]：

$$Q_s = C_d A \sqrt{2g\Delta H_{\mathrm{NPL}}(T_i - T_o)/T_i} \tag{2-27}$$

式中　$Q_s$——热压通风量，$\mathrm{m^3/s}$；

$C_d$——开口的流量系数；

$\Delta H_{NPL}$——低位风口中心到中和面的高差，m；

$T_i$——室内温度，K；

$T_o$——室外温度，K。

CIBSE 2005 手册中给出的热压通风驱动通风量计算如下[60]：

$$Q_s = C_d A_w [2\Delta t h_a g / (\bar{t} + 273)]^{0.5} \tag{2-28}$$

式中　$Q_s$——热压通风量，$m^3/s$；

$C_d$——开口的流量系数（大开口一般取 0.61）；

$A_w$——有效开口面积，$m^2$；

$\Delta t$——室内外温差，K；

$h_a$——上下风口的高差，m；

$\bar{t}$——室内外平均温差，℃；

《实用供热空调设计手册（第二版）》中热压通风量计算如下式[61]：

$$Q_s = 3600 \frac{E}{c(t_p - t_{wf})} \text{ 或 } Q_s = 3600 \frac{mE}{c(t_n - t_{wf})} \tag{2-29}$$

式中　$Q_s$——热压通风量，kg/s；

$E$——散至室内的全部显热量，kW；

$c$——空气比热，取值 $1.01 kJ/(kg \cdot ℃)$；

$t_p$——排风温度，℃；

$t_n$——室内工作区温度，℃；

$t_{wf}$——夏季通风室外计算温度，℃；

$m$——散热量有效系数。

在形式上无论是热压自然通风或风压自然通风的影响，风量体积流量可转化为质量流量[62]：

$$G = \rho L = \mu F \sqrt{2\rho \Delta P} \tag{2-30}$$

式中　$L$——空气体积换气量，$m^3/s$；

$G$——空气质量流量，kg/s；

$F$——孔口面积，$m^2$；

$\mu$——孔口流量系数。

建筑物孔口的有效面积随着自然通风诱因和开口位置变化。其开口形式根据开口位置可以分为并联式、串联式和混合式，下面主要分析热压作用下孔口有效面积。如图 2-18 所示，建筑热压作用下的窗口 a 和窗口 b 的热压为[62]：

$$\Delta P = |\Delta P_a| + |\Delta P_b| = \frac{G_a^2}{2\rho_w(\mu_a F_a)} + \frac{G_b^2}{2\rho_n(\mu_b F_b)} \tag{2-31}$$

利用 $\Delta P$ 由式(2-29)可计算窗口 a、b 的质量流量[62]，具体过程如下：

$$G_a = (\mu F)_a \sqrt{2\rho_w \Delta P} \tag{2-32}$$

$$G_b = (\mu F)_b \sqrt{2\rho_n \Delta P} \tag{2-33}$$

式中，$(\mu F)_a$，$(\mu F)_b$ 是以窗口 a 和 b 为计算依据的有效面积。根据 $G_a = G_b = G$，

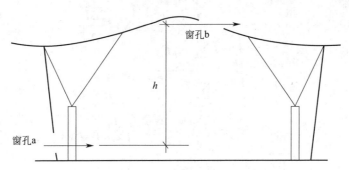

图 2-18　建筑热压通风流动

联立式(2-31) 和式(2-32)，可得到：

$$\left[\frac{1}{(\mu F)_a}\right]^2 = \left(\frac{1}{\mu_a F_a}\right)^2 + \frac{\rho_w}{\rho_n}\left(\frac{1}{\mu_b F_b}\right)^2 \tag{2-34}$$

$$\left[\frac{1}{(\mu F)_b}\right]^2 = \frac{\rho_n}{\rho_w}\left(\frac{1}{\mu_a F_a}\right)^2 + \left(\frac{1}{\mu_b F_b}\right)^2 \tag{2-35}$$

通过窗口 a 流入的体积流量为：

$$L_a = (\mu F)_a \sqrt{\frac{2\Delta P_r}{\rho_w}} = \frac{\mu_a F_a}{\sqrt{\frac{\rho_w}{\rho_n}\left(\frac{\mu_a F_a}{\mu_b F_b}\right)^2 + 1}} \sqrt{\frac{2\Delta P_r}{\rho_w}} \tag{2-36}$$

通过窗口 b 流入的体积流量为：

$$L_b = (\mu F)_b \sqrt{\frac{2\Delta P_r}{\rho_n}} = \frac{\mu_b F_b}{\sqrt{\frac{\rho_n}{\rho_w}\left(\frac{\mu_b F_b}{\mu_a F_a}\right)^2 + 1}} \sqrt{\frac{2\Delta P_r}{\rho_n}} \tag{2-37}$$

若进一步扩展，对于有更多开口的建筑物，下部有 $n$ 个开孔，上部有 $m$ 个开孔，则下部第 $i$ 个孔口的自然通风量和有效面积为[62]：

$$L_i = \frac{\mu_i F_i}{\sqrt{\frac{\rho_w}{\rho_n}\left(\dfrac{\sum\limits_{j=1}^{n}\mu_j F_j}{\sum\limits_{k=1}^{m}\mu_k F_k}\right) + 1}} \sqrt{\frac{2\Delta P_r}{\rho_w}} \tag{2-38}$$

$$\left[\frac{1}{(\mu F)_i}\right]^2 = \left(\frac{1}{\mu_i F_i}\right)^2 + \frac{\rho_w}{\rho_n}\left(\dfrac{\sum\limits_{j=1}^{n}\mu_j F_j}{\sum\limits_{k=1}^{m}\mu_k F_k}\right)^2 \tag{2-39}$$

上部第 $i$ 个孔口的自然通风量和有效面积为：

$$L_i = \frac{\mu_i F_i}{\sqrt{\dfrac{\rho_n}{\rho_w}\left(\dfrac{\sum\limits_{j=1}^{m}\mu_k F_k}{\sum\limits_{k=1}^{n}\mu_j F_j}\right)+1}}\sqrt{\dfrac{2\Delta P_r}{\rho_w}} \tag{2-40}$$

$$\left[\frac{1}{(\mu F)_i}\right]^2 = \left(\frac{1}{\mu_i F_i}\right)^2 + \frac{\rho_n}{\rho_w}\left(\frac{\sum\limits_{j=1}^{m}\mu_k F_k}{\sum\limits_{k=1}^{n}\mu_j F_j}\right)^2 \tag{2-41}$$

建筑中各类孔口的形式都可以按照上述情况计算出相应的孔口有效面积和自然通风量。当建筑物在热压单独作用下时，采用式（2-8）或式（2-30）计算自然通风量。值得注意的是，在实际的机场建筑中，建筑室内外密度差形成的热压一部分形成实际的自然通风量，另一部分则消耗在建筑内部结构和设备的局部阻力上，此时的建筑物内部结构、布置对自然通风动力损失程度，随通风工况的变化较小，受内部结构及设备布局影响较大。

### 2.2.3 热压和风压联合作用通风

以机场建筑物为例，尽管其建筑设计有诸多形式，但从共性本质而言，在计算研究中可简化为一些基本模式，如单孔通风、多孔通风等。根据热压和风压的作用方向是否相同又可分成若干模式。机场建筑一般具有上下多个开孔，以单空间中拥有四个开口的简化模型为例，如图 2-19 所示，分析风压与热压共同作用下四开口的通风流量。

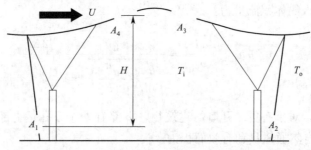

图 2-19　单区四开口模型

若四个开口位于不同高度且面积不同，其能量、质量等平衡方程解析求解方程比较复杂。李玉国等[63,64]分析了如图 2-20 所示的建筑模型，即开口 1 和 2、3 和 4 分别处于同一高度，且通过开口的气流是单向的。假设室内空气充分混合，温度为 $T_i$，室外温度为 $T_o$，屋顶处风速为 $U$，并假设迎风面和背风向开口的风压系数分别为 $C_{p1}$ 和 $C_{p2}$，两者之差为 $\Delta C_p$。

存在下列四种可能的流动模式：

（1）强风压主导的流动模式，如图 2-20（a）所示，空气从开口 1 和 4 流入，从开口 2 和 3 流出；

（2）弱风压主导的流动模式，如图 2-20（b）所示，空气从开口 1，2 和 4 流入，从开口 3 流出；

（3）强热压主导的流动模式，如图 2-20(c) 所示，空气从开口 1 和 2 流入，从开口 3 和 4 流出：

（4）弱热压主导的流动模式，如图 2-20(d) 所示，空气开口 1 流入，从开口 2，3 和 4 流出。

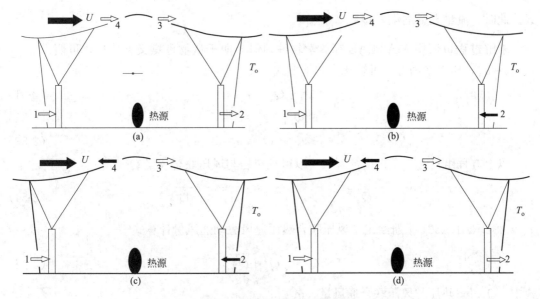

图 2-20　四种流动模式示意

(a) 强风压主导的流动模式；(b) 弱风压主导的流动模式；(c) 强热压主导的流动模式；(d) 弱热压主导的流动模式

解自然通风基本控制方程可获得精确解，本节讨论强风压主导的流动模式。设四开口的流量系数与开口面积分别用 $C_{di}$ 与 $A_i$ 表示，开口间高差为 $h$，并定义：

$$\alpha_i = \frac{C_{di}A_i}{C_{d1}A_1} \tag{2-42}$$

当处于将风压主导流动模式时，存在三个压力等式：

$$\Delta P_1 + \Delta P_2 = \Delta P_w \tag{2-43}$$

$$\Delta P_3 - \Delta P_2 = \Delta \rho g h \tag{2-44}$$

$$\Delta P_1 - \Delta P_4 = \Delta \rho g h \tag{2-45}$$

对于每个开口处的压差，根据孔口流量公式，有：

$$q_i = C_{d1}A_1 \sqrt{\frac{2\Delta P_1}{\rho_0}} \tag{2-46}$$

根据质量守恒，当风压主导流动时，开口 1 与 4 进风，开口 2 与 3 出风，则有：

$$q = q_1 + q_4 = q_2 + q_3 \tag{2-47}$$

定义如下参数：

$$K_b = 2(C_{d1}A_1)^2 gh \frac{T_1 - T_o}{T_o} \tag{2-48}$$

$$K_w = 2(C_{d1}A_1)^2 \frac{\Delta P_w}{\rho} \tag{2-49}$$

$$Fr = \sqrt{\frac{K_w}{K_s}} \tag{2-50}$$

式中，$K_s$ 表示热压作用效果，$K_w$ 表示风压作用效果，无量纲弗洛德数 $Fr$ 则表示风压与热压的比值。经过变形后，将不仅适用于强风压的情况，而且适用上述其他三种模式。此时，流量无量纲化为 $Q = \sqrt{\frac{q}{K_s}}$。

求解过程可使用 MATLAB 等数学软件，但为便于从物理意义上分析，可假设 $\alpha_3 = 1$、$\alpha_2 = \alpha_4$，压力平衡方程可转化为如下形式：

$$\alpha_2^2 Q_1^2 + Q_2^2 = \alpha_2^2 Fr^2 \tag{2-51}$$

$$\alpha_2^2 Q_3^2 - Q_2^2 = \alpha_2^2 \tag{2-52}$$

$$\alpha_2^2 Q_1^2 - Q_4^2 = \alpha_2^2 \tag{2-53}$$

以上方程组只有一个正实数解，可以得到热压与风压联合风量 $Q_t$[63,64]：

$$Q_t = \frac{1}{\sqrt{2}}\sqrt{1+Fr^2} + \frac{\alpha_2}{\sqrt{2}}\sqrt{|Fr^2-1|} \tag{2-54}$$

ASHRAE 2021 手册给出了风压联合热压通风驱动通风量计算式[59]：

$$Q_t = \sqrt{Q_s^2 + Q_w^2} \tag{2-55}$$

式中　$Q_t$——热压与风压联合通风量，$m^3/s$；

　　　$Q_s$——热压通风量，$m^3/s$；

　　　$Q_w$——风压通风量，$m^3/s$。

CIBSE 2005 手册中给出了风压及热压联合通风驱动通风量计算式[60]：

$$Q_w = C_d A_w V_r \Delta C_p^{0.5} \tag{2-56}$$

$$Q_s = C_d A_b [2\Delta t h_a g / (\bar{t} + 273)]^{0.5} \tag{2-57}$$

式中，当 $Q_w \geqslant Q_s$ 时，$Q_t = Q_w$；当 $Q_w \leqslant Q_s$ 时，$Q_t = Q_s$。

## 2.2.4　建筑自然通风潜力

自然通风与机械通风不同，它受气候、建筑周围微环境、建筑构造及内部热源分布情况的强烈影响，其控制往往取决于气候、环境、建筑融为一体的整体化设计。

良好的通风需要平衡能源消耗、空气品质、人员舒适性三者之间的关系。不同国家及地区、不同类型建筑的通风标准中对最小通风量和换气次数的要求并不相同，传统意义上的建筑最小通风量是以满足室内人员对新鲜空气的需要，排除室内人员产生的污染物、建筑材料等各种污染源散发的有害物质为原则。

新冠肺炎疫情暴发后，各种指南都指出应该尽可能地增大通风量，控制气流从清洁区流向污染区，仅在细则上存在一些差异[65]：

(1) ASHRAE：换气次数为 $3h^{-1}$（3 ACH）；

(2) REHVA：商业建筑换气次数为 $3h^{-1}$，普通病房的换气次数至少为 $4h^{-1}$，传染病病房，换气次数应至少为 $6h^{-1}$，既有的传染病隔离室，换气次数在 $6\sim12h^{-1}$，新建隔离室的换气次数至少为 $12h^{-1}$；

（3）SHASE：24h 连续运行机械通风系统，人均最低新风量为 $30m^3/h$；

（4）住房和城乡建设部发布的《公共及居住建筑室内空气环境防疫设计与安全保障》指南（试行）规定：公共建筑的人均新风量不低于 $30m^3/h$，如无法满足，应降低房间人员密度，否则应立即停用该房间[66-68]；对于医疗建筑，换气次数分别为：清洁区 $3h^{-1}$，污染区 $6h^{-1}$，负压隔离病房 $12h^{-1}$。

表 2-5 给出了不同的建筑内部空间人均居住面积相应的换气次数标准。有研究者分别按照上述两种新风量的设计方案，计算了户型面积为 $98\sim230m^2$ 的住宅新风量，发现对于 $100m^2$ 以下的户型，两种计算方法得出的最小新风量一致，而 $100m^2$ 以上的户型，需要按照换气次数法计算，才能满足两种方法对最小新风量的要求。对于自然通风情况，主导风向侧户型的通风效果明显优于非主导风向侧户型。后者的通风换气次数也基本在 $20h^{-1}$ 以上。意味着就算户型不在主导风向侧，只要能形成良好的穿堂风通道，依然可以获得较好的室内自然通风换气。在主导风向下，各房间换气次数可达到 $50h^{-1}$ 以上。这说明，在风向随机变化的时段，只要形成有效的通风路径，各类户型都可以得到良好的通风效果。不同国家居住建筑最小通风量和换气次数如图 2-21 所示。

居住建筑最小新风量换气次数[69]　　　　　　　　　表 2-5

| 人均居住面积 | 换气次数($h^{-1}$) |
| --- | --- |
| 人均居住面积≤10m² | 0.70 |
| 10m²＜人均居住面积≤10m² | 0.60 |
| 20m²＜人均居住面积≤50m² | 0.50 |
| 人均居住面积＞50m² | 0.45 |

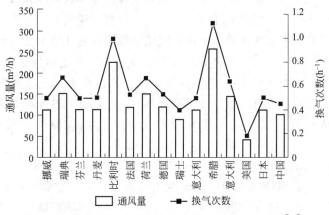

图 2-21　不同国家居住建筑最小通风量和换气次数[69]

除气象条件外，建筑自然通风受门、窗等开口影响较大。以上海地区建筑为例，考虑上海地区的室外主导风向和平均风速，选取了 3 种常见类型的建筑空间（A 类：具有核心筒的高层办公建筑；B 类：不含核心筒的中小型南北通透办公建筑；C 类：机场、车站及办公建筑入口大厅）。表 2-6 给出了"换气次数—等效窗地比"[70]。A、B、C 类建筑的等效窗地比最大值分别为 19.0%、5.6%、8.9%，其对应的换气次数变化范围分别为 3.2～

$31.9\text{h}^{-1}$、$2.0\sim20.0\text{h}^{-1}$ 和 $7.2\sim70.4\text{h}^{-1}$。

上海地区典型气象条件 "换气次数-等效窗地比"[70]　　　　　　　表 2-6

| 建筑类型 | 案例编号 | 开窗参数 | | 换气次数 $(\text{h}^{-1})$ |
|---|---|---|---|---|
| | | 开窗比=通风面积/窗户面积(%) | 等效窗地比(%) | |
| A类:高层办公建筑(核心筒型) | 0 | 10 | 1.9 | 3.2 |
| | 1 | 30 | 5.7 | 9.6 |
| | 2 | 50 | 9.5 | 15.9 |
| | 3 | 100 | 19.0 | 31.9 |
| B类:普通办公建筑(南北通透) | 0 | 10 | 0.6 | 2.0 |
| | 1 | 30 | 1.7 | 6.0 |
| | 2 | 50 | 2.8 | 10.0 |
| | 3 | 100 | 5.6 | 20.0 |
| C类:机场车站(高大空间) | 0 | 10 | 0.9 | 7.2 |
| | 1 | 30 | 2.7 | 21.3 |
| | 2 | 50 | 4.4 | 25.1 |
| | 3 | 100 | 8.9 | 70.4 |

综上所述,对于居住建筑、办公建筑及机场建筑等,自然通风换气次数可达机械通风的 2~100 倍。由此推论,在机械通风的换气次数难以达到气载致病微生物浓度稀释要求的前提下,引入自然通风的确可以迅速有效地稀释有害物浓度,其增加的新风量可有效降低气载致病微生物的传播风险。因此,针对机场建筑防疫通风,有必要评估基于致病污染物稀释倍率需求的自然通风潜力(Natural Ventilation Potential)。

根据建筑所在地区的宏观气候条件,如宏观风速分布和风向(风玫瑰图)、气温分布、太阳辐射照度、室外空气湿度等来确定该地区气候的自然通风潜力。在确定自然通风方案之前,有必要收集建筑所在地区的历史逐年气象参数逐时变化情况并进行分析。此外,尚需根据建筑微环境,如建筑周围风速分布及气温分布、城市地形与布局(建筑平均高度、建筑及街道的布局、植被分布等)、建筑内部布置、建筑高度、室外噪声水平、室外污染等来分析建筑微环境的自然通风潜力。官燕玲等[36]利用 2D-PIV 对建筑物窗户开口特性进行了较为深入的研究。建筑微环境对自然通风的影响较复杂,研究者提出了一些方法[71]:

(1) Ghiaus Christian 等人[72] 提出了"自然通风度日数"(Degree-hours for Natural Ventilation),指适合自然通风区间的温度数与其天数的乘积之和。此数值越大,自然通风潜力越大。利用热平衡原理,依据各月平均温度、平衡点温度确定自然通风潜力,但未考虑风速、空气湿度等因素。

(2) 张国强等人[73] 提出"自然通风压差时数"(Pressure Differences Pascal Hours),即建筑可提供自然通风有效压差高于所需最小压差的压差数与具有此压差数的小时数的乘积之和,数值越大,自然通风潜力越大。此方法基于气流产生原理,进行风压计算,重视"风"的来源,未考虑温度、湿度对室内热湿环境的综合影响。

(3) 林文等人[74] 综合考虑了热压、风压、空气质量、环境噪声对自然通风应用效果的影响，建立了自然通风潜力与压差时数、空气质量、环境噪声之间的函数模型及评估方法，这一方法更为全面。

（4）《民用建筑室内热湿环境评价标准》GB/T 50785—2012 提出非人工冷热源环境下的室内热湿环境评价方法，其中的图示法以室外平滑周平均温度作为参数，使用热舒适适应性模型计算体感温度评价热湿环境等级。

# 本章参考文献

［1］ Qian H，Miao T，Liu L，et al. Indoor transmission of SARS-CoV-2 ［J］. Indoor Air，2021. 31 （3）：639-645.

［2］ Zhang X，Wu J，Smith L M，et al. Monitoring SARS-CoV-2 in air and on surfaces and estimating infection risk in buildings and buses on a university campus ［J］. Journal of Exposure Science and Environmental Epidemiology，2022：1-8.

［3］ World Health Organization. Infection prevention and control of epidemic-and pandemic-prone acute respiratory diseases in health care：WHO interim guidelines ［R］，2007.

［4］ Blachere F M，Lindsley W G，Pearce T A，et al. Measurement of airborne influenza virus in a hospital emergency department ［J］. Clinical Infectious Diseases，2009，48 （4）：438-440.

［5］ Wang C C，Prather K A，Sznitman J，et al. Airborne transmission of respiratory viruses ［J］. Science，2021，373 （6558）.

［6］ 李玉国，程盼，钱华. 新型冠状病毒的主要传播途径及其对室内环境设计的影响 ［J］. 科学通报，2021，66 （4）：7.

［7］ Li Y，Leung G M，Tang J W，et al. Role of ventilation in airborne transmission of infectious agents in the built environment-a multidisciplinary systematic review ［J］. Indoor Air，2007，17 （1）：2-18.

［8］ Qian H，Li Y，Seto W H，et al. Natural ventilation for reducing airborne infection in hospitals ［J］. Building and Environment，2010，45 （3）：559-565.

［9］ Jiang Y，Zhao B，Li X，et al. Investigating a safe ventilation rate for the prevention of indoor SARS transmission：An attempt based on a simulation approach ［J］. Building Simulation. Springer Berlin Heidelberg，2009，2 （4）：281-289.

［10］ Fadaei A. Ventilation systems and COVID-19 spread：evidence from a systematic review study ［J］. European Journal of Sustainable Development Research，2021，5 （2）：em0157.

［11］ REHVA. How to operate and use building services in order to prevent the spread of the coronavirus disease (COVID-19) virus (SARS-CoV-2) in workplaces—REHVA COVID-19 guidance document ［S］. Europe：Federation of European Heating，Ventilation and Air Conditioning Associations，2020.

［12］ 孙一坚，沈恒根. 工业通风 ［M］. 4 版. 北京：中国建筑工业出版社，2010.

［13］ Lau C R，Stromgren J T，Green D J. Airport energy efficiency and cost reduction ［M］. Transportation Research Board，2010.

［14］ 中国民用航空局. 运输航空公司、运输机场疫情防控技术指南（第八版）［S］. 2021.

［15］ Zheng W，Hu J，Wang Z，et al. COVID-19 impact on operation and energy consumption of heating，ventilation and air-conditioning （HVAC）systems ［J］. Advances in Applied Energy，2021，3：100040.

［16］ 曹晓庆，张银安，刘华斌，等. 雷神山医院通风空调设计 ［J］. 暖通空调，2020，50 （6）：11.

［17］ Zhang Y，Han O，Li A，et al. Adaptive wall-based attachment ventilation：a comparative study on its effectiveness in airborne infection isolation rooms with negative pressure [J]. Engineering, 2022, 8: 130-137.

[18] 中国中元国际工程有限公司，等. 传染病医院建筑设计规范：GB 50849—2014 [S]. 北京：中国计划出版社，2014.

[19] 中国中元国际工程有限公司，等. 新型冠状病毒感染的肺炎传染病应急医疗设施设计标准：T/CEC S661—2020 [S]. 北京：中国建筑工业出版社，2020.

[20] 北京大学第一医院，等. 经空气传染疾病医院感染预防与控制规范：WS/T 511—2016 [S]. 北京：中国标准出版社，2017.

[21] ANSI / ASHRAE / ASHRAE Standard 170-2017. Ventilation of health care facilities [S]. American Society of Heating, Refrigeration and Air-Conditioning Engineers, Inc., Atlanta, USA, 2017.

[22] Mu D, Shu C, Gao N, et al. Wind tunnel tests of inter-flat pollutant transmission characteristics in a rectangular multi-storey residential building, part B: Effect of source location [J]. Building and Environment, 2017, 114: 281-292.

[23] Mao J, Yang W, Gao N. The transport of gaseous pollutants due to stack and wind effect in high-rise residential buildings [J]. Building and Environment, 2015, 94: 543-557.

[24] Yang W, Gao N. The transport of gaseous pollutants due to stack effect in high-rise residential buildings [J]. International Journal of Ventilation, 2015, 14 (2): 191-208.

[25] Wang J, Huo Q, Zhang T, et al. Numerical investigation of gaseous pollutant cross-transmission for single-sided natural ventilation driven by buoyancy and wind [J]. Building and Environment, 2020, 172: 106705.

[26] Lim T, Cho J, Kim B S. The predictions of infection risk of indoor airborne transmission of diseases in high-rise hospitals: Tracer gas simulation [J]. Energy and Buildings, 2010, 42 (8): 1172-1181.

[27] Lim T, Cho J, Kim B S. Predictions and measurements of the stack effect on indoor airborne virus transmission in a high-rise hospital building [J]. Building and Environment, 2011, 46 (12): 2413-2424.

[28] Yu I T S, Li Y, Wong T W, et al. Evidence of airborne transmission of the severe acute respiratory syndrome virus [J]. New England Journal of Medicine, 2004, 350 (17): 1731-1739.

[29] ASHRAE. ASHRAE Handbook: Fundamentals [M]. Atlanta: American Society of Heating, Refrigeration and Air-Conditioning Engineers, Inc., 2017.

[30] 杨薇. 夏热冬冷地区住宅夏季热舒适状况以及适应性研究 [D]. 长沙：湖南大学，2007.

[31] Code of practice for ventilation principles and designing for natural ventilation: BS 5925-1991 [S]. British Standard Institution, 1991.

[32] Balazs. A wind pressure database from Hungary for ventilation and infiltration calculations [J]. Air Infiltration Review, 1989, 10 (4): 1-4.

[33] Muehleisen R T, Patrizi S. A new parametric equation for the wind pressure coefficient for low-rise buildings [J]. Energy and Buildings, 2013, 57: 245-249.

[34] Cóstola D, Blocken B, Hensen J L M. Overview of pressure coefficient data in building energy simulation and airflow network programs [J]. Building and Environment, 2009, 44: 2027-2036.

[35] Bre F, Gimenez J M, Fachinotti V D. Prediction of wind pressure coefficients on building surfaces using artificial neural networks [J]. Energy and Buildings, 2018, 158: 1429-1441.

[36] 官燕玲. 建筑物自然通风特性研究 [D]. 西安：西安建筑科技大学，2012.

[37] Liddament M W. Air infiltration calculation techniques: An applications guide [M]. Berkshire,

UK：Air infiltration and ventilation centre，1986.

[38] Khanduri A C，Stathopoulos T，Bédard C. Wind-induced interference effects on buildings-a review of the state-of-the-art [J]．Engineering Structures，1998，20（7）：617-630.

[39] Bailey P A，Kwok K C S. Interference excitation of twin tall buildings [J]．Journal of Wind Engineering and Industrial Aerodynamics，1985，21（3）：323-338.

[40] Yu X，Xie Z，Gu M. Interference effects between two tall buildings with different section sizes on wind-induced acceleration [J]．Journal of Wind Engineering and Industrial Aerodynamics，2018，182：16-26.

[41] Hui Y，Yoshida A，Tamura Y. Interference effects between two rectangular-section high-rise buildings on local peak pressure coefficients [J]．Journal of Fluids and Structures，2013，37：120-133.

[42] Chen B，Cheng H，Kong H，et al. Interference effects on wind loads of gable-roof buildings with different roof slopes [J]．Journal of Wind Engineering and Industrial Aerodynamics，2019，189：198-217.

[43] Case P C，Isyumov N. Wind loads on low buildings with 4：12 gable roofs in open country and suburban exposures [J]．Journal of Wind Engineering and Industrial Aerodynamics，1998，77：107-118.

[44] Ozmen Y，Baydar E，Van Beeck J. Wind flow over the low-rise building models with gabled roofs having different pitch angles [J]．Building and Environment，2016，95：63-74.

[45] 龙天渝，蔡增基．流体力学 [M]．5 版．北京：中国建筑工业出版社，2019.

[46] 张鸿雁，张志政，王元，等．流体力学 [M]．2 版．北京：科学出版社，2014.

[47] Etheridge D. Natural ventilation of buildings：theory，measurement and design [M]．John Wiley & Sons，2011.

[48] [英] 奥比 H B．建筑通风 [M]．李先庭，赵彬，邵晓亮，蔡浩 译．北京：机械工业出版社，2011.

[49] Warren P. Ventilation through openings on one wall only [C]//Proceeding of International Centre for Heat and Mass Transfer Seminar，1977.

[50] Guide CIBSE，Volume A. Chartered institution of building services engineers [M]．Delta House，1986，22.

[51] Heiselberg P，Svidt K，Nielsen P V. Characteristics of airflow from open windows [J]．Building and Environment，2001，36：859-869.

[52] Heiselberg P，Sandberg M. Evaluation of discharge coefficients for window openings in wind driven natural ventilation [J]．International Journal of Ventilation，2006，5（1）：43-52.

[53] Linden P F，Lane-Serff G F，Smeed D A. Emptying filling boxes：the fluid mechanics of natural ventilation [J]．Journal of Fluid Mechanics，1990，212：309-335.

[54] 丁良士，张亚庭，张柏，等．地板采暖与天花采暖的舒适性实验研究 [C]//全国暖通空调制冷 2000 年学术年会论文集．北京：中国建筑工业出版社，2000.

[55] 赵鸿佐．室内热对流与通风 [M]．北京：中国建筑工业出版社，2010.

[56] Li A，Gao X，Ren T. Study on thermal pressure in a sloping underground tunnel under natural ventilation [J]．Energy and Buildings，2017，147：200-209.

[57] 李安桂，郝彩侠，张海平．太阳能烟囱强化自然通风实验研究 [J]．太阳能学报，2009，30（4）：460-464.

[58] 高云飞，赵立华，李丽，等．外呼吸双层通风玻璃幕墙热工性能模拟分析 [J]．暖通空调，2007，37（1）：20-22.

[59] ASHRAE. ASHRAE Handbook：Fundamentals（SI Edition）[M]．Atlanta：American Society of Heating，Refrigeration and Air-Conditioning Engineers，Inc.，，2021.

[60] Henderson G，Barnard N，Jaunzens D，et al. CIBSE guide B：Heating，ventilating，air conditioning and refrigeration [M]．Norwich，UK CIBSE Publications，2005.

[61] 陆耀庆．实用供热空调设计手册 [M]．2 版．北京：中国建筑工业出版社，2008.

[62] 陈帅，蔡颖玲，姜小敏．几种不同情况下的自然通风量的计算 [J]．四川建筑科学研究，2010，36（2）：285-287.

[63] Li Y，Duan S，Zhang G. Multiple solutions in a building with four openings ventilated by combined forces [J]．Indoor and Built Environment，2005，14（5）：347-358.

[64] 殷维．建筑自然通风利用率预测与节能评估模型研究 [D]．长沙：湖南大学，2010.

[65] 艾正涛，叶金军，Melikov A K，等．现有防疫通风措施及基于先进气流组织的源头控制技术应用 [J]．湖南大学学报（自然科学版），2022，49（5）：12.

[66] 中国制冷学会．春节上班后应对新冠肺炎疫情安全使用空调（供暖）的建议 [EB/OL]．（2020-02-07）[2021-09-01]．http：//www. hinahvac. com. cn/Article/Index/5980.

[67] 中国建筑科学研究院有限公司建筑环境与能源研究院，等．新型冠状病毒肺炎疫情防控期间公共建筑空调通风系统运行管理技术指南：T/CPMI 009—2020 [S]．北京：中国物业管理协会，2020.

[68] 住房和城乡建设部科技与产业化发展中心，中国建筑科学研究院有限公司，重庆大学，等．办公建筑应对突发疫情应急防控运行管理技术指南 [EB/OL]．（2020-03-11）[2021-09-01]．http：//www. chinahvac. com. cn/Article/Index/6919.

[69] 张文霞，谢静超，刘加平，等．国内外居住建筑最小通风量和换气次数的研究 [J]．暖通空调，2016，46（10）：6.

[70] 季亮．兼顾热舒适和空气品质的夏热冬冷地区自然通风量化节能潜力 [J]．绿色建筑，2022，14（3）：5.

[71] 李宝龙，杨红，谢静超．极端热湿气候区建筑自然通风潜力评价 [J]．建筑节能（中英文），2021，49（1）：5.

[72] Christian G，Francis A. Assessing climatic suitability to natural ventilation by using global and satellite climatic data [C]//Proceeding of Eighth International Conference on Air Distribution in Rooms，2002：625-628.

[73] 张国强，阳丽娜，周军莉，等．自然通风潜力评估体系的建立与应用 [J]．湖南大学学报（自然科学版），2006，33（1）：25-28.

[74] 林文，周军莉，张国强．自然通风潜力的多标准评估方法 [J]．建筑热能通风空调，2007，26（4）：1-4，20.

# 第 3 章　空气流动及生物气溶胶
# 输运理论与方法

人们已认识到，气载致病微生物气溶胶作为一种重要的媒介在疾病传播和环境生物安全方面存在潜在危害。气载致病微生物气溶胶粒子本质上属于宏观粒子，服从牛顿力学，其周围的流体服从黏性流体力学。气载致病微生物气溶胶粒子在空气中的输运规律和一般气溶胶粒子的输运规律基本相同，具有一般气溶胶的物理特性。但除了物理因素外，微生物气溶胶传播过程中还要经历微生物凋敝及增殖，干、湿沉积等复杂的生物衰减过程。本章首先介绍空气流动和气溶胶传输的一些重要基础知识，包括空气流动和气溶胶输运的控制方程；然后介绍微生物气溶胶空气传播的数值模拟研究方法，需要注意的是这里仅针对气溶胶的物理特性；考虑到微生物气溶胶特殊的生物特性，在第 3.4、3.5 节针对气载致病微生物气溶胶的失活、沉积和再悬浮进行简要介绍；第 3.6 节介绍口罩等对气载致病微生物气溶胶的拦截/筛滤效应。

## 3.1　空气运动

机场建筑通常建于郊区开阔地带，受当地风环境的影响较大，机场建筑内经常同时受机械通风和自然通风的影响。对于机场建筑内外，空气流动服从黏性不可压缩流体力学。黏性流体运动有层流和湍流两种流态。在层流中各层流体互不掺混，质点作规则的沿光滑路径的运动；在湍流中则各层流体互相掺混，质点运动不规则。层流和湍流都服从黏性流体运动的基本方程组：纳维—斯托克斯（Navier-Stokes，N-S）方程组，其质量、动量和能量守恒方程可描述为：

$$\frac{\partial u_i}{\partial x_i}=0 \tag{3-1}$$

$$\frac{\partial u_i}{\partial t}+\frac{\partial}{\partial x_j}(u_i u_j)=-\frac{1}{\rho}\frac{\partial p}{\partial x_i}+\nu\frac{\partial^2 u_i}{\partial x_j \partial x_j}+f_i \tag{3-2}$$

$$\frac{\partial \theta}{\partial t}+\frac{\partial}{\partial x_j}(\theta u_j)=\frac{\partial}{\partial x_j}\left(\frac{k}{\rho c_p}\frac{\partial \theta}{\partial x_j}\right)+S_T \tag{3-3}$$

式中　$x_i$——第 $i$ 个笛卡尔坐标（$i$ = 1、2、3）；

$u_i$——$x_i$ 方向的瞬时速度分量；

$p$——瞬时压强；

$\theta$——瞬时温度；

$\rho$——流体密度；

$\nu$——运动黏性系数；

$c_p$——比热容；

$k$——热导率；

$f_i$——单位体积的体积力；

$S_T$——单位体积热源。

层流只在雷诺数较低的情况下发生，自然界和工程中的流动大多数是湍流，气载致病微生物的气溶胶传播正是在空气湍流的推波助澜下漂移到不同地方的。因此，气载致病微生物气溶胶传播与空气湍流密切相关。湍流运动是一种高度复杂的三维非稳态不规则流动[1]，其复杂性致使湍流运动及与之相关的热和物质的输运现象都难以描述和预测。在工程应用中不可避免地要对湍流输运过程提出各种假设来进行湍流计算，其中应用最为广泛的是雷诺时均（Reynolds Average Navier-Stokes，RANS）湍流计算方法和大涡模拟（Large Eddy Simulation，LES）湍流计算方法两类。

**1. RANS 湍流计算方法**

RANS 方法是以湍流统计理论为基础，对瞬时 N-S 方程进行时间平均处理，将瞬时速度 $u_i$、瞬时压强 $p$ 和瞬时温度 $\theta$ 分解为时均量和脉动量两部分：

$$u_i = \bar{u}_i + u'_i = \frac{1}{\Delta t}\int_t^{t+\Delta t} u_i \, \mathrm{d}t + u'_i \tag{3-4}$$

$$p = \bar{p} + p' = \frac{1}{\Delta t}\int_t^{t+\Delta t} p \, \mathrm{d}t + p' \tag{3-5}$$

$$\theta = \bar{\theta} + \theta' = \frac{1}{\Delta t}\int_t^{t+\Delta t} \theta \, \mathrm{d}t + \theta' \tag{3-6}$$

式中，时均量的平均时间间隔 $\Delta t$ 相对湍流的随机脉动周期而言足够大，但相对于流场的各种时均量的缓慢变化周期来说应足够小。将式（3-4）~式（3-6）代入式（3-1）~式（3-3），可得以下方程：

$$\frac{\partial \bar{u}_i}{\partial x_i} = 0 \tag{3-7}$$

$$\frac{\partial \bar{u}_i}{\partial t} + \frac{\partial}{\partial x_j}(\bar{u}_i \bar{u}_j) = -\frac{1}{\rho}\frac{\partial \bar{p}}{\partial x_i} + \frac{\partial}{\partial x_j}\left(\nu \frac{\partial \bar{u}_i}{\partial x_j} - \overline{u'_i u'_j}\right) + \bar{f}_i \tag{3-8}$$

$$\frac{\partial \bar{\theta}}{\partial t} + \frac{\partial}{\partial x_j}(\bar{\theta}\bar{u}_j) = \frac{\partial}{\partial x_j}\left(\frac{k}{\rho c_p}\frac{\partial \bar{\theta}}{\partial x_j} - \overline{\theta' u'_j}\right) + \bar{S}_T \tag{3-9}$$

式中，$\overline{u'_i u'_j}$ 表示雷诺应力；$\overline{\theta' u'_j}$ 表示湍流热通量。这些应力和通量分别代表了湍流对平均流量和平均温度的影响，也导致了方程组不再封闭。因此，需要额外的信息和近似值，以实现方程组闭合。这是通过湍流模型来实现的。所谓湍流模型，是以脉动方程和雷诺平均方程为基础，依据湍流的理论知识、实验数据或直接数值模拟结果，引进的一系列模型假设。这些假设使湍流的平均雷诺方程能够得以封闭。根据对湍流应力处理方式的不同，雷诺时均方程法中又分为雷诺应力方程法和湍流黏性系数法两大类。雷诺应力方程法对两个脉动值乘积的时均项再建立偏微分方程，同时又引入三个脉动值乘积的时均项，为了封闭方程组需要不断地引入湍流量输运方程，在理论上始终存在不封闭性的困难[2]。周培源教授在 20 世纪 40 年代提出了 17 方程模型，在四个脉动速度乘积这一层次上加上一个涡量脉动平方平均值的方程式使雷诺应力方程封闭[3]。工程上湍流计算广泛应用的方法是湍流黏性系数法。湍流黏性系数法把湍流应力表示成湍流黏性系数的函数，见式(3-10)，根据引入微分输运方程的数量，又分为零方程模型、单方程模型和双方程模型。

$$-\overline{u_i' u_j'} = \nu_{\mathrm{t}} \left( \frac{\partial \overline{u}_i}{\partial x_j} + \frac{\partial \overline{u}_j}{\partial x_i} \right) - \frac{2}{3} k \delta_{ij} \tag{3-10}$$

式中  $\nu_{\mathrm{t}}$ ——湍流黏性系数；

$k$ ——湍动能；

$\delta_{ij}$ ——克罗内克符号。

$$k = \frac{1}{2} \overline{u_i' u_i'} \tag{3-11}$$

$$\delta_{ij} = \begin{cases} 1, i=j \\ 0, i \neq j \end{cases} \tag{3-12}$$

对于 RANS 方法，尤其是两方程的湍流黏性系数法，被广泛用于建筑环境的模拟中，由于其基于时间平均大大减小了计算成本，但是它在模拟有碰撞或者分离的流动时仍然存在许多缺陷[4]，并且其本质上将流场稳态化只求解平均流量，所有尺度的湍流都被近似，因此不能描述空气流动瞬时流场的不稳定性和间歇性[5]。

**2. LES 湍流计算方法**

LES 方法是对湍流脉动的一种空间平均处理，将瞬时速度 $u_i$、瞬时压强 $p$ 和瞬时温度 $\theta$ 分解为大尺度可求解变量和亚格子变量：

$$u_i = \widetilde{u}_i + u_i' = \int_{-\infty}^{+\infty} G(x - x', \Delta) u_i(x') \mathrm{d}x' + u_i' \tag{3-13}$$

$$p = \widetilde{p} + p' = \int_{-\infty}^{+\infty} G(x - x', \Delta) p(x') \mathrm{d}x' + p' \tag{3-14}$$

$$\theta = \widetilde{\theta} + \theta' = \int_{-\infty}^{+\infty} G(x - x', \Delta) \theta(x') \mathrm{d}x' + \theta' \tag{3-15}$$

式中，$G(x - x', \Delta)$ 称为过滤函数或简称为过滤器，过滤尺度包含在过滤函数中，用 $\Delta$ 表示。常用的过滤函数有帽形函数、傅里叶截断函数、高斯函数等。

将式(3-13)~式(3-15)代入式(3-1)~式(3-3)，可得滤波后的连续性方程、动量方程和能量方程：

$$\frac{\partial \widetilde{u}_i}{\partial x_i} = 0 \tag{3-16}$$

$$\frac{\partial \widetilde{u}_i}{\partial t} + \frac{\partial}{\partial x_j} (\widetilde{u}_i \widetilde{u}_j) = -\frac{1}{\rho} \frac{\partial \widetilde{p}}{\partial x_i} + \frac{\partial}{\partial x_j} \left( \nu \frac{\partial \widetilde{u}_i}{\partial x_j} - \tau_{ij} \right) + \widetilde{f}_i \tag{3-17}$$

$$\frac{\partial \widetilde{\theta}}{\partial t} + \frac{\partial}{\partial x_j} (\widetilde{\theta} \widetilde{u}_j) = \frac{\partial}{\partial x_j} \left( \frac{k}{\rho c_{\mathrm{p}}} \frac{\partial \widetilde{\theta}}{\partial x_j} + q_{\mathrm{T}, ij} \right) + \widetilde{S}_{\mathrm{T}} \tag{3-18}$$

动量方程和能量方程右端有不封闭项亚格子雷诺应力和亚格子热通量：

$$\tau_{ij} = u_i u_j - \widetilde{u}_i \widetilde{u}_j \tag{3-19}$$

51

$$q_{T,ij} = \tilde{\theta}\,\tilde{u}_j - \theta u_j \qquad\qquad (3\text{-}20)$$

这里，$\tau_{ij}$ 反映过滤掉的小尺度脉动对大尺度脉动的影响，要实现大涡模拟数值模拟的关键就是亚格子应力封闭模式的构建。目前已经发展出了相当多的大涡模拟亚格子模式，包括涡黏性亚格子模式、谱空间亚格子模式、单调整合模式、线性随机估计模式、相似尺度亚格子模式等，其中涡黏性亚格子模式发展较为成熟，是广泛应用的一种亚格子模式。

相较于雷诺平均方法，大涡模拟对更多的大尺度湍流运动都可以进行模拟，同时还可以描述小尺度湍流运动。然而，大涡模拟更为复杂且计算成本更高。

**3. 浮升力存在的湍流计算**

如前文所述，机场的特点之一是散发大量余热，邻近热源的气体受热后体积膨胀、密度减小，相对于周围大气出现局部的密度差，从而产生重力差，即浮力作用，促使受热气流上升，形成对流。因在热浮力作用下驱动的自然对流的密度差不大，可采用 Boussinesq 假设[6]：1）流体中的黏性耗散忽略不计；2）除密度外其他物性为常数；3）仅在动量方程中重力方向上的体积力项中考虑密度变化，其余各项中的密度做常数处理。以 $\theta_0$ 为参考温度，则动量方程中重力方向上的体积力应为：

$$f = -g\beta(\theta - \theta_0) \qquad\qquad (3\text{-}21)$$

式中　$\beta$——热膨胀系数，对于理想气体常取 $\beta = 1/\theta_0$。

# 3.2 气溶胶输运

气溶胶的扩散过程是空气与气溶胶粒子群相互作用和气溶胶粒子间微观行为的共同作用。描述气溶胶粒子在空气中的传输需要选择多相流模型，典型模型包括欧拉—欧拉（连续流—连续流）和欧拉—拉格朗日（连续流—粒子传输）方法。

欧拉—欧拉模型是一种基于欧拉坐标系的求解模型。它将固相流动行为视为流体相流动，称为拟流体流动，那么固相和流体相均视为连续介质。对其中的每一相都建立连续性方程和动量方程，空间各点都有这两种流体各自不同的速度、温度和密度等参数，因此也被称为双流体模型。双流体模型简化了相间作用及颗粒间的作用，其本构方程的建立依赖于实验或经验，但其能够考虑颗粒群的输运特性，在实际的工程计算中运用较多。当气溶胶污染物的体积分率较低，属于稀疏相时，通常可用简单的标量对流扩散方程描述污染物的分布与传输状态[7-10]：

$$\frac{\partial c}{\partial t} + \frac{\partial}{\partial x_j}(cu_j) = \frac{\partial}{\partial x_j}\left(\frac{\Gamma_c}{\rho}\frac{\partial c}{\partial x_j}\right) + S_c \qquad\qquad (3\text{-}22)$$

式中　$c$——气溶胶污染物的质量浓度；

　　　$\Gamma_c$——扩散系数；

　　　$S_c$——污染物在单位体积中的产生率。

欧拉—拉格朗日模型将流体相看成是连续介质，将固相看成是离散相。流体相基于欧拉坐标系进行求解，流体的传热和流动过程计算通过建立纳维—斯托克斯方程组实现。固相基于拉格朗日坐标系进行求解，基于牛顿第二定律来跟踪每一个颗粒质点在流动过程中的运动轨迹，记录颗粒在每一时刻、每一位置的各个物理量及变化趋势。气相与固相的相互作用则通过牛顿第三定律来实现。欧拉—拉格朗日模型可以对流场中每一个颗粒的运动过程都进行跟踪，因此，它可以更好地被用来计算气固两相耦合过程。但是，当流场中颗粒数目过高会使计算量大大增加。因此，欧拉—拉格朗日模型通常用于颗粒体积分数低于10％的气固两相流计算。在拉格朗日坐标系下，颗粒的受力方程可表示为：

$$\frac{\mathrm{d}(m_\mathrm{p} u_\mathrm{p})}{\mathrm{d}t} = \sum \vec{F} \tag{3-23}$$

式中，左边是颗粒的惯性力，$u_\mathrm{p}$ 表示颗粒速度，$m_\mathrm{p}$ 表示颗粒质量，右边 $\sum \vec{F}$ 是作用于颗粒上的合力。对于气溶胶颗粒在流体中运动一般受到三类力的作用：一类是与流体—颗粒两相流相对运动无关的力，如重力；另一类是与流体—颗粒相对运动有关的力，且该力的方向与相对运动方向一致，如阻力、Basset 力、附加质量力等；还有一类是与流体-颗粒相对运动有关且方向与相对运动方向垂直的力，如 Magnus 力、Saffman 力等。下面对各个作用力进行简要介绍。

**1. 重力**

将颗粒等效为球形，则其受到的重力为：

$$F_\mathrm{g} = \frac{1}{6} \pi \rho_\mathrm{p} d_\mathrm{p}^3 g \tag{3-24}$$

式中　$\rho_\mathrm{p}$——等效球形颗粒的体积密度；

$d_\mathrm{p}$——球形颗粒的等效直径。

当气溶胶粒子是非规整的球体，须对重力计算式进行修正：

$$F_\mathrm{g} = \frac{1}{6} \pi k_\mathrm{g} \rho_\mathrm{p} d_\mathrm{p}^3 g \tag{3-25}$$

式中　$k_\mathrm{g}$——气溶胶粒子非球形体积密度重力修正系数，为实验确定的常数。

**2. 浮力**

当颗粒在流体中运动时，还会受到流体浮力的作用：

$$F_\mathrm{a} = \frac{1}{6} \pi \rho_\mathrm{g} d_\mathrm{p}^3 g \tag{3-26}$$

式中　$\rho_\mathrm{g}$——流体的密度。

**3. 曳力**

曳力由颗粒与气流的相对运动而产生，是颗粒的主要驱动力，方向与颗粒相对气流的运动方向相反。

$$F_\mathrm{D} = \frac{1}{8} \pi k_\mathrm{r} C_\mathrm{D} \rho_\mathrm{g} d_\mathrm{p}^2 |u_\mathrm{g} - u_\mathrm{p}| (u_\mathrm{g} - u_\mathrm{p}) \tag{3-27}$$

式中　$k_\mathrm{r}$——动力形状系数，等于等效粒径与沉降粒径之比的平方；

$C_\mathrm{D}$——阻力系数；

$u_\mathrm{g}$——流体速度；

$u_\mathrm{p}$——气溶胶颗粒速度。

**4. 气溶胶粒子由于自转而具有的升力（Magnus force）**

由于颗粒间的非对心碰撞会使颗粒产生旋转，在流体流场不均匀的情况下速度梯度的存在也会使颗粒产生旋转。颗粒的旋转会带动紧靠（贴附于）它表面的流体，在其流动方向与旋转方向相同的一侧增加速度而在另一侧降低速度，这时，颗粒会受到一个与颗粒运动方向相垂直的力的作用，驱使颗粒向速度较高的一侧移动，这个力称为 Magnus 力。

$$F_M = \frac{1}{8} \pi d_p^3 \rho_g \omega (u_g - u_p) \tag{3-28}$$

式中　$\omega$——气溶胶粒子的旋转角速度。

### 5. 由于速度梯度引起的升力 （Saffman force）

当颗粒与其周围的流体存在速度差并且流体的速度梯度垂直于颗粒的运动方向时，由于颗粒两侧的流速不一样，会产生一个由低速指向高速方向的升力，称为 Saffman 力，与 Magnus 力不同，它不是由于颗粒的旋转而产生的。

$$F_S = 1.61 (\rho_g \ \mu_g)^{1/2} d_p^2 (u_g - u_p) \left( \frac{du_g}{dy} \right)^{1/2} \tag{3-29}$$

一般在流动主流区，速度梯度通常都较小，此时可以忽略 Saffman 力的影响，而在速度边界层中，Saffman 力的作用是较明显的。

### 6. 湍流扩散漂移力 （Drift force）

在湍流运动中，流体会产生涡团。在颗粒通过这些涡团的过程中，由于固体颗粒与涡团相互作用易使得颗粒产生湍流扩散，偏离其原来的预测轨道，其 Drift force 计算如下：

$$F_{dx} = \frac{u_{pd}}{\tau_p} \tag{3-30}$$

$$F_{dy} = \frac{v_{pd}}{\tau_p} \tag{3-31}$$

式中　$u_{pd}$、$v_{pd}$——颗粒的湍流扩散速度；

　　　$\tau_p$——颗粒的弛豫时间。

$$\tau_p = \frac{\rho_p d_p^2}{18 \ \mu} \tag{3-32}$$

$$u_{pd} = -D_t \frac{\rho_m}{\rho_p} \left[ \frac{\partial}{\partial x} \left( \frac{\rho_p}{\rho_m} \right) \right] \tag{3-33}$$

$$v_{pd} = -D_t \frac{\rho_m}{\rho_p} \left[ \frac{\partial}{\partial y} \left( \frac{\rho_p}{\rho_m} \right) \right] \tag{3-34}$$

式中，$\rho_m = \rho + \rho_p$ 是混合物浓度，$D_t$ 是颗粒相的湍流扩散系数。

### 7. 巴塞特力 （Basset force）

当颗粒相对于流体作加速运动时，由于流体的黏性效应，颗粒附近会形成边界层并逐渐增长，其瞬间流场将不仅与当时的条件有关，而且与在这之前颗粒的运动状态有关。因此，需考虑专门反映"记忆效应"的特殊项，即 Basset 力：

$$F_B = \frac{3}{2} d_p^2 \sqrt{\rho_g \pi \ \mu} \int_{t_0}^{t} \left( \frac{du_g}{d\tau} - \frac{du_p}{d\tau} \right) \frac{d\tau}{\sqrt{t - \tau}} \tag{3-35}$$

式中，$\tau$ 是一个时间变量，通过它对颗粒从开始加速的时间 $t_0$ 到计算时的 $t$ 为止的整个运动过程做出积分。Basset 力只发生在黏性流体中，并且是与流动的不稳定性有关。

### 8. 压力梯度力

当颗粒在有压力梯度的流场中运动时，颗粒除了受流体绕流引起的阻力外，还受到一个由于压力梯度引起的作用力。

$$F_p = -V_p \operatorname{grad} p \tag{3-36}$$

式中，$V_p$ 为气溶胶粒子的体积。对于单个粒子（或浓度较小的悬浮颗粒群）由于小粒子的存在不影响流体的流动，对流体项而言可近似认为：

$$\rho_g \frac{\mathrm{d}u_g}{\mathrm{d}t} = -\operatorname{grad} p \tag{3-37}$$

则

$$F_p = V_p \rho_p \frac{\mathrm{d}u_g}{\mathrm{d}t} \tag{3-38}$$

**9. 附加质量力**

当颗粒在流体中作加速运动时，它要引起周围流体做加速运动。由于流体有惯性，表现为对颗粒有一个反作用力。推动颗粒运动的力将大于颗粒本身的惯性力，就好像颗粒质量增加了一样。所以这部分大于颗粒本身惯性力的力叫附加质量力。

$$F_{Vm} = \frac{1}{2} \rho_g u_p \left( \frac{\mathrm{d}u_g}{\mathrm{d}t} - \frac{\mathrm{d}u_p}{\mathrm{d}t} \right) \tag{3-39}$$

**10. 由于温度梯度引起的迁移力（热泳力）**

气溶胶颗粒处于有温度梯度的流场中，由于较高温部分的气体分子要比较低温部分的气体分子以更高的动能与颗粒相碰撞，通常情况下颗粒会从较高温部分向较低温部移动，这种现象称为热泳现象。热泳力正是由于温度梯度作用在颗粒上的力。热泳力的计算公式较多，在连续介质区（Knudsen 数 $Kn \ll 1$），流体分子的自由程较小，分子间相互作用的频率较高，可以把流体看作连续介质处理，使用经典的纳维—斯托克斯方程来对颗粒的输运特性进行分析计算。Brock[11] 采用完备的滑移边界条件得到了连续介质区热泳力的一阶近似解，见式(3-40)：

$$F_T = \frac{12\pi\mu\nu r_p C_s \left( \dfrac{k_g}{k_p} + C_t \dfrac{l_p}{r_p} \right) \dfrac{\nabla T}{T_0}}{\left( 1 + 3C_m \dfrac{l_p}{r_p} \right) \left( 1 + 2\dfrac{k_g}{k_p} + 2C_t \dfrac{l_p}{r_p} \right)} \tag{3-40}$$

在自由分子区（$Kn \gg 1$），气体分子的平均自由程远大于颗粒的特征长度，Waldmann[12] 基于气体分子与颗粒之间的刚体碰撞模型，得到了自由分子区中颗粒在单原子气体中所受热泳力的计算式：

$$F_T = \frac{16\sqrt{\pi}}{15} \frac{r_p^2 k_g}{\sqrt{2\kappa_B T / m_g}} \nabla T \tag{3-41}$$

式中　$k_g$ 和 $k_p$——分别为气体和颗粒的导热系数；

$\qquad$ $l_p$——分子自由程；

$\qquad$ $r_p$——颗粒直径；

$\qquad$ $\kappa_B$——Boltzmann 常数；

$\qquad$ $m_g$——气体分子的质量；

$\qquad$ $\nabla T$——气体环境的温度梯度。

**11. 其他作用力**

气溶胶粒子在运动过程中必然会发生粒子间的碰撞，但对于气溶胶粒子在流体中的体积分率较低的稀相气固两相流中可以不考虑粒子间的作用力。

# 3.3 气溶胶输运的解析及数值求解

随着计算机技术的不断进步，数值模拟已经成为研究建筑空气环境、气溶胶污染物扩散等的重要手段。模拟污染物浓度分布与扩散的数值方法主要包括经验/半经验方法和计算流体力学 CFD（Computational Fluid Dynamic）方法。经验/半经验方法根据观测结果，用统计学方法得出计算污染物浓度分布的经验公式及其与环境风速风向条件、污染源排放位置强度等影响因素的关系。经验/半经验方法具有输入参数少、计算时间快的优点，但其应用效果及预测精度取决于对影响因素考虑的全面性和参数化程度。本节介绍了一种常用的经验/半经验模型——高斯扩散模型。

在复杂的建筑空间内，影响污染物浓度分布的因素众多，由于经验/半经验模型无法考虑各种因素之间复杂的相互影响，CFD 方法成为首选方法。CFD 数值模拟是预测大型建筑室外风场和室内空气流动特性的常用方法之一，在国内外得到广泛应用。计算流体力学 CFD 的基本思想可以概括为：用一系列有限个离散点代替连续的物理量的场（如速度场、温度场、浓度场），然后对这些有限个离散点建立代数方程组，代数方程组的解就是连续物理量的场的近似值。计算流体力学可以看成是在流动基本方程的控制下对流体流动过程的一种数值模拟，通过离散点代替连续的场变量。这种近似的处理方法可以反映复杂的问题在流场中每一时刻、每一位置的物理量（如速度、压力、温度、污染物浓度等）的分布情况和变化趋势。

## 3.3.1 高斯扩散模型

近地层大气经常处于湍流状态，Talyor 基于统计学方法发现在大气湍流场稳定均匀的情况下，大气扩散首先沿主风向扩散，随后再四周扩散，分布规律符合正态分布。基于质量守恒，可用二阶偏微分方程描述大气对颗粒物的输送扩散：

$$\frac{\partial c}{\partial t}+\frac{\partial uc}{\partial x}+\frac{\partial vc}{\partial y}+\frac{\partial wc}{\partial z}=K_x\frac{\partial^2 c}{\partial x^2}+K_y\frac{\partial^2 c}{\partial y^2}+K_z\frac{\partial^2 c}{\partial z^2} \tag{3-42}$$

式中　　　　$c$——污染物浓度；

$\quad\quad\quad\quad t$——时间；

$\quad\quad\quad\quad x$——下风向上的坐标；

$\quad\quad\quad\quad y$——横风向上的坐标；

$\quad\quad\quad\quad z$——垂直方向上的坐标；

$\quad u$、$v$、$w$——分别是水平和垂直方向上风的速度；

$K_x$、$K_y$、$K_z$——分别是三个方向上的扩散系数。

假设盛行风速在一定的时间段内是水平、均匀并且恒定的，则下风向上以平流为主，风对气体的输送起到主导作用，湍流作用可以忽略不计，因此可以忽略同一方向上描述输送的其他项。同时由于大气流场稳定均匀，忽略时变项，式(3-42)可简化为：

$$u\frac{\partial c}{\partial x}=K_y\frac{\partial^2 c}{\partial y^2}+K_z\frac{\partial^2 c}{\partial z^2} \tag{3-43}$$

Gaussian 结合大量的实际测量数据，基于湍流统计理论，利用连续点源的边界条件进行求解得到高斯点源扩散模型：

$$C(x,y,z)=\frac{Q_m}{2\pi u\sigma_y\sigma_z}\exp\left(-\frac{y^2}{2\sigma_y^2}\right)\left[\exp\left(-\frac{(z-H_e)^2}{2\sigma_z^2}\right)+\exp\left(-\frac{(z+H_e)^2}{2\sigma_z^2}\right)\right] \tag{3-44}$$

式中　$Q_m$——单位时间净化塔排放量，g/s；

　　　$u$——烟囱出口处平均风速，m/s；

　　　$\sigma_y$——垂直于平均风向的水平横向扩散参数，m；

　　　$\sigma_z$——垂直扩散参数，m；

　　　$H$——烟囱有效高度，m。

高斯点源扩散模型描述在均匀定常的湍流大气中在某一高度稳定释放污染粒子，污染粒子在下风向的平均浓度正态分布在污染源的下风羽流轴周围。如图 3-1 所示，污染物的最高浓度位于在羽流的中心轴。湍流作用会导致污染物向水平和垂直方向上扩散，导致浓度梯度在顺风方向和远离羽流轴的方向上减小。值得注意高斯点源扩散模型需要严格的假定：

（1）在扩散的空间中风速均匀稳定，风向平直；

（2）排放物源强连续稳定；

（3）排放物在输运扩散中质量守恒，不发生化学反应，地面对其全反射不发生吸收和吸附作用；

（4）风速不小于 1.0m/s，沿着风向大气扩散的影响可以忽略。

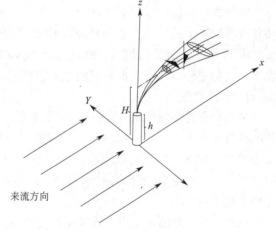

图 3-1　高度为 $h$ 的污染源高斯羽流分布图

另外，高斯点源扩散模型没有把地形条件、其他气象条件、污染源的空间位置等因素考虑在内，所以该公式在实际应用过程中，需要考虑上述影响因素加以修正。

因平衡了合理的计算精度与可控的求解时间两方面因素，高斯扩散模型应用较为广泛。但由于高斯扩散模型要求气象环境稳定，它无法有效处理变化风场下的污染物扩散；同时高斯扩散模型适用于污染源强稳定连续的情景，但对于致病微生物气溶胶传播，传播源常常是随机移动的。对于随机移动污染源的模拟问题在本书第 11 章予以介绍。

### 3.3.2　CFD 数值模型及边界条件

对于复杂空间，如机场建筑物内空间结构复杂，同时疫情期间建筑的各类门、窗、孔洞等将内外风场贯通，建筑内风场受气候、建筑周围微环境、建筑围护结构及内部热源分布情况等影响，具有不确定性和随机性等特征。经验/半经验方法无法描述复杂多变的流场，而计算流体力学方法耦合多相流模型能通过边界信息直接求解建筑内外流场和污染场的详细信息。

目前为止，CFD在建筑环境领域的应用仍然具有一定的挑战性，对于室外风环境模拟的困难主要表现在：

（1）室外风场的雷诺数高，需要高网格分辨率以及精确的壁面函数；

（2）尖锐边缘的钝体绕流的复杂性，包括碰撞、分离和涡脱落；

（3）符合大气边界层的流入条件和开口流动系统的流出边界条件。

对于室内气流，模拟挑战表现为：

（1）湍流水平的潜在巨大变化，包括低雷诺数效应和流动的再分层；

（2）大范围的空间尺度，从房间的长度尺度到入口和出口的细节，需要精细的网格建模；

（3）耦合热流，例如通过建筑墙壁的热传导、从室内物体获得的热量、通过建筑开窗获得的太阳辐射等；

（4）室内机械运动，如风扇转动、人员运动等。

如果数值模拟设置与真实环境相差较大，就有可能产生不切实际的结果。关于空气流动和气溶胶输运的控制方程前述章节中已经介绍过，但CFD模拟对计算域、计算网格、湍流模型、边界条件等设置较为敏感。因此，本节主要介绍建筑环境数值模拟的相关模拟设置，包括室外风环境模拟和室内气流模拟。

**1. 湍流模型**

虽然存在许多湍流CFD方法，但从建筑环境模拟的大量文献来看，到目前为止流行的两种方法是大涡模拟（LES）和雷诺平均N-S模拟（RANS）。不可否认，大涡模拟比基于雷诺平均N-S方法的模拟有可能提供更准确、更可靠的结果。然而，LES具有更高的模拟复杂度和更高的计算成本，RANS仍然广泛应用于室外风工程和室内气流模拟研究和工程实践中。

标准$k$-$\varepsilon$湍流模式无论在建筑室外还是室内数值模拟中均是常用的方法。但其存在高估了建筑墙体撞击区域的湍流能量$k$的问题，无法较好地预测分离流和回流。欧洲COST（European Cooperation in Science and Technology，欧洲科学技术合作组织）[13,14]和日本AIJ（Working Group of the Architectural Institute of Japan，日本建筑学会）[15,16]建议采用更先进的$k$-$\varepsilon$湍流模式，如RNG $k$-$\varepsilon$湍流模式和Realizable $k$-$\varepsilon$湍流模式。

**2. 计算域**

对于封闭的室内环境模拟，作为一个闭口系统，计算域的选取以墙面的物理边界为界。而对于像疫情下的机场等内外贯通的建筑，室内外流场贯通，计算域的选取应以建筑外风场数值模拟的原则确定。

对于建筑风环境数值模拟，计算域的大小可借鉴风洞试验的阻塞率。风洞试验堵塞率应在3%以下，即建筑物迎风面积与风洞迎风截面积之比不应超过3%。因此，在数值模拟中，计算域的大小应满足建筑物模型的迎风面积与计算域迎风截面积之比小于3%。在包括建筑物周围环境的情况下，计算域的高度应设置为对应于由周围地形类别确定的边界层高度。入口边界应设置离目标建筑物$5H$或更远的地方，其中$H$是目标建筑物的高度。流出边界至少应设置在建筑物后$10H$处。计算域的横向尺寸应从目标建筑物的外部边缘延伸约$5H$。

**3. 边界条件**

在建筑内外风场的计算中，主要边界有固壁边界、入流边界、出流边界和对称边界。

（1）固壁边界

对于固体表面边界条件包括地表、建筑物表面等采用无滑移壁面边界，即时均流速和脉动流速各个分量均为 0，湍动能耗散率 ε 为一有限值。壁面附近的流场区域主要可以划分为三层：黏性子层：黏性子层是紧贴壁面处于最内层的流场域，在该区域流体流动状态几乎都是层流，在动量和传热过程中黏性力起主导作用，湍流剪切力几乎可以忽略不计；过渡层：在黏性子层的外面有一层过渡层，该区域的流动状态复杂，湍流剪切力和黏性力的作用几乎相当；完全湍流层：处于最外层的流场域，在该区域流体为充分发展湍流状态，在动量和传热过程中湍流剪切力起主导作用，黏性力几乎可以忽略不计。由于在完全湍流层流体流速近似呈对数分布，因此该区域也被称为对数律层。

对于近壁区域的黏性子层，在壁面较小的法向距离内，流体的速度从轴线速度下降到几乎与壁面速度同样的值，法向速度梯度较大。因此，对于壁面附近流场域的求解，主要是求解黏性子层区域。对于黏性子层区域内流场的计算，主要采用两种方式：加密网格利用壁面模型直接求解黏性子层和利用壁面函数法近似求解。

所谓壁面模型就是通过修改湍流模型，将黏性力影响的流场到壁面的这一区域用一个统一的湍流模型进行求解。无量纲壁面距离 $y^+$ 见式(3-45)，壁面模型要求在画网格的时候保证无量纲壁面距离 $y^+$ 值小于 1（建议接近 1）。因为无量纲壁面距离会影响到第一层网格节点的位置，因此使用壁面模型求解黏性子层时需要较为细密的网格，通常要求有 10～20 层边界层网格。

$$y^+ = \frac{y\rho u_\Gamma}{\mu} \tag{3-45}$$

式中　$u$——流体时均速度；

　　$u_\Gamma$——壁面摩擦速度；

　　$y$——壁面垂直距离。

所谓壁面函数法就是对黏性力影响到的流场区域（黏性子层和过渡层）不进行直接求解，而是用一种称为"壁面函数"的半经验公式将壁面到黏性力影响的流场区域连接起来。使用壁面函数法的目的就是为了避免在求解近壁面黏性子层区域的时候修改湍流模型。壁面函数法要求在画网格的时候保证第一层网格尺寸的无量纲壁面距离 $y^+$ 值在 30～300 之间，如果网格尺寸过小，则求解黏性子层，如果网格尺寸过大，则壁面函数往往不可用。

（2）流入边界

对于计算风工程的入流条件经常有幂律和对数律两种，日本建筑学会推荐平坦地形上的垂直速度剖面 $U(z)$ 通常用幂律表示：

$$U(z) = U_s \left(\frac{z}{z_s}\right)^\alpha \tag{3-46}$$

式中　$U_s$——参考高度 $z_s$ 处的速度；

　　$\alpha$——地形类别决定的幂律指数。

湍流能量 $k(z)$ 的垂直分布可以通过风洞实验或对相应环境的观测得到，湍动能耗散

率 $\varepsilon$ 可表示为：

$$\varepsilon(z) = C_\mu^{1/2} \, k(z) \frac{U_s}{z_s} \alpha \left(\frac{z}{z_s}\right)^{(\alpha-1)} \tag{3-47}$$

式中 $C_\mu$——模型常数，取 0.09。

对于入流条件，COST 推荐 Richards 和 Hoxey 提出的公式，其中通过假设恒定剪应力随高度变化，计算域入口为充分发展的湍流垂直入口风廓线[17]，如下所示：

$$u = \frac{u_*}{\kappa} \ln \left(\frac{z+z_0}{z_0}\right) \tag{3-48}$$

$$k = \frac{u_*^2}{\sqrt{C_\mu}} \tag{3-49}$$

$$\varepsilon = \frac{u_*^3}{\kappa(z+z_0)} \tag{3-50}$$

式中 $u_*$——摩阻速度，m/s；

$\kappa$——von Kàrmàn 常数，取 0.40；

$z$——距地面高度，m；

$z_0$——空气动力学粗糙度，m。

（3）流出边界

对于建筑外风场的出口边界，需要远离目标建筑物，目标建筑物对其影响可忽略，流出边界可设置为连续性出流边界，假定出口处速度、压强、温度等沿出口法向的梯度为 0，即：

$$\left.\frac{\partial \phi}{\partial n}\right|_{\text{outflow}} = 0 \tag{3-51}$$

对于室内环境，可根据具体情况选择。

（4）对称边界

由于一些建筑具有几何对称性，来流风向与对称轴平行的情况下某些流动具有明显的对称特征。对于这些具有对称特征的流动只需采用一半的计算区域，在对称面或对称线上施加对称边界条件。在对称面或对称线上，平行于对称面或对称线的速度分量、法向应力的法向梯度为 0，垂直于对称面或对称线的速度分量、标量通量、剪应力等数值为 0。

另外一种情况，对于室外风场计算如果计算域足够大，侧面和上表面的边界条件对目标建筑物周围的计算结果没有显著影响，日本建筑学会建议可对具有较大计算域的侧面和上表面使用无粘壁面条件使计算更加稳定，也有大量建筑环境的 CFD 研究选择使用对称面边界条件[18-21]，边界上法向速度分量和切向速度分量的法向梯度设置为 0。

**4. 计算网格**

众所周知，数值模拟计算结果严重依赖于用于离散计算域的网格。网格的分辨率应该足够好，以能捕捉到重要的物理现象，如剪切层和涡旋。网格拉伸比应该较小，以保持较小的截断误差。两个连续单元之间的拉伸比应低于 1.3。对于广泛使用的有限体积法，网格质量的另一个标准是网格表面的法向量与连接相邻网格中点的直线之间的夹角。理想情况下，它们应该是平行的。从计算单元的形状来看，六面体优于四面体，因为六面体截断误差小，迭代收敛性好。在壁面上，网格线应该垂直于壁面。如果模拟采用壁面函数，那么第一个计算节点的位置当然应该位于对数区域，$y^+$ 至少为 30，而且也必须符合规定的壁面粗糙度。对于建筑物的网格分辨率，每个建筑体积至少应使用 10 个单元，每个建筑间的分隔至少使用 10 个单元。

**5. 数值模拟方案**

对于考虑防疫通风的机场等建筑物，内外风场贯通，一般来说有两种数值模拟方法。一种是采用统一的控制方程，内外风场统一整场求解。但研究尺度从建筑物内特征尺度 $10^{-2}\,\mathrm{m}$ 跨越到建筑外特征尺度 $10^2\,\mathrm{m}$。面对大跨度建筑中空气流动和传热过程耦合的复杂问题，采用空间同一数学模型描述会造成计算代价过高。因此，本章更推荐另一种分层计算——逐次逼近的方法，先对建筑物及其外部环境进行整体模拟，从计算结果中提出需要进一步计算的建筑物局部地区的信息，并用插值方法获得较密网格的数值作为第二层次计算的边界条件。本书第 7 章将针对具体模拟案例详细叙述该方法的实施。

# 3.4 气载致病微生物的特性变化

气载致病微生物是影响人体健康的重要因素之一，颗粒是气载致病微生物的重要载体。人在呼吸、说话、咳嗽时，唾液会以颗粒的形式从人的口、鼻中喷出，而颗粒上会附着各种各样的气载致病微生物，包括细菌、真菌、病毒。大部分粒径足够大的颗粒，可以沉降到地面上，而粒径小的颗粒（液滴）迅速蒸发，收缩并形成所谓的"飞沫核"。如前所述，大飞沫颗粒直径大于 $50\,\mu\mathrm{m}$，而飞沫核的直径小于 $5\,\mu\mathrm{m}$，颗粒上依附的细菌的尺寸一般为 $0.5\sim5\,\mu\mathrm{m}$，病毒尺寸为 $0.020\sim0.45\,\mu\mathrm{m}$，真菌尺寸为 $2\sim100\,\mu\mathrm{m}$[22]。当易感染者处于该环境中，小粒径的气载致病微生物颗粒由于粒径小，一方面可以在空气中悬浮时间更长，传播距离更远；另一方面还可以被吸入肺的深部，当其中有足够剂量的气载致病微生物时，就可以感染人群。

由于环境因素（包括温度、相对湿度、光照等）及气载致病微生物种类特性的影响，气载致病微生物的活性从形成的瞬间开始就处在不稳定的状态，其存活率一般随时间的推移而降低。气载致病微生物活性的不稳定变化过程可以用衰减来描述，当气载致病微生物彻底失去活性或失去增殖能力时可称为失活[22]。气载致病微生物在空气中流动过程中实际上脱离了"自然栖息地"，受环境因素影响可能直接死亡，这时可认为其失去了活性。另外，受环境因素影响，即使气载致病微生物仍然活着，如果它不能繁殖，也可以认为它已经失活，因为它已经失去了在特定微环境中重建种群的能力。

## 3.4.1 环境影响因素

**1. 温度**

气载致病微生物本身是生命体，环境的温度和湿度不仅影响它的存活和传播，也影响它的载体，即颗粒的蒸发和沉降。气载致病微生物的生存时间及传播与环境条件和它的种类密切相关[22]。一般情况下，温度越高，其活性越低。重症急性呼吸综合征（SARS）病毒在典型的干燥空调环境（温度为 $22\sim25\,^\circ\mathrm{C}$、相对湿度为 $40\%\sim50\%$）条件下能够在光滑表面存活 5d 以上，温度（$38\,^\circ\mathrm{C}$）和湿度（$>95\%$）的升高会导致生存力迅速丧失[23]。而温度越低，冠状病毒越易存活更长的时间，如图 3-2 所示，中东呼吸综合征冠状病毒（MERS）随温度升高，其感染性随之降低[24]。在不锈钢表面，动物冠状病毒中的传染性胃肠炎病毒（TGEV）和小鼠肝炎病毒（MHV）在温度为4℃和相对湿度为20％时，感染性能够持续28d，随着温度升高（4℃、20℃、40℃），病毒失活率依次增加[25]。机制上，温度可以通过影响病毒蛋白质和遗传物质的稳定性进而影响病毒活性。低温不仅能够提高附着在颗粒物上病毒的存活能力，还能够提高病毒在液体[26-32]、干燥物体表面上的存活能力[33,34]。

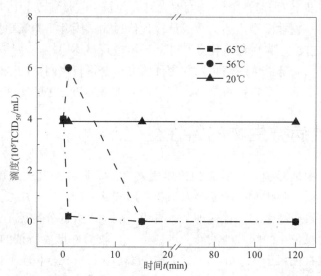

图 3-2　MERS 病毒在不同温度下的存活时间（$TCID_{50}$ 表示 50％组织细胞感染量）[23]

世界卫生组织对 27 个国家 $2.4×10^4$ 例 COVID-19 确诊病例发生的气温背景进行统计后，发现日确诊数与温度密切相关，低温环境（平均气温 8.72℃）可能是 COVID-19 适宜的传播温度[35]。研究结果表明，COVID-19 在适宜的环境中能够存活更长的时间。冠状病毒能在零下 60℃ 存活数年，能在 4℃ 的合适维持液中稳定存活；而当温度为 56℃、时间为 30min，或温度为 37℃、时间为数小时，可使冠状病毒丧失感染能力；当温度为 60℃、时间为 30min 时，可以有效杀死冠状病毒[36]。在细胞培养环境中，新冠病毒在 4℃ 条件下高度稳定，对温度敏感，且与病毒浓度相关。高浓度病毒在室温 22.5℃ 条件下仍可存活 7d，在 37℃ 条件下放置一天后则完全失去活性。通过近年来公共卫生事件的调研发现，病毒在长期进化过程中表现出类似生命体的嗜温特征，特别是以 COVID-19 为代表的冠状病毒科、以流感病毒为代表的正黏病毒科和以人呼吸道合胞病毒为代表的副黏病毒科均属于喜低温病毒类型，最佳传播温度区间分别为 4～20℃、－20～4℃。随着环境温度继续升高，其存活时间大幅缩短[37]。

**2. 湿度**

相对湿度一方面会通过影响气载致病微生物颗粒表面水分的蒸发过程，进而影响颗粒粒径及其在大气中的停留时间；另一方面会直接影响其活性。潮湿的空气中，颗粒易于团聚，形成较大的颗粒，落到地面上；在干燥的环境中，颗粒会分解成更小的微粒以此在空气中存留数小时甚至数天[38]。在温度为 20℃、相对湿度为 40％的条件下，MERS 病毒颗粒能够稳定存活[39]。在常温（25℃）且相对湿度为 79％下，MERS 病毒颗粒在 60min 后仍然具有感染性，而在温度为 38℃、相对湿度为 24％的情况下，相同时间内，其存活率大大降低[40]。HCoV-229E 颗粒在温度为 20℃、相对湿度为 50％的条件下保持了 6d 的传染性，然而在高湿条件下稳定性较差[37]。在温度为 21~23℃ 和相对湿度为 40％条件下，SARS-CoV-2 在大气中的半衰期为 1.1h，在塑料与不锈钢表面的稳定性高于铜和硬纸板[39]。在三种相对湿度 40％、65％、85％及三种温度 10℃、22℃、27℃共 9 种组合条件下，当病毒的培养基（液相）与环境条件达到蒸发平衡时，SARS-CoV-2 病毒在温度为 10℃、相对湿度为 40％时的半衰期为 27h；而在温度为 27℃、相对湿度为 65％条件下半衰期仅为 1.5h。使用猪传染性胃肠炎病毒（TGEV）作为 SARS 病毒的替代物观察不同相对湿度对病毒颗粒的影响，发现病毒颗粒在低相对湿度（30％）比高相对湿度（90％）含有更高浓度的冠状病毒。呼吸道合胞病毒（RSV）和副流感病毒分别在干燥环境下存活 6h 和 2h[41,42]。对甲型流感病毒而言，凉爽干燥的环境比温暖或潮湿的环境更有利于传播[43]。COVID-19 能够在干燥的空气中存活 48h，这可能与其表面含有包膜有关，表面包膜可以抵御外界入侵，起到一定的保护作用。然而在空气当中存留 2h 后，COVID-19 的活性明显下降。在温度为 20℃、相对湿度为 40％的条件下，COVID-19 能够存活 5d。综合研究得出，无论是有包膜病毒还是无包膜病毒，其在中等湿度条件下失活速率最高，因为中等湿度条件下，病毒暴露的颗粒中化学物质的累积剂量最高，从而破坏了病毒结构和功能的完整性，导致病毒失活。

在不同温度和相对湿度下对 4 种病毒（痘苗、甲型流感、脊髓灰质炎和委内瑞拉马脑脊髓炎）进行雾化，并观察其存活时间（长达 23h），可以得出痘苗病毒、流感病毒和委内瑞拉马脑脊髓炎病毒在相对湿度较低（17％~25％）时存活率较高，脊髓灰质炎病毒在相对湿度较高（约 80％）时存活率最高。而人类呼吸道病毒（副流感病毒和腺病毒）在静态箱中培养时，副流感病毒在相对湿度为 20％的条件下存活率较高，而在温度为 28~30℃ 和相对湿度 89％、51％、32％的条件下，腺病毒的存活率随着相对湿度的增加而增加，在相对湿度为 80％时存活率较高。一般情况下，病毒在每种相对湿度下的存活率在较低温度下比在较高温度下更好[44-50]，如表 3-1 所示。

不同种类病毒的适宜存活温度、相对湿度及存活时间[39]　　　　　　　　表 3-1

| 病毒种类 | 最佳传播温度 | 最佳相对湿度 | 存活时间 |
| --- | --- | --- | --- |
| 副流感病毒 | 4~20℃ | 20％ | 6h |
| COVID-19 | 20℃ | 40％ | 5d |
| 人冠状病毒 | 4℃ | 80％ | 9d |
| 重症急性呼吸综合征(SARS-CoV)病毒 | 22~22℃ | 40％~50％ | 5d 以上 |
| 中东呼吸综合征冠状病毒(MERs-CoV) | 20℃ | 40％ | 稳定存活 |
| 动物冠状病毒[传染性胃肠炎病毒(TGEV)和小鼠肝炎病毒(MHV)] | 4℃ | 20％ | 28d |

在不同温度（20℃和6℃）和相对湿度（30％、50％、80％）条件下，发现冠状病毒 229E 在颗粒物中的半衰期（细胞感染能力下降 50％的时长）在温度 20±1℃ 时，相对湿度为 80％±5％ 的环境中约为 3h，而中等湿度环境有利于病毒的存活（相对湿度为 50％±5％ 下，为 68h，相对湿度为 30％±5％ 下，为 26h）[41]。同时，该冠状病毒在 6±1℃ 的低温环境下半衰期显著高于室温下的结果，表明在同等湿度下低温有利于 HCoV-

229E 的存活[41]。图 3-3 比较了不同环境条件下 3 种冠状病毒的存活特性[42,43]，即组织细胞半数感染剂量（TCID$_{50}$，可使 50% 组织细胞感染的病毒含量）随时间降低。SARS 病毒、新冠病毒及 MERS 病毒在颗粒物发生液中起始滴度分别为 $10^{6.75\sim7.0}$、$10^{5.25}$ 和 $10^{5.5}\,mL^{-1}$，温度为 22±1℃ 及相对湿度为 65% 的环境条件下，SARS 和新冠病毒的活性衰减变化近似，3h 后在颗粒物中还有活病毒。可以得出高相对湿度下的高温对 SARS 冠状病毒活性的灭活具有协同作用，而较低的温度和低湿度有助于延长病毒在受污染表面的存活时间。

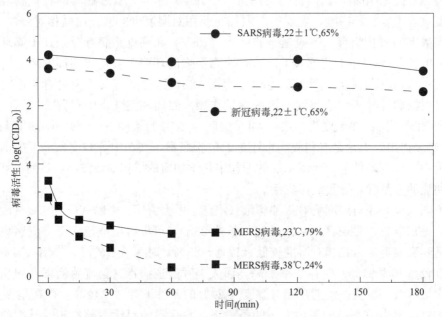

图 3-3　SARS 病毒、新冠病毒和 MERS 病毒存活性及影响因素[42,43]

### 3. 光照

除温度和湿度外，光照也是气载致病微生物活性的重要因素之一。防止空气传播疾病的直接方法之一是灭活相应的气载致病微生物。事实上紫外线（UV）的空气抗菌功效早已被证实并广泛采用。太阳的紫外线辐射是环境中主要的天然抗病毒物质。紫外线辐射通过改变病毒的遗传物质 DNA 和 RNA 来杀死病毒。最有效的激活波长为 260nm，属于 UVC 范围，因此得名，以区别于地面阳光中的近紫外线，即光谱的 UVB 和 UVA 部分，分别为 290～320nm 和 320～380nm，核酸也会受到 UVB 和 UVA 的损伤，但效率低于 UVC 辐射。在紫外线的辐射下，病毒的组分（如表面蛋白）被氧化，气载致病微生物的核酸发生重组，破坏了它的复制能力，进而导致其失活。

光照能致使新冠病毒失活，新冠病毒和 SARS 病毒在相同温、湿度条件时在颗粒中的存活特性接近，而基于流行病学和数学模型等研究也表明环境中温度、湿度及光照等因素和冠状病毒的存活及传播有一定相关性[51-58]。光照对以 SARS-CoV-2 为代表的病毒具有显著影响。模拟阳光可快速灭活悬浮基质中的病毒，半衰期不到 6min，90% 的病毒在所有模拟日光水平测试中在不到 20min 内灭活。UVA（长波紫外线）和 UVB（中波紫外线）水平的灭活能力与自然阳光相似。

在无光照时难以观察到明显的病毒活性损失。然而，在相同温湿度水平下，随着添加模拟阳光，衰变显著增加[59]。这些结果表明，病毒的颗粒物传播更可能发生在夜间、室内或其他阳光强度降低的条件下，病毒的衰变随着暴露时间的延长和光照强度的增加而增加。流行病学研究表明，温带地区冬季流感传播率较高，热带地区没有季节变化，雨季期间流感传播率有所增加[60]。

## 3.4.2　气载致病微生物活性衰减计算模型

空气中的生物可能附着在细小的颗粒上。假设空气中的气载致病微生物分布与空气中的颗粒物相似。气载致病微生物在空气中传输的控制方程为：

$$\frac{\partial(\rho N)}{\partial t} + \nabla \cdot \left[\rho(\vec{V} + \vec{V}_s)N\right] = \nabla \cdot (\Gamma \nabla N) - k\rho N + S \tag{3-52}$$

上式是基于漂移通量粒子模型建立的[61]。式中，$\vec{V}$ 和 $\vec{V}_s$ 分别是速度矢量和沉降速度矢量，$\rho$ 是空气密度，$k$ 是空气中气载致病微生物的恒定死亡率。这里忽略了颗粒对空气密度以及气载致病微生物颗粒的自主运动特性，$\Gamma$ 是颗粒的扩散系数，$S$ 是源项。通过应用斯托克斯定律，可以利用颗粒的密度和尺寸计算沉积速度 $\vec{V}_s$。在获得气流场后，可以估计室内空间中病毒颗粒的浓度分布。空气的速度矢量可以通过求解 N-S 方程得到。由于环境因素（包括温度、相对湿度、照射等）及气载致病微生物种类特性的影响，其活性从形成的瞬间开始就处在不稳定的状态，存活率随时间的推移而降低。

气载致病微生物的失活过程可用微生物的个数衰减来描述，包括物理衰减和生物衰减。气载致病微生物的衰减也称为生物衰减，即微生物在悬浮中自身的死亡，而物理衰减主要是气载致病微生物颗粒在空气扩散过程中颗粒由于重力沉降、凝并、碰撞、静电吸引等引起从大气中消失的衰减。国内外大量研究结果表明，空气中的气载致病微生物群体生物衰减与时间呈指数函数关系[57]：

$$\frac{N_t}{N_O'} = \mathrm{e}^{-kt} \tag{3-53}$$

该公式可以转化为：

$$\ln \frac{N_t}{N_O'} = -kt \tag{3-54}$$

式中　$k$——衰减率。

气载致病微生物在空气中的存活能力可用存活率来表示，$t$ 时的气载致病微生物存活率（%）的计算公式如下所示：

$$K = \frac{N_t}{N_O'} \times 100\% \tag{3-55}$$

式中　$N_O'$——瞬时（0 时刻）的活气载致病微生物颗粒总浓度；

$\quad\quad N_t$——$t$ 时间后活体气载致病微生物颗粒总浓度；

$\quad\quad K$——气载致病微生物颗粒存活率。

气载致病微生物的存活能力与其种类和粒径的大小有密切关系[62,63]。较小个体的细菌和病毒仅需少量水分和养分即可生存，在空气中存活的时间相对较长；而真菌孢子由于其细胞结构相对完整，存活能力相对较强。图 3-4 为不同气载致病微生物的存活能力比较，可知细菌和病毒的存活能力相当，孢子的存活能力较强；图 3-5 为细菌和病毒存活能力与其当量直径的关系，存活时间随着粒径的减小而变长。

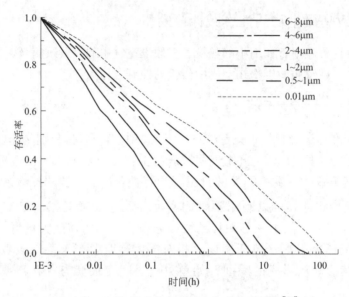

图 3-4  不同气载致病微生物的存活能力比较[60]

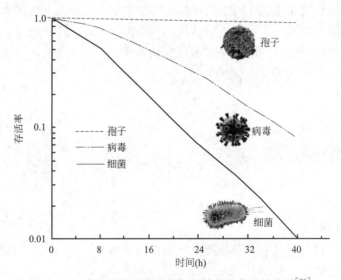

图 3-5  细菌和病毒的存活能力与其当量直径的关系[60]

从新冠肺炎疫情的发展历程可以看出了解空气传播感染风险的重要性，准确预测感染风险及其空间分布的能力有助于我们了解疾病暴发期间发生的情况，评估影响疾病暴发的人员、物理和生物因素，并制定有效的干预方法。

易感人群通过空气传播疾病的风险与其吸入的病原体剂量有关，即病毒颗粒。易感人群的吸入病毒颗粒数与其肺部通气量、暴露时间和病毒颗粒浓度有关，而特定部位的病毒颗粒浓度与污染源、空气中气载致病微生物的生存能力和气流形态有关。

空气中生物的生存能力在不同的环境条件下是不同的，如温度、湿度、紫外线辐射等。气载致病微生物在任何给定条件下的死亡率可视为与存在的活细胞数量成正比[43]。空气中生物在封闭空间中的生存能力为[64]，

$$\frac{\mathrm{d}N}{\mathrm{d}t} = -kN \tag{3-56}$$

式中　$N$——气载致病微生物数量或病毒颗粒浓度，$\mathrm{quanta/m^3}$；

　　　　$k$——空气中气载致病微生物的恒定死亡率，受不同因素的影响，例如空气的相对湿度和温度。

消毒还会增加空气中气载致病微生物的死亡率。当气载致病微生物被雾化到空气中时，初始死亡率较快，而后逐渐减慢。第一个快速部分周期较短，对应于液滴几乎干涸时的蒸发过程。当只考虑液滴核传播的疾病，忽略液滴的蒸发过程时，死亡率可以简化为一个恒定值。在室内环境中，小于 $100\,\mu\mathrm{m}$ 的液滴会在 5s 内干燥，而大于 $100\,\mu\mathrm{m}$ 的液滴会落到地面 2m 处。因此，这种简化可能低估了易感患者接近指征患者（在飞沫传播范围内）的风险。

## 3.5　气载致病微生物颗粒的沉降影响因素

气载致病微生物包括对人体、动植物有害的病毒、细菌、支原体和真菌或其孢子等，能引起感染，引发人和动植物病患，它粘附于空气颗粒上，随空气流动。气载致病微生物颗粒（以下简称颗粒）是固态或液态微粒悬浮在气体介质中的分散体系。前人的研究表明，相同大小的生物颗粒与非生物颗粒在空气中会表现出相似的动力学特征[65]。颗粒是悬浮于空气中的微生物所形成的胶体体系，包括分散相的微生物粒子和连续相的空气介质[66]。

颗粒是由悬浮于空气中的病毒、细菌、真菌等及它们的副产物形成的胶体体系，按其形成组分可分为病毒颗粒、细菌颗粒和真菌颗粒。人在呼吸时不是只针对空气中的悬浮颗粒，而是连同其周围的空气一起进行的，在对微生物采样、消毒及进行的其他许多研究也是如此。呼吸行为产生的是颗粒[67]。

病毒颗粒是颗粒的重要组成，病毒颗粒类型不同，在大气中的浓度和时空分布也不同，病毒颗粒在大气中传播，容易引发动植物患病，甚至导致人类的急慢性病症。人每次在咳嗽或打喷嚏时形成的颗粒，可携带 $10^4 \sim 10^6$ 个病毒粒子。由于咳嗽或打喷嚏时产生了大粒径的液滴，在自身的蒸发作用下转化成带有病原体的微生物，随风在室内和室外空气中扩散导致飞沫传染，引发多种感染性疾病。由病毒和细菌引发的呼吸系统疾病都可在人体间传播，接触病人或是吸入被病毒污染过的颗粒都有可能被感染。现代研究表明，由真菌粒子，尤其是真菌小粒子引起的真菌性疾病，甚至能够造成被感染者死亡；空气中真菌孢子浓度和数量的增加，能够降低人的肺功能，增加感冒、哮喘、呼吸急促等呼吸性疾病和慢性肺部疾病，心血管疾病和肺癌等患病的几率，因此颗粒对人类健康有重要的

影响[66]。

## 3.5.1 影响颗粒沉降的因素

### 1. 摩擦速度

摩擦速度是湍流切应力与空气密度比值的平方根，它代表了靠近壁面处的流动情况，因此它是由壁面处的速度梯度决定的。摩擦速度影响颗粒惯性，因此显著影响颗粒沉降。举例来说，通风中的气流具有较大的摩擦速度也就是说具有较大的惯性，导致了较强的颗粒沉降。湍流中的摩擦速度可由下式计算：

$$u^* = U_{ave} \sqrt{f/2} \tag{3-57}$$

式中　$f$——Fanning 摩擦因子；

　　　$U_{ave}$——特征风速。

通风房间中的气流速度会由于换气次数的不同而不同，摩擦速度也会不同，从而影响室内壁面上的颗粒沉降速度。根据研究，室内的摩擦速度通常在一秒钟几厘米的范围内（0.1~3.0cm/s）。为了分析摩擦速度的影响，计算了当摩擦速度在 0.1~10cm/s 范围时颗粒的沉降速度。需要指出的是，这种情况下由于摩擦速度较小，湍流泳作用对于颗粒沉降的影响较小。另外，当颗粒直径较小时，颗粒平均沉降速度随着摩擦速度的增大而增大，但是当颗粒直径足够大时（空气动力学直径大于 1μm），摩擦速度对颗粒平均沉降速度几乎没有影响。这种现象的原因是当颗粒直径较小时，布朗扩散和湍流扩散对颗粒的沉降起主导作用，较大的摩擦速度会通过减少浓度边界层的厚度（$y^+ = 200$ 是浓度边界层的上限，因此浓度边界层的厚度为 $200v/u^*$，随着摩擦速度的增加而减小）使得靠近壁面处浓度梯度加大，因此扩散作用增强。然而，当颗粒直径足够大时，仅与颗粒本身性质有关的重力沉降作用对颗粒沉降起主导作用，因此摩擦速度的影响可以忽略。大的摩擦速度意味着大的气流速度（因为其代表着壁面处有着较大的速度梯度），因此对于粒径较小的颗粒而言，大的沉降速度通常出现在换气次数或通风效率较大的房间中。

如果室内散发的有害颗粒主要由大颗粒组成（空气动力学直径大于 1μm），摩擦速度或者通风量对于颗粒沉降速度的影响较小，因此当通风量增大时，室内颗粒沉降量会随之减小，因为此时室内颗粒浓度随着通风量的增大而减小。但是当室内散发的有害颗粒主要是由小颗粒组成时（空气动力学直径小于 1μm），随着通风量的增加，颗粒沉降速度增加而颗粒浓度减小，因此在这种情况下颗粒沉降量与通风量之间的关系并不像大颗粒那么明确。因此，控制大颗粒沉降时建议采用大的通风量，但是对于小颗粒而言，也许存在着一个"最合适"的通风量，需要更详细的分析来帮助制定控制策略[68]。

### 2. 壁面粗糙度

有效粗糙高度表征了壁面的粗糙程度，粗糙高度影响着颗粒浓度边界层，从而显著影响颗粒的沉降。当颗粒直径较小时，颗粒平均沉降速度随着粗糙高度的增大而增大，这是由于粗糙增强了靠近壁面处的颗粒浓度梯度从而降低了颗粒到达壁面处的阻力，这也是影响颗粒沉降的决定性因素，同时布朗扩散作用和湍流扩散作用也随着浓度梯度的增强而增强。当颗粒直径较大时（空气动力学直径大于 5μm），重力沉降作用起主导作用，因此壁面粗糙程度的影响可以忽略。

当室内释放/产生的颗粒主要为大颗粒时（空气动力学直径大于 5μm），室内壁面材料对于颗粒沉降的影响几乎可以忽略。但是对于小颗粒而言（空气动力学直径小于 $5\mu m$），建议采用光滑的壁面材料，因为小颗粒对于壁面粗糙情况是比较敏感的。因此对于那些需要精确控制小颗粒的情况，例如洁净室，建议采用光滑壁面[68]。

**3. 颗粒空间分布**

颗粒的空间分布决定近壁处的颗粒浓度梯度，因此也显著影响颗粒的沉积特性。前人的研究表明[68]，颗粒直径较小时，顶送风工况时颗粒的沉降量是侧下送风时的 5 倍，这是因为此时（$0.01\sim1.0\mu m$）扩散作用起主导作用，因此三个不同表面（竖直壁面、顶面和底面）上颗粒沉降速度的差别可以忽略，颗粒沉降量主要是由靠近所有壁面处的颗粒浓度决定的。顶送风时靠近壁面处颗粒浓度高于侧下送风工况，因此颗粒沉降量较大。另一个原因是顶送风时的摩擦速度（3cm/s）大于侧下送风时（1cm/s）。当颗粒直径足够大时，重力沉降作用起主导作用，靠近底面处的颗粒沉降速度远远大于其他壁面（竖直壁面和顶面），靠近底面处的颗粒浓度成为影响颗粒沉降的关键因素，对于该粒径范围内（$2.5\sim10\mu m$）的颗粒而言，顶送风工况时的颗粒沉降量是侧下送风工况的 $2\sim3$ 倍。沉降量的差别减少的原因是，此时由于颗粒沉降主要受到重力沉降作用的影响，摩擦速度对于平均沉降速度的影响不明显，因此颗粒沉降量仅由靠近底面处的颗粒浓度决定。

## 3.5.2　沉积预测模型

颗粒沉积速度多以无因次颗粒沉积速度 $V_d^+$ 表示[69]，无因次沉积速度 $V_d^+$ 是指用摩擦速度 $u^*$ 常化沉积速度 $V_d$。颗粒到表面的沉积速度定义为：

$$V_{d,\,total}=\frac{J}{C_{ave}} \tag{3-58}$$

式中　$J$——颗粒到表面的平均通量；

　　　$C_{ave}$——通风中平均悬浮颗粒浓度。

$$V_d^+=\frac{V_d}{u^*} \tag{3-59}$$

式中　$f$——Fanning 摩擦因子。对充分发展湍流，$f$ 可以由下式进行计算，

$$\frac{1}{\sqrt{f}}=-3.6\lg\left[\frac{6.9}{Re}+\left(\frac{k}{3.7D_h}\right)^{1.11}\right] \tag{3-60}$$

式中　$k$——粗糙壁的平均微尺度粗糙高度；

　　　$D_h$——水力直径；

　　　$Re$——雷诺数。

$$Re=\frac{D_h U_{ave}}{v} \tag{3-61}$$

通过上述公式计算，无量纲化后的颗粒沉降速度如下式所示：

$$V_d^+=-\frac{3.6\sqrt{2}\lg\left[\frac{1.725pv}{AU_{ave}}+\left(\frac{kp}{14.8A}\right)^{1.11}\right]}{C_{ave}U_{ave}} \tag{3-62}$$

式中　$A$——横截面面积；

　　　$p$——垂直于流向的横截面周长。

当研究室内颗粒沉降时，平均沉降速度需要考虑建筑四壁、屋顶及地面的沉积，这时，沉积速度的计算式如下：

$$V_{d,total} = \frac{V_{d,total} \cdot A_{wall} + V_{d,ceiling} \cdot A_{ceiling} + V_{d,floor} \cdot A_{floor}}{A_{total}} \qquad (3\text{-}63)$$

式中　$A_{wall}$、$A_{ceiling}$ 和 $A_{floor}$——分别为竖直壁面、顶面和底面的面积；

$A_{total}$——室内壁面的总面积（$A_{wall}$、$A_{ceiling}$ 和 $A_{floor}$ 之和）；

$V_{d,wall}$、$V_{d,ceiling}$ 和 $V_{d,floor}$——分别为竖直壁面、顶面和底面的沉降速度。

紊动漩涡呈现了较宽范围的大小尺度，最大的漩涡受到了特征尺寸的限制，最小的漩涡受到分子黏性耗散作用的限制，比较小的漩涡趋向于存活期短，比较大的漩涡持续较长时间。流动中最小的漩涡是那些近壁漩涡，可以估计它们的平均生存期。由于颗粒沉积发生在壁上，颗粒和近壁漩涡的相互作用在决定沉积速度上是重要的。无因次松弛时间 $\tau^+$ 可以定义为颗粒的松弛时间与相关的近壁湍动漩涡的时间尺度的比值。斯托克斯流动区球形颗粒的 $\tau^+$ 按下式计算：

$$\tau^+ = \frac{C_c \rho_p d_p^2 u^{*2}}{18 \mu \upsilon} \qquad (3\text{-}64)$$

式中　$C_c$——滑移修正因子；

$\rho_p$——颗粒密度；

$d_p$——颗粒直径；

$\mu$——空气的动力黏度。

如图 3-6 所示，在扩散撞击区域，随着空气速度和颗粒直径的增加，颗粒沉积增加。而在惯性缓和区域，沉积速度随颗粒尺寸的增大而略有降低。同时，在实验上也证实了 $\tau^+$ 在较大无量纲沉积速度趋于平坦化。

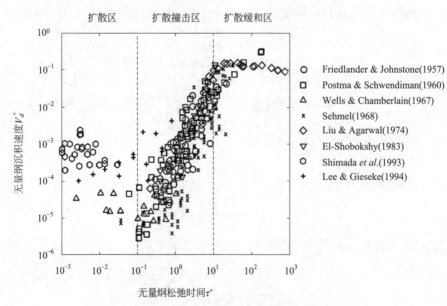

图 3-6　无量纲沉积速度与无量纲松弛时间的关系图[70]

颗粒在空气中的运动除与空气动力学特性有关外，还与微粒本身所受各种力场有关。

由颗粒与空气混合形成的颗粒系统是个复杂的运动着的粒子体系，在这个体系中粒子受到各种力场的作用，经历着复杂的物理、化学变化。粒子之间、粒子与周围气体之间不断地发生着相互作用。作用于微粒上的力，可以大致归纳为布朗扩散、曳力、重力、剪切诱导的升力、热泳、静电迁移、湍动扩散（湍流扩散）、湍流泳以及几种机制的结合。湍动扩散和湍流泳只存在于湍流中，其他机制在层流和湍流中都可以存在[71]。

### 3.5.3　再悬浮预测模型

当空气流过时，室内表面上的灰尘颗粒可能会被带离其原来的位置，导致颗粒再悬浮，室内空气传播的颗粒浓度增加，从而增加室内居住者暴露于颗粒的机会。通风中的一些灰尘来源于室外颗粒，这些颗粒已经被医学和流行病学研究证明对人类健康有不利影响。此外，现场研究发现，在灰尘中存在大量有害的微生物成分[72]。真实情况中颗粒与壁面的碰撞反弹过程涉及因素较多，例如颗粒的形状、大小、弹性模量、碰撞恢复系数等，以及壁面的材料、弹性模量等[73]。

颗粒的沉积及再悬浮行为是由质量平衡原理决定的。考虑图 3-7 所示的控制容积，在一小段时间内，$x$ 位置处控制容积内的颗粒浓度变化等于该特定控制容积内气流输送、颗粒再悬浮和沉积所导致的净增加量之和：

$$A\,\frac{\partial C(x,t)}{\partial t}=-Q\,\frac{\partial C(x,t)}{\partial t}+\widetilde{J}(x,t)\cdot B-V_{\mathrm{d}}\cdot C(x,t)\cdot P \tag{3-65}$$

式中　　　　$A$——横截面积；

$B$——横截面宽度；

$Q$——风量；

$\widetilde{J}(x,t),C(x,t)$——分别是时间 $t$ 和位置 $x$ 处的颗粒再悬浮通量和浓度。

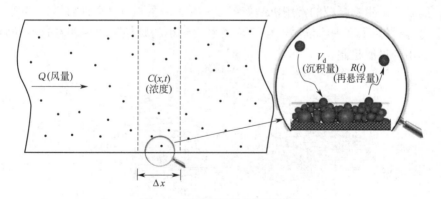

图 3-7　颗粒再悬浮和沉积过程

将平均颗粒再悬浮率定义为：

$$\widetilde{R}(t)=\frac{\widetilde{J}(x,t)}{M_0} \tag{3-66}$$

假设颗粒再悬浮率是恒定的，那么式（3-65）可以解析求解，结果如下式所示：

$$C(x,t)=\begin{cases}C_{\mathrm{up}}\left(t-\dfrac{Ax}{Q}\right)\mathrm{e}^{-\frac{V_dP}{Q}\Delta x}+\dfrac{M_0B}{Q}\times\displaystyle\int_0^x\left(t-\dfrac{A\Delta x}{Q}\right)\mathrm{e}^{-\frac{V_dP}{Q}\Delta x}\mathrm{d}\Delta x & t>\dfrac{Ax}{Q}\\[2mm]C_0 & 0<t\leqslant\dfrac{Ax}{Q}\end{cases}$$

$$(3\text{-}67)$$

式（3-67）右侧的积分项描述了再悬浮颗粒对当前位置 $x$ 的浓度的综合影响，这些颗粒在经过一段时间间隔 $\dfrac{Ax}{Q}$，$\Delta x$ 是两个位置之间的距离，颗粒浓度下降 $\mathrm{e}^{-\frac{V_dP}{Q}\Delta x}$，由于运输过程中的颗粒沉积，这一项在距离上的积分将所有由当前位置 $x$ 之前的位置的颗粒再悬浮引起的增加的颗粒浓度相加[74]。

## 3.6 口罩筛滤的物理机制和影响因素

口罩一直被认为是保护呼吸系统的常见防护装备，可以抵抗不可避免的空气中的气载致病微生物颗粒（以下简称颗粒）。口罩既可以防护空气中的粉尘颗粒污染，也可以阻挡感染者打喷嚏、咳嗽呼出的气载微生物颗粒。口罩的防护作用主要体现在它既可减少佩戴者的颗粒物吸入量，也可减少患者的颗粒物排出量。同时，影响口罩过滤效率的因素较多，内部因素包括颗粒尺寸、形状和特性；外部因素包括面部速度或气流、稳定或非稳定的流动模式、粒子的电荷状态、呼吸频率、相对温湿度以及佩戴时间等。

### 3.6.1 筛滤的物理机制

在不同的颗粒特性下，发挥主要作用的过滤机制是不同的，为了能更好地过滤颗粒，首先分析口罩的过滤机制。由于绝大部分的颗粒粒径在 $0.1\sim10\,\mu\mathrm{m}$ 之间，在亚微米尺度状态下，捕获气微生物颗粒的常用机制如图 3-8 所示，主要包含惯性碰撞、拦截、扩散和静电吸引力等[75]。下文中将依照颗粒的粒径由大到小的顺序依次说明在这些粒径范围内发挥主要作用的过滤机制。

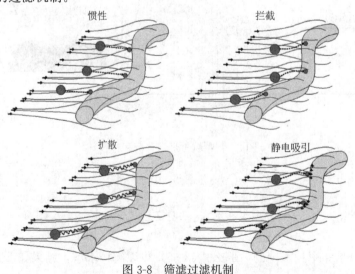

图 3-8 筛滤过滤机制

**1. 惯性作用**

当颗粒粒径较大时，由于惯性作用导致气流中颗粒运动方向发生变化，这时颗粒会与口罩纤维发生惯性碰撞[76]。粒径大、空气流速和密度大的微生物颗粒具有更高的惯性，并且此过程使它们更容易捕获，因为这些较大的微生物颗粒，不会随空气流线流过口罩纤维，而是从空气流线中逸出，与纤维碰撞并粘附在纤维上，即它们无法绕过口罩纤维，在口罩纤维周围流动[77]。该机制可以有效去除约 $1\mu m$ 或更大的颗粒[78]。但在纳米尺度的颗粒的捕获中，这种机制的作用被忽略[76,79,80]。

**2. 拦截作用**

拦截作用发生在颗粒粒径较小，可以随空气流线而流动时，主要作用于口罩纤维缝隙与颗粒之间，当颗粒随空气流动至口罩纤维缝隙时，缝隙尺寸小于颗粒粒径，颗粒被口罩纤维缝隙阻挡，形成拦截过滤机制[76]。该方法可成功拦截高达 $0.6\mu m$ 的颗粒[78]。拦截作用主要由颗粒的粒径决定，其随着粒径的减小而作用效果更为明显。拦截和惯性碰撞之间存在着至关重要的区别，即拦截作用颗粒流动轨迹与空气流线重合，纤维物质缝隙拦截了颗粒；惯性作用则是由于粒径较大，颗粒运动轨迹从空气流线中逃逸出去，并与口罩纤维发生碰撞[81]。根据研究，在 $0.1\sim1\mu m$ 粒径的颗粒中，布朗运动的扩散和口罩纤维对颗粒的拦截是主要的机制[74]。

**3. 扩散作用**

当颗粒粒径进一步减小时，颗粒由于随机的布朗运动弹跳到口罩纤维上，即被口罩捕获，这种作用称为扩散作用，它是捕获小于 $0.2\mu m$ 颗粒的有效机制[78]。事实上，颗粒的异常运动提高了颗粒和纤维的碰撞概率，这使得在超细颗粒和纳米颗粒等极其微小的物体中，扩散比拦截更重要[76]。随着颗粒粒径减小或空气流速降低，扩散速率变得更加明显。在较低的速度下，延长了微生物颗粒在口罩表面的停留时间，因此，颗粒和口罩纤维之间碰撞的可能性显著增加[82]。

对于质量运输的机制，存在一个常用模型——Fick 定律，是扩散作用的主要原理，包括 Fick 第一定律，它对应于单位时间内单位面积上的质量扩散，以及 Fick 第二定律，它表明在定义区域内浓度随时间的变化：

$$J = -D\frac{\mathrm{d}c}{\mathrm{d}x} \tag{3-68}$$

$$\frac{\mathrm{d}c}{\mathrm{d}t} = D\frac{\mathrm{d}^2c}{\mathrm{d}x^2} \tag{3-69}$$

式中　$J$——扩散通量；

　　　$D$——扩散系数；

　　　$c$——浓度；

　　　$x$——位置；

　　　$t$——时间。

**4. 静电吸引力**

静电吸引是一种从气流中捕获更小的颗粒的方法。在这种方法中，在口罩中考虑了电荷纤维或颗粒，口罩纤维可以从气流中吸引相反电荷的颗粒，实现过滤的效果[77]。在纳米级的情况下，颗粒能够在口罩纤维缝隙之间滑动，不易被捕捉，但可以通过静电吸引去除，因此静电口罩可以在低速（如呼吸速度）下使用[74]。除了扩散、拦截和惯性撞击等机制之外，静电口罩的静电吸引机制在文献中也被多次研究[78,79,83]。NIOSH 授权（如 N95 和 P100）的大多数口罩被定义为静电口罩[81]。

研究表明，在纳米级别范围内，普通口罩和静电口罩的微生物颗粒捕集特性有所不同。300nm 的颗粒被认为是普通口罩易穿透的颗粒，但静电口罩依然可以发挥良好的作用，然而，低于 300nm 的颗粒也会降低静电口罩的效率[84,85]。此外，研究表明，对于未带电颗粒，$30 \sim 40$nm 的颗粒的渗透率最高，对于带电的颗粒而言，颗粒粒径值低于 30nm[86,87]。

### 3.6.2 口罩过滤效率的主要影响因素

口罩的过滤效率表示经口罩过滤掉的颗粒浓度与过滤前颗粒浓度之比，或称为效率比。人体呼吸过程中存在两种情况，第一种情况是人体感染病毒，佩戴口罩为了降低向周围人群扩散，此过程是向外过程。第二种情况是周围环境带有病毒，人体是健康状态，佩戴口罩的目的是为了降低感染风险，此过程是向内过程。在两种情况下，研究口罩的过滤效率 $FEs$（Filtration Efficiencies），其计算公式如下：

$$FEs = \frac{C_u - C_d}{C_u} \times 100\%$$ (3-70)

式中  $C_u$——口罩过滤前颗粒物浓度；

$C_d$——口罩过滤后颗粒物浓度。

从流体力学的角度分析，微生物颗粒性质、空气流量、呼吸频率等，都将影响口罩的过滤效率[75]。下面重点说明这些参数对口罩过滤效率的影响。

**1. 气载微生物颗粒粒径和形状**

纳米颗粒一词适用于 100nm 及其以下的颗粒，在相同质量下，给定物质在纳米尺寸范围内的毒性通常比在微米尺寸范围内的毒性更大[88,89]，这是因为纳米颗粒具有较高的颗粒表面积、表面反应性和数量浓度[82]。并且，研究表明，由于热反弹的影响，纳米颗粒被过滤的可能性会大大降低。

另外，研究表明，由于布朗运动而引起的平均热速度会增加捕获速率，但当粒径减小时，也会增加颗粒从口罩表面脱离的可能性[76]。因此，存在细小的颗粒由于其平均热速度并不会在撞击的情况下凝聚的现象[90]。随着粒径的降低，它们的粘附量也会减少。

另一方面，粒径较小的颗粒对口罩表面的粘附性较低。观察研究结果表明，在口罩表面上，当颗粒粒径接近分子簇的纳米尺寸，它们的行为更像分子，当它们与口罩表面接触时并不会粘附在口罩表面[76]。根据研究，N95 口罩对粒径为 $0.1 \sim 0.3\mu m$ 和高于 $0.75\mu m$ 的 NaCl 的过滤效率分别约为 95% 和 99.5%[82]，可以说明，口罩过滤的有效性取决于粒子的大小。另外，研究数据表明，P100 口罩和 N95 口罩的 MPPS（Most Penetrating Particle Size 最佳穿透粒径）分别在 $0.05 \sim 0.2\mu m$ 和 $0.05\mu m$ 的范围内[91]。

从过滤机制上分析，对于普通口罩过滤亚微米颗粒，拦截和扩散是主要的机制，同时，惯性撞击可以忽略不计。但由于颗粒的粒径不同，每种过滤机制贡献百分比也会相应发生变化，图 3-9 中展示了每种过滤机制的贡献率随粒径变化的变化趋势。

对于微生物颗粒的其他属性，在已有的研究中表明，颗粒的某些物理化学参数，例如粒子结构、颗粒聚集的潜力以及颗粒的表面积也会影响口罩对微生物颗粒的过滤效率[92]。同时，粒子形状也是影响口罩过滤效率的重要颗粒属性因素，颗粒形状通常会影响颗粒进入口罩。例如，长棒形颗粒相比于球形颗粒，对于医用口罩的穿透力更小，过滤效率较高，其 MPPS 约为球形颗粒的一半。一般来说，它取决于纵横比，其中长棒形的纵横比约为 4，而球形的纵横比约为 1[93]。

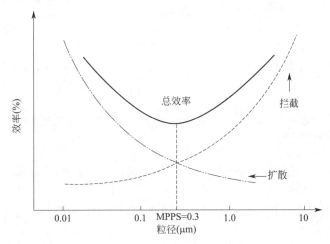

图 3-9　不同粒径下不同过滤机制占主导的比例

## 2. 空气流速或流量

处于不同情况下的人的呼吸速度不同，因此对呼吸速度的研究同样至关重要。口罩穿透性的增强与空气流速的上升具有较大的关系，但流速的差异不会表现出更多的感染风险，因为实际的感染或致病颗粒剂量，与总呼吸流量相关[75]。对空气流速的研究发现，气流速率对口罩性能的影响较大，会影响不同过滤机制的贡献率，在低流速下，由于颗粒停留时间更长，扩散和静电力作用占主导，若增加流速，拦截作用就会占主导地位[81]。

根据研究表明，当空气流量大于 90L/min 时会急剧降低口罩过滤效率，但在特殊情况下，人体呼吸流量可能超过 350L/min。此外，周期性循环流量条件下，由于颗粒在口罩上的停留时间更短，展现出颗粒的穿透力增强[94]。根据 NaCl 的穿透性试验研究结果表明，考虑两种不同的流量（32L/min 和 85L/min），N95 口罩、灰尘/烟/雾（DFM）口罩和粉尘/雾（DM）口罩的过滤效率[82]。结果表明，低流量条件下口罩的过滤效率明显高于高流量条件，N95 口罩的过滤效率最高，主要原因是其延长了口罩的静电纤维去除亚微米颗粒的时间，其次是延长了颗粒扩散时间，增强了过滤效果[82]。

呼吸频率和吸入峰值流量（PIF）是口罩穿透性能的重要参数。吸入峰值流量的重要性远远超过呼吸频率，并且吸入峰值流量也影响着呼吸频率的变化，吸入峰值流量值越高，这种影响越明显[82]。研究结果表明，在不同的呼吸频率下，相同的吸入峰值流量下（135L/min），口罩的渗透率始终低于 5%。然而，渗透率随吸入峰值流量变化明显。例如，当吸入峰值流量从 135L/min 变为 360L/min，以 42 次/min 的呼吸频率时，口罩渗透率增加了 145%[82]。

实际生活中口罩的佩戴方式也是能否达到防护效果的重要因素，如图 3-10 所示，佩戴口罩对于颗粒的抑制扩散效果可达到 59.3%，对于健康人员的保护作用可达到 71.4%，若病毒携带者和健康人员同时佩戴口罩，则对于健康人员的保护作用最高可达99.9%，平均保护效果可达到86.5%[94]。

综上分析，空气流速或者流量增加，口罩的穿透性也会增加，口罩的过滤效率会显著降低。

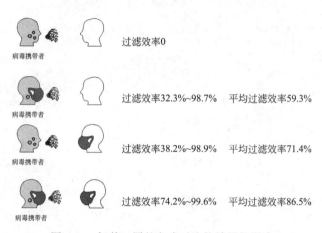

病毒携带者　　　　　　　过滤效率0

病毒携带者　　　　　　　过滤效率32.3%~98.7%　平均过滤效率59.3%

病毒携带者　　　　　　　过滤效率38.2%~98.9%　平均过滤效率71.4%

病毒携带者　　　　　　　过滤效率74.2%~99.6%　平均过滤效率86.5%

图3-10　佩戴口罩的方式对防护效果的影响

**3. 温湿度**

温湿度也是影响口罩过滤性能的因素之一。研究表明，由于颗粒和口罩之间的毛细作用力，口罩在湿环境中的过滤效率降低[95]。此外，对于普通口罩，随着湿度的增加，过滤性能会降低，因为较高的湿度会导致口罩纤维和微生物颗粒上的电荷减少，降低了口罩的过滤效率[96]。在口罩的使用过程中，高温和高湿可能导致口罩外表面水蒸气凝结，同时，在说话过程中激发的液滴增加，这些现象都会增加口罩润湿从而降低过滤效率的可能性[97]。在实际测试中，低等强度的工作状态下，佩戴N95口罩长达2h，人体呼吸的温湿度并不会对口罩的过滤性能产生较大的影响，但是，口罩覆盖区域的皮肤温度显著提高了[98]。

**4. 各材质口罩的呼吸阻力**

佩戴口罩可以过滤绝大部分的微生物颗粒，包括新冠病毒。但是，佩戴口罩也会影响呼吸，会对呼吸造成较大的阻力，特别是在运动等呼吸量较大的情况[99]。针对佩戴口罩造成的呼吸阻力，近年来，我国对口罩的制作也出台了相应的标准，参考美国、欧盟等国的相关标准，发布了《呼吸防护用品-自吸过滤式防颗粒物呼吸器》GB 2626和《医用防护口罩技术要求》GB 19083等国家标准。在标准中，当呼吸流量为85L/min时，要求N95口罩的呼吸阻力不得超过210Pa。

疫情期间，口罩呼吸阻力的研究受到了前所未有的重视。根据已有研究结果，如图3-11所示。测试流量从15L/min增加到95L/min，一次性口罩的呼吸阻力维持在10Pa左右，这个阻力对于人体呼吸的影响不大，随着流量的增加，呼吸阻力几乎维持不变。对于布制口罩，由于其厚度比一次性口罩要厚，其呼吸阻力维持在20~30Pa，随呼吸流量的变化不大。医用口罩则不然，其呼吸阻力随呼吸流量的上升而增加，在85L/min时达到了65Pa的阻力值，在佩戴过程中，对人员的呼吸会产生较大的影响。对于N95口罩，其过滤效果可以达到99%，在呼吸流量为85L/min时，呼吸阻力达到167Pa，会严重阻碍人员的呼吸。一般而言，口罩的呼吸阻力随呼吸流量的增加而增大，这就意味着当人员在运动或者情绪紧张时，氧气的摄入量会受到影响[99]。

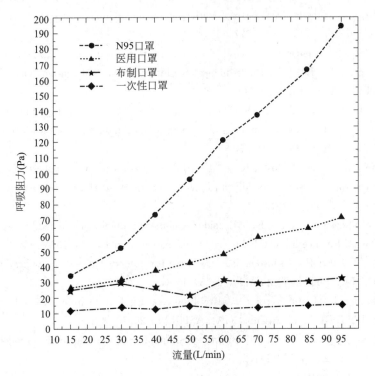

图 3-11　不同材质口罩呼吸阻力与流量的关系[99]

# 本章参考文献

［1］Chen C，Jaw S. Foundamentals of turbulence modeling［M］. Washington DC：Taylor & Francis，1998.

［2］蔡树棠，刘宇陆. 湍流理论［M］. 上海：上海交通大学出版社，1993.

［3］Chou P Y. On the velocity correlation and the equations of turbulent vorticity fluctuation［J］. Quarterly of Applied Mathematics，1945，1：33-54.

［4］Castro I P，Apsley D D. Flow and dispersion over topography：a comparison between numerical and laboratory data for two-dimensional flows［J］. Atmospheric Environment，1997，31（6）：839-850.

［5］Li X，Liu C，Leung D Y C，et al. Recent progress in CFD modelling of wind field and pollutant transport in street canyons［J］. Atmospheric Environment，2006，40（29）：5640-5658.

［6］Gray D D，Giorgini A. The validity of the boussinesq approximation for liquids and gases［J］. International Journal of Heat and Mass Transfer，1976，19（5）：545-551.

［7］Sini J F，Anquetin S，Mestayer P G. Pollutant dispersion and thermal effects in urbanstreet canyons ［J］. Atmospheric Environment，1996，30（15）：2659-2677.

［8］Vranckx S，Vos P，Maiheu B，et al. Impact of trees on pollutant dispersion in street canyons：A numerical study of the annual average effects in Antwerp，Belgium［J］. Science of the Total Environment，2015，532：474-483.

[9] Xue F，Li X. The impact of roadside trees on traffic released PM10 in urban street canyon：Aerodynamic and deposition effects [J] . Sustainable Cities and Society，2017，30：195-204.

[10] Xing Y，Brimblecombe P. Dispersion of traffic derived air pollutants into urban parks [J] . Science of the Total Environment，2018，622：576-583.

[11] Franke J，Hirsch C，Jensen A G，et al. Recommendations on the use of CFD in wind engineering. In：van Beeck JPAJ（Ed）[C]//Proceedings of the International Conference on Urban Wind Engineering and Building Aerodynamics，2004.

[12] Franke J，Hellsten A，Schlünzen K H，et al. The COST 732 best practice guideline for CFD simulation of flows in the urban environment：A summary [J] . International Journal of Environment and Pollution，2011，44（1-4）：419-427.

[13] Tominaga Y，Mochida A，Yoshie R，et al. AIJ guidelines for practical applications of CFD to pedestrian wind environment around buildings [J] . Journal of Wind Engineering and Industrial Aerodynamics，2008，96：1749-1761.

[14] Tamura T，Nozawa K，Kondo K. AIJ guide for numerical prediction of wind loads on buildings [J]. Journal of Wind Engineering and Industrial Aerodynamics，2008，96：1974-1984.

[15] Blocken B. LES over RANS in building simulation for outdoor and indoor applications：A foregone conclusion？[J] . Building Simulation，2018，11（5）：821-870.

[16] Chen Q，Srebric J. How to verify，validate，and report indoor environment modeling CFD analysis [M] . ASHRAE RP-1133. Atlanta，GA：ASHRAE；2001.

[17] Srensen D N，Nielsen P V. Quality control of computational fluid dynamics in indoor environments [J] . Indoor Air，2003，13（1）：2-17.

[18] Richards P J，Hoxey R P. Appropriate boundary conditions for computational wind engineering models using the k-ε turbulence model [J] . Journal of Wind Engineering and Industrial Aerodynamics，1993，46：145-153.

[19] Kang G，Kim J J，Kim D J，et al. Development of a computational fluid dynamics model with tree drag parameterizations：Application to pedestrian wind comfort in an urban area [J] . Building and Environment，2017，124：209-218.

[20] Zavala-Reyes J C，Jeanjean A P R，Leigh R J，et al. Studying human exposure to vehicular emissions using computational fluid dynamics and an urban mobility simulator：The effect of sidewalk residence time，vehicular technologies and a traffic-calming device [J] . Science of the Total Environment，2019，687：720-731.

[21] Salim S M，Buccolieri R，Chan A，et al. Numerical simulation of atmospheric pollutant dispersion in an urban street canyon：comparison between RANS and LES [J] . Journal of Wind Engineering and Industrial Aerodynamics，2011，99（2-3）：103-113.

[22] 代慧，赵彬. 人呼出飞沫和飞沫核的运动传播规律 [J] . 科学通报，2021，66（Z1）：493-500.

[23] 牛琳，梁为纲，汪霞，等. 影响病毒在物体表面和空气中生存的因素分析 [J] . 环境科学研究，2020，33（7）：1589-1595，1729.

[24] 国家卫生健康委员会疾病预防控制局，中国疾病预防控制中心. 新型冠状病毒感染的肺炎公众防护指南 [M] . 北京：人民卫生出版社，2020.

[25] Liu J. A rate equation approach to model the denaturation or replication behavior of the SARS coronavirus [J] . Forschung im Ingenieurwesen，2004，68（4）：227-238.

[26] Chan K H，Peiris J S M，Lam S Y，et al. The effects of temperature and relative humidity on the

viability of the SARS coronavirus [J]. Advances in Virology, 2011: 734690.

[27] Leclercq I, Batejat C, Burguière A M, et al. Heat inactivation of the middle east respiratory syndrome coronavirus [J]. Influenza and Other Respiratory Viruses, 2014, 8 (5): 585-586.

[28] Casanova L M, Jeon S, Rutala W A, et al. Effects of air temperature and relative humidity on coronavirus survival on surfaces [J]. Applied and Environmental Microbiology, 2010, 76 (9): 2712-2717.

[29] Casanova L, Rutala W A, Weber D J, et al. Survival of surrogate coronaviruses in water [J]. Water Research, 2009, 43 (7): 1893-1898.

[30] Müller A, Tillmann R L, Simon A, et al. Stability of human metapneumovirus and human coronavirus NL63 on medical instruments and in the patient environment [J]. Journal of Hospital Infection, 2008, 69 (4): 406-408.

[31] Rabenau H F, Cinatl J, Morgenstern B, et al. Stability and inactivation of SARS coronavirus [J]. Medical microbiology and immunology, 2005, 194 (1): 1-6.

[32] Lai M Y Y, Cheng P K C, Lim W W L. Survival of severe acute respiratory syndrome coronavirus [J]. Clinical Infectious Diseases, 2005, 41 (7): e67-71.

[33] Duan S, Dong X, Team S, et al. Stability of SARS coronavirus in human specimens and environment and its sensitivity to heating and UV irradiation [J]. Biomedical and Environmental Sciences, 2003, 16 (3): 246-255.

[34] Sizun J, Yu M W N, Talbot P J. Survival of human coronaviruses 229E and OC43 in suspension and after drying onsurfaces: a possible source ofhospital-acquired infections [J]. Journal of Hospital Infection, 2000, 46 (1): 55-60.

[35] Cox C S. Roles of water molecules in bacteria and viruses [J]. Origins of Life and Evolution of the Biosphere, 1993, 23 (1): 29-36.

[36] Harper G J. Airborne micro-organisms: survival tests with four viruses [J]. Epidemiology and Infection, 1961, 59 (4): 479-486.

[37] Ijaz M K, Brunner A H, Sattar S A, et al. Survival characteristics of airborne human coronavirus 229E [J]. Journal of General Virology, 1985, 66 (12): 2743-2748.

[38] He Y, Gu Z, Lu W, et al. Atmospheric humidity and particle charging state on agglomeration of aerosol particles [J]. Atmospheric Environment, 2019, 197: 141-149.

[39] 孙伟, 胡伟东, 胡耀豪, 等. 大气环境对新型冠状病毒传播影响的研究进展 [J]. 科学通报, 2022, 67 (21): 2509-2521.

[40] Kampf G, Todt D, Pfaender S, et al. Persistence of coronaviruses on inanimate surfaces and their inactivation with biocidal agents [J]. Journal of Hospital Infection, 2020, 104 (3): 246-251.

[41] 李雪, 蒋靖坤, 王东滨, 等. 冠状病毒气溶胶传播及环境影响因素 [J]. 环境科学, 2021, 42 (7): 3091-3098.

[42] Ijaz M K, Karim Y G, Sattar S A, et al. Development of methods to study the survival of airborne viruses [J]. Journal of Virological Methods, 1987, 18 (2-3): 87-106.

[43] Lamarre A, Talbot P J. Effect of pH and temperature on the infectivity of human coronavirus 229E [J]. Canadian Journal of Microbiology, 1989, 35 (10): 972-974.

[44] Guillier L, Martin-Latil S, Chaix E, et al. Modeling the inactivation of viruses from the *Coronaviridae* family in response to temperature and relative humidity in suspensions or on surfaces [J]. Applied and Environmental Microbiology, 2020, 86 (18): e01244-20.

[45] Yang W, Elankumaran S, Marr L C. Relationship between humidity and influenza a viability in

droplets and implications for influenza's seasonality [J]. Plos One, 2012, 7 (10) e46789.

[46] Prussin A J, Schwake D O, Lin K, et al. Survival of the enveloped virus Phi6 in droplets as a function of relative humidity, absolute humidity, and temperature [J]. Applied and Environmental Microbiology, 2018, 84 (12): e00551-18.

[47] Chan K H, Peiris J S M, Lam S Y, et al. The effects of temperature and relative humidity on the viability of the SARS coronavirus [J]. Advances in Virology, 2011: 734690.

[48] Heßling M, Hönes K, Vatter P, et al. Ultraviolet irradiation doses for coronavirus inactivation-review and analysis of coronavirus photoinactivation studies [J]. GMS Hygiene and Infection Control, 2020, 15: 8.

[49] Van Doremalen N, Bushmaker T, Morris D H, et al. Aerosol and surface stability of SARS-CoV-2 as compared with SARS-CoV-1 [J]. New England Journal of Medicine, 2020, 382 (16): 1564-1567.

[50] Harper G J. Airborne micro-organisms: survival tests with four viruses [J]. Journal of Hygiene Cambridge, 1962, 59: 1063-1064.

[51] Berendt R F, Dorsey E L, et al. Effect of simulated solar radiation and sodium fluorescein on the recovery of venezuelan equine encephalomyelitis virus from aerosols [J]. Applied Microbiology, 1971, 21 (3): 447-450.

[52] Zhao Y, Aarnink A, Dijkman R, et al. Effects of temperature, relative humidity, absolute humidity, and evaporation potential on survival of airborne gumboro vaccine virus [J]. Applied and Environmental Microbiology, 2012, 78 (4): 1048-1054.

[53] Doremalen N V, Bushmaker T, Munster V. Stability of middle east respiratory syndrome coronavirus (MERS-CoV) under different environmental conditions [J]. Eurosurveillance, 2013, 18 (38): 20590.

[54] Ijaz M K, Brunner A H, Sattar S A, et al. Survival characteristics of airborne human coronavirus 229E [J]. Journal of General Virology, 1985, 66 (12): 2743-2748.

[55] Schuit M, Gardner S, Wood S, et al. The influence of simulated sunlight on the inactivation of influenza virus in aerosols [J]. The Journal of Infectious Diseases, 2020, 221 (3): 372-378.

[56] 钱华, 郑晓红, 张学军. 呼吸道传染病空气传播的感染概率的预测模型 [J]. 东南大学学报（自然科学版）, 2012, 42 (3): 5.

[57] 刘鹏, 张华玲, 李丹. 人体飞沫室内传播的动力学特性 [J]. 制冷与空调, 2016, 30 (4): 371-376.

[58] CDC. Guidelines for environmental infection control in health-care facilities [C] // Department of Health and Human Services Centers for Disease Control and Prevention (CDC), 2003.

[59] Riley E C, Murphy G, Riley R L. Airborne spread of measles in a suburban elementary school [J]. American Journal of Epidemiology, 1978, 107 (5): 421-432.

[60] Ai Z, Mak C M, Gao N, et al. Tracer gas is a suitable surrogate of exhaled droplet nuclei for studying airborne transmission in the built environment [J]. Building Simulation, 2020, 13 (3): 489-496.

[61] Li X, Niu J, Gao N. Spatial distribution of human respiratory droplet residuals and exposure risk for the co-occupant under different ventilation methods. HVAC and Research, 2011, 17 (4): 432-445.

[62] Fisk W J, Seppanen O, Faulkner D, et al. Economizer system cost effectiveness: accounting for the influence of ventilation rate on sick leave [R]. Lawrence Berkeley National Lab. (LBNL), Berkeley, CA (United States), 2003.

［63］ Fennelly K P，Nardell E A. The relative efficacy of respirators and room ventilation in preventing occupational tuberculosis［J］. Infection Control and Hospital Epidemiology，1998，19（10）：754-759.

［64］ Brundrett G W. Legionella and building services［M］. Butterworth Heinemann，1992.

［65］ 车凤翔. 空气生物学原理及应用［M］. 北京：科学出版社，2004.

［66］ 刘伟. 自然风速场下微生物气溶胶的室内外扩散与风险研究［D］. 天津：天津大学，2010.

［67］ 于玺华. 微生物气溶胶的特性——兼论新型冠状病毒传播的防护［J］. 暖通空调，2022，52（4）：108-112.

［68］ 赵彬，吴俊. 室内环境颗粒物沉降影响因素分析［C］//北京制冷学会成立三十周年暨第十届学术年会论文集，2010.

［69］ Gao R，Li A. Dust deposition in ventilation and air-conditioning duct bend flows［J］. Energy Conversion and Management，2012，55：49-59.

［70］ Wood，N. B. The mass transfer of particles and acid vapour to cooled surfaces. Journal of the Institute of Energy，1981，76：76-93.

［71］ Gao R，Li A. Modeling deposition of particles in vertical square ventilation duct flows［J］. Building and Environment，2011，46（1）：245-252.

［72］ Sehmel G A. Particle resuspension：a review［J］. Environment International，1980，4（2）：107-127.

［73］ 黄朋举. 颗粒物料下落、反弹和堆积过程的数值模拟［D］. 西安：西安建筑科技大学，2015.

［74］ Zhou B，Zhao B，Tan Z. How particle resuspension from inner surfaces of ventilation ducts affects indoor air quality—a modeling analysis［J］. Aerosol Science and Technology，2011，45（8）：996-1009.

［75］ Tcharkhtchi A，Abbasnezhad N，Seydani M Z，et al. An overview of filtration efficiency through the masks：Mechanisms of the aerosols penetration［J］. Bioactive Materials，2021，6（1），106-122.

［76］ Guha S，McCaffrey B，Hariharan P，et al. Quantification of leakage of sub-micron aerosols through surgical masks and facemasks for pediatric use［J］. Journal of Occupational and Environmental Hygiene，2017，14（3）：214-223.

［77］ Hinds W C，Zhu Y. Aerosol technology：properties，behavior，and measurement of airborne particles (Third edition)［M］. John Wiley & Sons，1999.

［78］ Bailar J C，Burke D S，Brosseau L M，et al. Reusability of facemasks during an influenza pandemic ［J］. Institute of Medicine of the National Academies，2006.

［79］ Janssen L. Principles of physiology and respirator performance［J］. Occupational Health and Safety，2003，72（6）：73-81.

［80］ Brown R C. Air filtration：an integrated approach to the theory and applications of fibrous filters ［M］. Pergamon，1993.

［81］ Lee K W，Liu B Y H. On the minimum efficiency and the most penetrating particle size for fibrous filters［J］. Journal of the Air Pollution Control Association，1980，30（4）：377-381.

［82］ Mahdavi A. Efficiency measurement of N95 filtering facepiece respirators against ultrafine particles under cyclic and constant flows［D］. Concordia University，2013.

［83］ Qian Y，Willeke K，Grinshpun S A，et al. Performance of N95 respirators：filtration efficiency for airborne microbial and inert particles［J］. American Industrial Hygiene Association Journal，1998，59（2）：128-132.

［84］ Fjeld R A，Owens T M. The effect of particle charge on penetration in an electret filter［J］. IEEE

Transactions on Industry Applications，1988，24（4）：725-731.

［85］Martin Jr S B，Moyer E S. Electrostatic respirator filter media：filter efficiency and most penetrating particle size effects［J］. Applied Occupational and Environmental Hygiene，2000，15（8）：609-617.

［86］Moradmand P A，Khaloozadeh H. An experimental study of modeling and self-tuning regulator design for an electro-hydro servo-system［C］//2017 5th international conference on control，instrumentation，and automation（ICCIA），IEEE，2017.

［87］Rengasamy S，Eimer B，Shaffer R E. Simple respiratory protection—evaluation of the filtration performance of cloth masks and common fabric materials against 20-1000 nm size particles［J］. Annals of Occupational Hygiene，2010，54（7）：789-798.

［88］Leung N H L，Chu D K W，Shiu E Y C，et al. Respiratory virus shedding in exhaled breath and efficacy of face masks［J］. Nature Medicine，2020，26（5）：676-680.

［89］Donaldson K，Stone V，Clouter A，et al. Ultrafine particles［J］. Occupational and environmental medicine，2001，58（3）：211-216.

［90］Warheit D B，Webb T R，Reed K L，et al. Pulmonary toxicity study in rats with three forms of ultrafine-TiO2 particles：differential responses related to surface properties［J］. Toxicology，2007，230（1）：90-104.

［91］Koh X Q，Sng A，Chee J Y，et al. Outward and inward protection efficiencies of different mask designs for different respiratory activities［J］. Journal of Aerosol Science，2022，160：105905.

［92］Eshbaugh J P，Gardner P D，Richardson A W，et al. N95 and P100 respirator filter efficiency under high constant and cyclic flow［J］. Journal of Occupational and Environmental Hygiene，2008，6（1）：52-61.

［93］Boskovic L，Agranovski I E，Braddock R D. Filtration of nanosized particles with different shape on oil coated fibres［J］. Journal of Aerosol Science，2007，38（12）：1220-1229.

［94］Willeke K，Qian Y，Donnelly J，et al. Penetration of airborne microorganisms through a surgical mask and a dust/mist respirator［J］. American Industrial Hygiene Association Journal，1996，57（4）：348-355.

［95］Richardson A W，Eshbaugh J P，Hofacre K C，et al. Respirator filter efficiency testing against particulate and biological aerosols under moderate to high flow rates［R］. BATTELLE MEMORIAL INST COLUMBUS OH，2006.

［96］Xiao X，Qian L. Investigation of humidity-dependent capillary force［J］. Langmuir，2000，16（21）：8153-8158.

［97］Givehchi R，Tan Z. The effect of capillary force on airborne nanoparticle filtration［J］. Journal of Aerosol Science，2015，83：12-24.

［98］Heim M，Mullins B J，Kasper G. Comment on：penetration of ultrafine particles and ion clusters through wire screens by Ichitsubo et al［J］. Aerosol Science and Technology，2006，40（2）：144-145.

［99］王旭，冯向伟，张巧玲 . 国内外常用防护口罩过滤效率和呼吸阻力对比［J］. 轻纺工业与技术，2016，45（3）：21-24.

# 第4章 机场建筑及通风空调形式

前述章节中介绍了典型病毒的感染路径及新冠病毒在空气中的传播特性，新冠病毒具有通过气溶胶传播的潜力。许多公共卫生学专家在总结传染病历史传播状况时也反复强调，新发传染病、古老传染病的再度肆虐几乎是不可避免的，每隔 10～30 年就会有一次新发或古老传染病的世界大流行[1,2]。通风作为控制气溶胶传播的有效方式之一，在各类建筑防疫中发挥着重要作用。本章将结合机场的建筑特点以及机械通风空调模式（如混合通风、置换通风、贴附通风等），阐述疫情期间机场的应急通风形式以及防疫通风措施。

## 4.1 机场建筑的布局及室外风场特点

建筑通风与建筑布局及室外风场密切相关，本节将从机场建筑布局出发，阐明机场室外风场特点。

### 4.1.1 机场位置与建筑布局

#### 1. 机场位置

机场位置需要考虑社会、经济、环境等综合影响。从机场运行的角度出发，主要考虑机场净空区、空域及气象条件，其中气象条件是机场选址的重要依据。在结构布局设计之初，会考虑当地室外风向的影响，如不能将机场建立在山谷风等影响比较大的地方。同时，机场位置也会考虑周边交通的情况，如新建机场规划选址应与城区保持合理距离[3]。一般机场到市区地面平均交通时间为 30～60min。如果机场距离城市太远，乘客来往不便，增加社会成本；若机场距离城市太近，飞行净空和航空器的噪声会影响城市建设、生产和生活；跑道两侧的建筑物和生产活动也会对飞机的起飞、着落造成干扰[4]。

机场的建设除了需要考虑以上条件，疫情背景下，还需应对空气传播疫情、生化防恐等重大社会事件，考虑进行机场环境保障安全设计。

#### 2. 建筑布局

商用运输机场的基地可划分为飞行区、地面运输区和候机楼区三个部分。其中候机楼是为旅客提供地面服务的主要建筑物，又称航站楼、航站大厦、客运大楼等。在航站楼内，人员运动具有清晰的路线：乘客购票后需办理报到、托运行李，并经过安全检查及证照查验方能登机。

航站楼按其建筑物的布局可分为集中式和分散式两类。集中式航站楼为一个完整单元的建筑物，前列式、廊道式、卫星式、综合式候机楼均属此类。分散式航站楼每个登机口都可作为一个小的建筑单元，供一架飞机停靠。如图 4-1 所示，成都双流机场 T1、T2 是廊道式航站楼，而后建的成都双流机场 T3、青岛胶东机场、长沙黄花机场 T3 则是卫星式构型[5]。

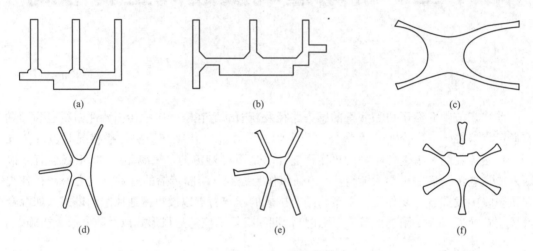

(a)　　　　　　　　　　　(b)　　　　　　　　　　　(c)

(d)　　　　　　　　　　　(e)　　　　　　　　　　　(f)

图 4-1　机场构型变化[5,6]

（a）成都双流机场 T1（1999 年）；（b）成都双流机场 T2（2007 年）；（c）成都双流机场 T3（2009 年）；

（d）青岛胶东机场（2013 年）；（e）长沙黄花机场 T3（2017 年）；（f）北京大兴国际机场（2019 年）

国内外早期建成的机场大都是一种非对称建筑，但之后新建的机场大多偏向于卫星式和前列式构型，且均为对称式建筑。如北京大兴国际机场就是卫星式和前列式的一种结合构型（图 4-2）[6]，与其相似的还有东京成田国际机场（图 4-3）[7]、兰州中川机场[8] 和乌兰察布集宁机场[9]。再如，鲁瓦西-戴高乐机场等[10] 是前列式构型的代表。

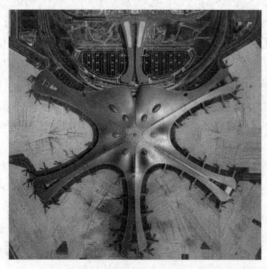

图 4-2　北京大兴国际机场的卫星式/前列式相结合的航站楼[6]

从以上案例可以看出，现阶段机场设计主要以几何对称的建筑为主。由于航站楼的对

图 4-3　东京成田国际机场的前列式航站楼

称布置，机场类建筑防疫通风应考虑机场高大建筑群内部空间相连、平斜相贯等建筑设计特点。值得注意的是，来流会对机场内部不同位置的室内风场产生不同的影响，航站楼内的通风设计需要考虑室外风场和室内环境的联合作用。

综上所述，应发展出适用于机场建筑的防疫通风设计体系。

## 4.1.2　室外风场

室外污染物可以通过开口、通风管道和建筑物缝隙穿透建筑物，并对室内空气质量和人体暴露造成不利影响。大气条件、城市形态和建筑结构、环境风向以及建筑街谷引起的浮力等因素影响城市通风。

对建筑室外风场的研究中，常常以理想街谷为研究对象。一些假定包括：街谷两侧建筑物是等高均匀分布的，忽略建筑物沿街谷方向的高低变化；简化建筑物外形，忽略建筑复杂形状，如弧形、屋顶及门、窗等缺口的影响。理想的街谷内空气流动主要受建筑顶部自由来流的驱动形成。当来流风向与街谷轴向接近垂直时，来流在街谷顶部形成强剪切的薄层。在该剪切层的驱动下，街谷内空气流动形成孤立的环流旋涡。当来流方向与街谷轴向夹角较小或与街谷轴向平行时，街谷内空气流动呈现明显的沿街谷槽道流动，形成峡谷风效应，即流入街谷的空气速度增加，流出街谷的空气流速减缓。当来流方向与街谷轴向夹角介于垂直和平行之间时，街谷内的流型可以认为是以上两种类型的组合。

实际上，街谷内的流动形态与街谷几何形态密切相关。街谷主要的几何特征参数是两侧建筑物高度（$H$）和街道宽的比值（$W$），以街谷的形状因子（Aspect Ratio，$AR = H/W$）表示。Oke[11] 等提出街谷内部的三种流形分类：浮掠流（Skimming flow）、尾流扰流（Wake interference flow）以及孤立粗糙流（Isolated roughness flow）。杭建等搭建了不同高宽比的街谷缩尺实验模型平台[12]，并结合数值模拟系统研究了街谷内的流动形态，如图 4-4 和图 4-5 所示。

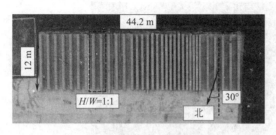 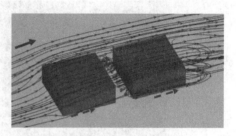

图 4-4　不同纵横比的连续空心　　　　图 4-5　风向为 0°时
街道峡谷缩尺实验[12]　　　　　　　3D 风场流线图[13]

通过模拟来风掠过建筑时的气流流动发现，在与接近的风平行的主要街道上，通道流在两栋楼之间的街道上存在三维螺旋流，如图 4-5 所示[13]。这些螺旋流通过街道开口和街道屋顶产生空气交换和湍流扩散。在上述模型的基础上，进一步研究了高宽比 $H/W=1$ 的二维街道峡谷中的流动和污染物扩散。发现不同测量时间，城市环境的风力条件波动较大，会对通风性能和污染物扩散产生巨大影响。污染物扩散主要受街道峡谷中房间所处位置的影响，因此必须判别建筑模型的迎风面和背风面。实际上，建筑模型的迎风面和背风面取决于风向。在迎风侧，当风速小于 3m/s 时，通风量随着房间高度的增加而增大。这表明街道峡谷迎风面的通风性能与房间的高度呈正相关[12]。

在工程实践中，真实建筑室外的空气流动与理想街谷情形有较大的差别。真实的建筑物通常呈现高低起伏的非均匀排列，同时建筑壁面的门、窗等开口使得街谷内空气与室内空气形成交换。对于高大的机场建筑，往往具有复杂的建筑形态，其流动形态比理想街谷风场形态更为复杂。

机场建筑和城市建筑群周边布局显著不同，如图 4-6 所示。城市建筑密度、建筑高度也普遍偏高。城市内大量的建筑群障碍物造成气流流通阻力大，城市内的风速一般小于郊区的风速。机场建筑周边地域开阔，室外风力相对较强，气流速度大，室外风场对机场建筑的影响要大于城市建筑群。

(a)　　　　　　　　　　　　　　(b)

图 4-6　机场建筑与城市建筑群的区别
(a) 机场建筑；(b) 城市建筑群

机场航站楼常采用大跨度屋盖结构。这类结构是一种典型的风敏感结构，其周边绕流和空气动力作用相当复杂。对某机场航站楼的风压进行风洞试验和计算流体动力学模拟研究发现[14]：

（1）对于悬挑屋顶，如图 4-7(a) 和图 4-7(c) 所示，迎风面前下角有小的回漩，在屋盖顶部前端有明显的分离现象，此处出现较大负压，在屋盖中部速度曲线出现再附，导致屋盖中部仅出现绝对值较小的负压；

（2）对于封闭弧形屋顶，如图 4-7(b) 所示，因没有明显的尖锐前缘，迎风边缘分离现象没有悬挑屋顶明显，负压绝对值相对较小；

（3）对于有凹陷的大天窗弧形屋顶，如图 4-7(d) 所示，速度矢量分布则比较复杂，凹陷天窗处单独形成了一个漩涡，天窗迎风边缘出现较大负压，背风边缘出现微弱正压。对比弧形屋顶和平面屋顶的空气流动发现[15]，平面屋顶和弧形屋顶建筑周围的流动模式由一些涡流和回流区组成，平面屋顶的涡流区从前缘开始，而弧形屋顶的涡流区发生在顶后。建筑正面的压力高，气流停滞和气流再循环而保持建筑在背风面上存在真空压力。建筑屋顶上的压力变化相当大，对比平面屋顶和弧形屋顶，可以发现弧形屋顶的风速更高，压差更大。

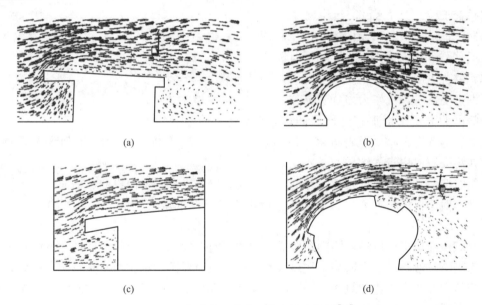

(a)　　　　　　　　　　　　　　(b)

(c)　　　　　　　　　　　　　　(d)

图 4-7　机场建筑室外典型截面速度矢量[14]

（a）悬挑屋顶；（b）封闭弧形屋顶；（c）悬挑屋顶；（d）有凹陷的大天窗弧形屋顶

航站楼体量巨大，且多处于旷野，与城市建筑有较大不同。以西安咸阳国际机场 T3 航站楼为例，空间进深 108m，宽 327m，总高度为 26.5m（T3 航站楼屋顶最高处高度为 37.0m）[16]。室外气流流经建筑物时，气流将发生绕流，经过一段距离后才恢复平行流动。部分气流向建筑上部偏离，部分向侧面偏离，大部分向下流动发展成一种地面涡流（称为立涡或锋面涡流）。在建筑物的背风面，负压区还会导致回流，如图 4-8 所示。

机场的建筑布局应充分考虑当地室外风场的影响，它直接影响着建筑通风或自然通风效果。一个好的建筑规划设计应该能够充分利用自然通风，在节约能源的同时改善室内环境。图 4-9 所示为考虑冬夏季主导风向的建筑布局形式之一。

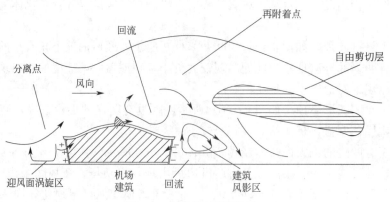

图 4-8 机场建筑周围风场

室外风向也是影响室内污染物分布的一个重要因素。对污染物在多层住宅楼内扩散的研究发现，风在入射角度（0°）下（来风方向垂直于建筑外立面），污染物主要在迎风面向下扩散，在背风面向上扩散。在斜向入射风（45°）下，污染物主要向迎风侧上游单元和背风侧上游单元扩散[17]。

发生疫情时，机场大多通过开启航站楼外侧门窗的方式来增加室外新风的进入率，以稀释病毒浓度、减少感染概率。但如果室外存在污染源或病毒气溶胶释放源时，开窗

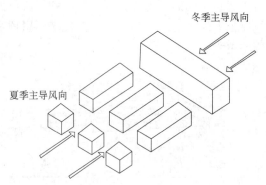

图 4-9 考虑冬、夏季主导风向的建筑布局

行为同时造成了病毒气溶胶从室外进入航站楼，以及潜在的室内纵向、横向输运和扩散的可能性。对于机场防疫通风，需要首先确定室外风场的空气动力学机制，确定入口边界条件。

在城市建筑室外风场对污染物传播影响的研究中发现，建筑物周围的上下游建筑会对室内污染物扩散路径产生影响，且街区峡谷效应也会对污染物扩散产生影响。然而，目前城市建筑中多研究单体建筑物（如医院、住宅楼等）室外风场对污染物扩散的影响，较少涉及复杂建筑内存在连通口时污染物的扩散特性。

可见，机场建筑与城市建筑显著不同，机场一般距离城镇等生活区 5～10km，且周围其他建筑类障碍物较少。另外，机场建筑非独栋建筑，多为各个航站楼之间相互衔接的建筑群，内部连通口众多。鉴于此，目前基于城市建筑室外风场对污染物扩散影响的相关研究结论若用于机场类建筑，会存在较大偏差。

## 4.2 机场建筑机械通风模式

机场航站楼具有空间高大、通透、人员密度大且人员流动性强等特点，同时其作为各地重要的交通枢纽或标志性建筑，对室内环境舒适性的要求较高，从而使得航站楼的空调系统使用时间长，能源消耗大。另外，出于美观原因和照明要求，航站楼存在跨层垂直连

通空间及大面积的玻璃幕墙，使其室内环境在夏季具有高强度太阳辐射和内墙表面高温的特点，热压自然通风作用不可忽视。目前，大部分机场航站楼采用空调机械通风方式，特点是能对室内温度、湿度和空气流速等参数进行较好的控制，但空调能耗巨大（建筑运行能耗的 40%～80%）[18]。为此航站楼的通风空调系统通常应以节能为需求导向进行设计。

本节主要论述目前机场建筑常见的三种通风空调系统形式——混合通风、置换通风和贴附通风在机场内航站楼的应用。

## 4.2.1　混合通风

混合通风（Mixing Ventilation，MV）在机场内的应用主要分为分层空调通风和浮岛送风。分层空调通风系统作为高大空间常用的空调系统之一，在建筑两侧或单侧的中间位置设置送风口，将高大空间分为空调区和非空调区，仅在高大空间下部区域维持一定的温湿度，而对于非空调区的温湿度不作要求。这种通风方式与全室均为空调区域相比，可达到一定的节能效果。

在大型空间中，如机场航站楼和火车站的值机大厅，分层空调系统末端多采用喷口送风形式对室内热环境进行控制。图 4-10 所示为西安咸阳国际机场 T2 航站楼[19] 和北京首都国际机场 T2 航站楼采用的基于喷口送风的分层空调方式。

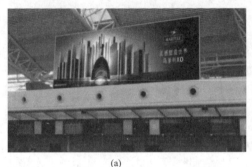

(a)　　　　　　　　　　　　　　　　　(b)

图 4-10　机场航站楼分层空调喷口送风[19]

(a) 西安咸阳国际机场 T2 航站楼；(b) 北京首都国际机场 T2 航站楼

图 4-11 为西安咸阳国际机场 T2 航站楼内沿竖直方向的温湿度分布实测结果[19]。可以看出，在室内 5m 以内竖直高度上，温湿度沿高度方向变化较小，各测点间温差小于 1.0℃，含湿量差小于 0.5g/kg。现场实测结果表明喷口送风室内温湿度在 5m 高度以下区域基本一致，沿高度方向分布比较均匀。

在机场航站楼等高度高、面积大、跨度长的空间应用分层空调时，为了满足室内温湿度参数以及活动区的风速要求，送风喷口的高度较高，一般设置在 4～6m 处，而人员仅在 2m 高度范围内活动，采用空气作为冷源的输送介质，会造成风机能耗偏高。

另外，机场航站楼由于其独特的功能与其他普通商业建筑（如办公室、酒店、购物中心等）有较大不同。它们通常是具有开放空间（高度为 10～30m）、玻璃幕墙和高密度室内热源的建筑物，具有不同高度的开放入口与室外环境或其他建筑物（如地铁站、火车站、酒店）相连。这些特性导致大空间中的复杂气流运动，影响机场建筑内部机械通风气流组织及通风效果，特别是在冬季，冷风渗透将起着重要作用[20]。如图 4-12 所示，成都

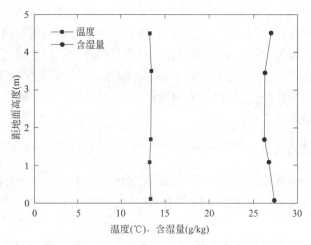

图 4-11　西安咸阳国际机场 T2 航站楼二层办票大厅某测点竖直温湿度分布[19]

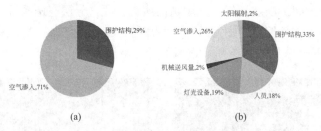

图 4-12　成都双流国际机场冬季与夏季测试日的得热量和失热量[21]

(a) 冬季；(b) 夏季

双流国际机场夏季空气渗透占当天总热量损失的 26％，室外空气主要从建筑物顶部渗入，对热舒适性的影响相对较小；然而，冬季空气渗透则占总热损失的 71％。此外，冬季白天的空气渗透直接影响了乘员区的热环境，可能导致严重的热不适。对该航站楼在冬季、夏季及过渡季进行的压差测试表明，无论是冬天还是夏天，其热压对通风渗透的影响是十分显著的。冬季的垂直压差达 16Pa，如图 4-13 所示[21]。

对于跨度较大的空间，考虑两侧对喷喷口的射程，通常做法是将喷口布置在顶棚网架内，而这种形式会将空间上部大量的余热带入人员活动区，增加空调系统负荷，不利于节能。为此又提出一种改进的分层空调送风方式——浮岛送风。在高大空间区域内布置若干个竖向机电单元通风箱 (Binnacle)，在其四周布置球形喷口进行远距离送风，有效地解决了大空间远距离送风问题，如图 4-14 所示。这种送风形式现已应用于北京首都国际机场 T3 航站楼、北京大兴国际机场航站楼、昆明长水国际机场 T1 航站楼等[22,23]。

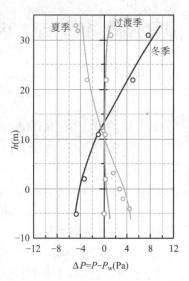

图 4-13　成都双流国际机场典型季节日间室内外压差的垂直分布[21]

注：该图的彩图见本书附录 D。

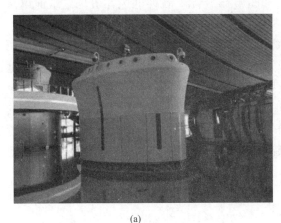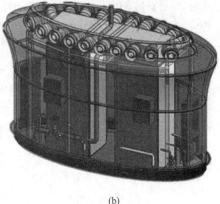

(a)　　　　　　　　　　　　　　　　　　(b)

图 4-14　浮岛送风分布式空调末端装置[22,23]

（a）实景图；（b）BIM 模型

在北京首都国际机场 T3 航站楼内，大空间空调系统的一次回风采用了变风量（VAV）和定风量（CAV）两种系统，前者是主要类型，适用于空调系统负担多个空调区域，且各空调区域温度又需要分别控制的情况，后者则用于空调系统负担单个空调区域的情况[22]。应用于变风量系统的通风箱内装有 VAV 末端装置，在顶部回风口处设温度探测器，根据各区域冷负荷的变化调节风量，以保证室内温度要求。VAV 末端装置的风量调节范围为 50％～100％，当风量低于 50％时，关断部分 VAV 末端装置来增加其余 VAV 末端装置的送风量，以保证其送风射流。送风管与风口采取交错的连接方式，以保证 VAV 末端装置关闭时，负担区域的送风均匀性。

## 4.2.2　置换通风

置换通风（Displacement Ventilation，DV）是将空气以低风速、低紊流度、小温差

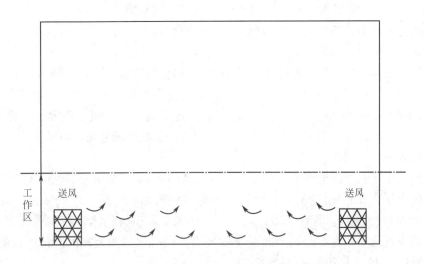

图 4-15　置换通风布置

的方式直接送入室内人员活动区的下部，如图 4-15 所示。置换通风在机场建筑通风系统的应用，如西安咸阳国际机场 T3 航站楼和泰国曼谷素万那普机场航站楼[19]。

图 4-16 为西安咸阳国际机场 T3 航站楼所采用的地板辐射与置换通风相结合的空调系统。在航站楼办票大厅和候机厅区域内，采用了温度湿度独立控制空调方式，由辐射地板对室内进行夏季降温和冬季供热，由溶液调湿机组对室外新风进行除湿或加湿，通过置换式送风末端送入室内，以满足湿度控制和空气品质需求。在夏季，温度为 14～18℃ 的冷水被泵入辐射地板进行冷却，且处理干燥的新鲜空气（如 20℃，8～10g/kg$_{干空气}$）由置换式送风末端供应，形成"干燥空气层"，避免辐射地板表面结露。在冬季，通过辐射地板提供低温热水（35～40℃）进行加热，新鲜空气处理单元可根据室内空气质量和湿度进行调整或关闭[24]。

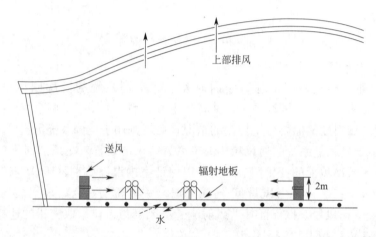

图 4-16　西安咸阳国际机场 T3 航站楼地板辐射与置换通风结合的空调系统[24]

## 4.2.3　贴附通风

在混合送风、置换送风这两种常规通风空调方式的基础上，笔者提出了一种结合混合通风和置换通风两者优势的气流组织形式——贴附通风。处理后的空气由位于建筑空间上部的条缝送风口平行于前进方向射出，受气流康达效应（Coanda Effect）影响而与竖向壁面形成贴附，射流主体将沿壁面竖直向下流动，当流动到接近地面高度时，在地面逆压梯度的作用下射流主体与壁面分离，流动方向由竖直变为水平方向。此后气流在扩展康达效应（Extended Coanda Effect）作用下再次贴附于地面流动，以辐射流动方式沿地板向前延伸扩散，在工作区形成类似于置换通风的"空气湖"状流场分布，有效提高了室内空气品质和通风效率，如图 4-17 所示[25]。

中国铁路设计集团将笔者提出的贴附通风（Attachment Ventilation，AV）应用于雄安高铁站候车厅[26]；中国建筑西北设计研究院将贴附通风应用于西安咸阳国际机场 T5 航站楼，如图 4-18 所示。既有应用表明，与集中式空调系统相比，贴附通风方式输送距离长，空调风机的空气输配能耗降低了 30% 左右。同时，在满足室内设计参数的基础上，贴附通风降低了 15% 的夏季供冷能耗[26]。

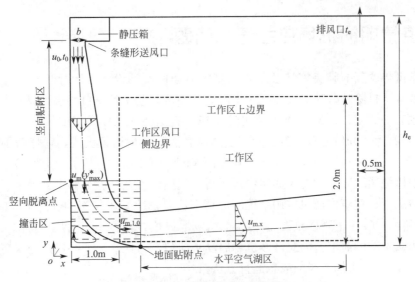

图 4-17　贴附通风气流组织

(a)

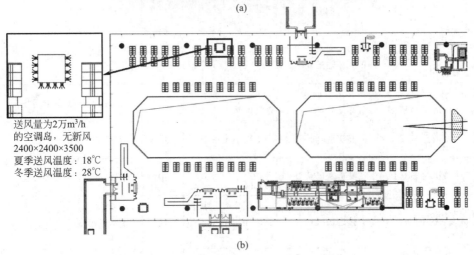

(b)

图 4-18　贴附通风系统应用

（a）雄安高铁站候车厅；（b）西安咸阳国际机场 T5 航站楼指廊（该区域 $111 \times 50 \times 8.6 (\mathrm{m}^3)$，
采用通风柱和侧送风两种方式进行调节，共设置通风柱 4 个。通风柱尺寸为 $2.4 \times 2.4 \times 3.5 (\mathrm{m}^3)$，
风量为 $20000 \mathrm{m}^3/\mathrm{h}$。风柱喷口尺寸为 $\phi 315 \mathrm{mm}$，贴附通风风口宽度为 50mm）

## 4.3 疫情期的机场应急通风问题

影响全世界的新冠肺炎疫情及 SARS 疫情对通风空调设计、运行乃至管理提出了前所未有的挑战。排除这些呼吸性空气污染的基本原理是基于开口自然通风引入大量空气稀释，因此原有的"闭口"机械通风模式难以提供满足稀释浓度要求的风量，鉴于此，从"闭口运行"改为"开口运行"就成为防疫通风必然的一种运行模式，它打破了传统机械通风空调营造的封闭环境控制的模式。随之而来的，需要通过具体的研究回答一些新出现的问题，如机械通风和自然通风如何协调运行，门窗位置及开度如何设置等。

传统情况下，建筑内通风空调系统的运行宗旨是消除室内供暖/制冷负荷和污染（主要是 $CO_2$ 和可呼吸性悬浮颗粒物）。传统的机场通风模式已经不能满足对排除 COVID-19 等气载致病微生物的需求，因此许多机场启动了应急运行模式。下面将讨论疫情暴发期和"平疫结合"时期，机场通风的应急运行方法。

### 4.3.1 疫情期间机场建筑通风现状

#### 1. 疫情期间的机械通风

由于通风模式和空气传播疾病之间具有较强相关性，徐春雯等人针对疫情期间建筑物内通风系统运行模式，开展了探索研究[27]。表 4-1 对比了传统的混合通风和个性化送风、局部排风等通风效果，给出了防疫通风方案基本特征。

可用于建筑内空气传播疾病防控的通风策略　　　　　　　　表 4-1

| 通风类型 | 送回风口位置 | 空气品质 | 通风效率或效果 | 使用优先级 | 适用场合 |
|---|---|---|---|---|---|
| 混合通风 | 上送上回或上送下回 | 接近回风品质 | ≈1 | 高 | 适用于大部分场合 |
| 个性化送风 | 送风口接近呼吸区，可与全面通风共用排风口 | 最高可大于90%的新风输送效率 | >1.3 | 中 | 办公、学校、诊室等 |
| 局部排风 | 排风口位于人体周围靠近呼吸区 | 接近全面通风空气品质 | 可减少暴露者70%的暴露 | 中 | 局部性污染源、热源等场合 |
| 分区通风 | 上部隔断送风,上回或下回 | 高于混合通风 | 提高 14%～50% | 中 | 诊室、病房、办公等 |
| 层式通风 | 侧墙中部送风 | 接近送风品质 | 可有效控制污染物流向 | 中 | 学校、办公等中小型环境 |
| 层流通风 | 上送下回 | 接近送风品质 | 手术室使用层流通风用以减少术后感染 | 高 | 手术室、实验室等操作区 |
| 负压通风 | 上送上回或上送下回 | 从清洁区、半污染区、至污染区依次降低 | 可有效控制污染物流向 | 高 | 医院、实验室、洁净厂房等 |
| 贴附通风 | 风口位于上部,沿竖壁下送 | 接近送风品质 | 可有效控制污染物流向 | 高 | 隔离病房、办公建筑及机场、地铁站等高大建筑空间 |

送风方式可以分为均匀送风和非均匀送风两大类。均匀送风是指室内不同位置的空气温度、湿度、污染物浓度等参数需达到一致的状态，即混合送风。而将新鲜空气直接送至目标区域的通风方式则称为非均匀送风，包括置换通风、贴附送风、地板送风、冲击射流送风等。文献［28］对比了非均匀送风与混合通风，发现置换通风的感染风险降低较大，冲击射流送风和地板送风的平均空气龄分别降低了 37％～47％和 28.3％，贴附送风的污染物浓度降低了 15％～47％，分层送风的污染物去除效率提高了 22.6％。非均匀送风模式在空气质量和病毒传播控制方面颇具发展潜力。

将 DV 和 MV 进行对比发现，用 DV 代替 MV 可以减少医务人员对污染物的暴露，提高通风率及污染物去除效率。然而，当通风率超过一定阈值时，整个房间悬浮和逸出量变化不大[29]。当换气次数达到 12h$^{-1}$ 时，DV 和 MV 系统实现了相似的污染物暴露水平[30]。Li 等人[31] 证明，DV 对小粒径（<5μm）液滴具有更强的去除能力，地板送风则更适合去除大液滴（5～10μm）。DV 的去除效果是有条件的，当颗粒直径逐渐增大时，重力沉降效应增加，浓度分层降低，从而增加暴露者的颗粒浓度[32]。DV 热分层与房间中间高度的低空气流速相结合，会导致呼吸飞沫在人体呼吸区停留更长时间，从而可能增加暴露和感染的风险[33]。

William 等人[34] 对比分析了风机盘管系统（FCU）、定风量系统（CAV）、变风量系统（VAV）以及独立新风系统（DOAS），如图 4-19 所示，所有系统都产生大致相同的室内温度，但在影响病毒存活的室内相对湿度这一关键因素上存在较大不同。FCU 在控制室内相对湿度方面较差，CAV 和 VAV 系统具有几乎相同的室内环境质量，只是它们的运行条件不同，DOAS 可以有效进行湿度独立调节，具有明显的病毒控制潜力。

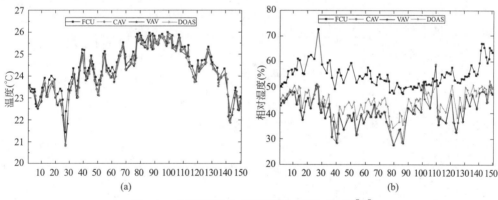

图 4-19　四种通风方式下温度与湿度对比图[34]
(a) 温度；(b) 湿度

Barbosa 等人[35] 比较了置换通风（DV）和混合通风模式在小型办公室中降低 COVID-19 远程空气传播感染风险的性能，发现置换通风技术在降低 SARS-CoV-2 病毒空气传播感染风险方面的整体性能优于传统混合通风。Bhagat 等人[36] 认为与混合通风相比，促进垂直分层并旨在去除顶棚附近受污染暖空气的置换通风是降低暴露风险的有效方法。新冠肺炎疫情期间，笔者团队研发了应用于呼吸性传染病负压隔离病房的适应性贴附通风技术，发现与传统顶送式混合通风模式相比，在相同的污染物释放率和房间换气次数（10h$^{-1}$）条件下，适应性贴附通风的污染物平均浓度降低了 15％～47％[37]。

上述研究表明，合适的通风气流组织方式能够有效降低病毒气溶胶的浓度，发展高效的通风气流组织形式是今后机场建筑防疫通风领域的研究重点之一。

**2. 疫情期间的自然通风**

增加新风量可以降低病毒浓度。江亿等人[38]在医院病房深入实地调查发现，如果总换气量的稀释比达到患者呼出气量的 10000 倍以上，理论上进入病房的健康人即使不采取任何防护措施，也不会感染病毒，如图 4-20 所示。然而，由于机场建筑体量巨大，现有机械通风方式送入的风量远不能满足上述稀释倍率的需求，自然通风成为疫情期间机场建筑应急通风的主要方式。《运输机场疫情防控技术指南》第 3.4 节指出[39]：根据航站楼结构、布局和当地气候条件，采取切实可行的措施，加强空气流通；气温适合的应开门开窗，采用自然通风。

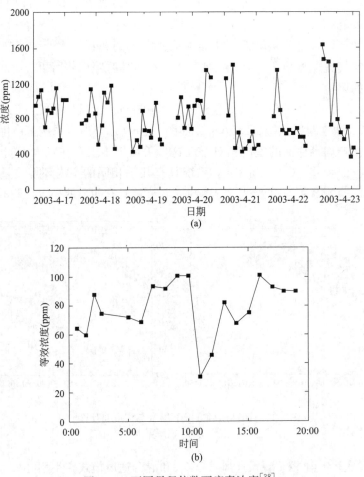

图 4-20　不同稀释倍数下病毒浓度[38]
(a) 1000～2000 倍；(b) 10000～25000 倍

疫情模式下机场航站楼普遍采用开启外窗的运行模式，然而，如何同时保障室内空气品质及人员的热舒适性成为环境控制的难点。另一方面，通风空调系统的运行及在疫情期间如何控制也需要考虑天气的影响，同时宜平衡感染风险和节能策略[40]。疫情模式下开启外窗的操作方式连通了室内外流场，不同气象条件下外场条件会严重影响室内有组织的流场，使得室内空气流动更难控制。因此在平疫结合时期如何使得自然通风和机械通风较好地契合，成为防疫通风设计的一个难点。

**3. 关于建筑空间的室内净化问题**

在空调机组内增加空气净化模块，既可以处理从室外引入的新风，还可以处理室内回风中包含的病毒，从而减少进入室内的病毒浓度和降低空调系统连接的各房间交叉感染风险，以及降低病毒沿通风空调系统的传播概率。

空气净化器可以作为小型独立移动单元安装在室内环境中，也可以安装在建筑物中的HVAC（加热、通风、空调）单元或空气处理单元内，如图 4-21 所示。目前较为常见的空气净化技术包括过滤、活性炭、紫外线杀菌辐射、静电除尘器、光催化氧化和等离子体等。

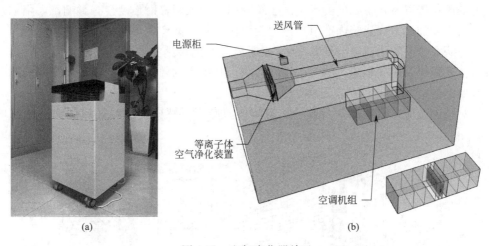

（a）　　　　　　　　　　　　　　　　　　（b）

图 4-21　空气净化器单元

（a）小型独立移动空气净化器；（b）安装在 HVAC 单元或空气处理单元内的空气净化器

空气净化器需要选择合适的净化模块及恰当的安装位置。如果过滤器使用不当，则会导致细菌和病毒在室内环境中传播，或者对于室内细菌和病毒净化失效。净化效率与风量有关，应根据目标空间的容积来选定空气净化器的风量和台数。对于机场建筑来说，空气净化器一般只作为辅助设备，主要途径是借助于通风换气降低病毒浓度。

如前所述，传统的暖通空调的目的是消除室内冷/热负荷和污染，创造舒适的人居环境。然而在新冠肺炎疫情暴发后，暖通空调系统应将排除病毒作为首要目的。与常规情况下的通风系统不同，新冠肺炎疫情下的防疫通风所需风量显著增加，通常需提高 1～2 个数量级。因此，传统设计的纯机械通风无法实现防疫通风所需的风量要求。在机械通风的基础上增加自然通风，即多元通风成为一种必然选择。关于机场航站楼等高大空间的多元通风设计方法有待深入研究。

## 4.3.2　机场防疫通风源头与过程控制

关于病毒气溶胶随通风气流的传输路径，有以下三种方式：病毒气溶胶从室外随着气流侵入室内；病毒气溶胶随着污染物排风气流从室内窗户、门等溢出后又由于回流作用重新进入室内，造成病毒气溶胶在室内同楼层和跨楼层之间传播；病毒气溶胶等沿建筑电梯井/通道或通风竖井传播，如图 4-22 所示。

（1）病毒气溶胶等从室外随气流侵入室内的传输。这一传播特性会受到室外风速与风向、建筑朝向、建筑形状、污染源位置、窗户与门是否开启、开启程度以及上游建筑的存在与否的共同影响。其中，室外风向决定了污染物的传播方向，并且建筑物背风向的污染物浓度比迎风向浓度要高，可能更容易被传染。

当建筑周围可能存在病毒气溶胶时，建议关闭与之连通的窗户，防止病毒气溶胶从室外进入室内。在空调通风系统的管道或者新风机内设置空气净化器，以减少病毒从室外进入室内的概率。

（2）病毒气溶胶随着排风气流从室内窗户等排出后又因回流作用返回室内，以及病毒气溶胶在室内同楼层和跨楼层之间传播。其主要受到室外风速与风向、建筑高度、窗户参数、污染源位置以及建筑朝向的影响。建筑朝向对于太阳辐射强度会有影响，太阳辐射对建筑立面进行加热造成建筑内产生热浮力而对污染物扩散产生影响。

（3）病毒气溶胶沿建筑电梯井/通道或通风竖井的传播主要受到室内外温差、污染源位置、室外风速及风向和建筑的气密性的影响。其中室内外温差会造成通风竖井的烟囱效应，且烟囱效应在冬季供暖时更为明显。

针对烟囱效应造成病毒气溶胶的扩散问题，应当对感染者所经过的楼层进行物理隔

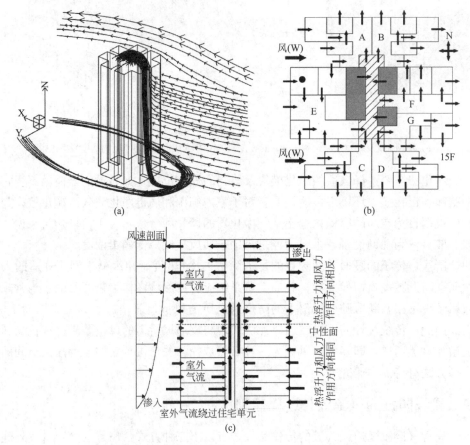

图 4-22　病毒气溶胶随通风气流潜在的传输路径
(a) 推断一；(b) 推断二；(c) 推断三

断，防止病毒气溶胶由于烟囱效应向其他楼层扩散。

对于机场建筑，为了防止病毒气溶胶的传播，应该首先从源头以及传播路径上进行控制，在此基础上需要进一步考虑病毒气溶胶的过程控制。

（4）疫情防控常态化背景下，航站楼室内环境需要有序的气流组织以及充足的新风量。基于此理念，机场防疫通风过程控制原则如下：

建立"洁净区正压—污染区负压"的气流有序引导设计原则。基于通风空调系统分区保障的风量平衡、热量平衡、传质平衡设计原理，实现通风气流从相对洁净区到污染区定向流动的压力梯度分区；

建立"自然通风增强稀释，机械通风路径引导"的多元通风原则。研究解决机场建筑"多源—多汇"空间机械通风与自然通风相互增益的多元通风原理及设计方法，有效控制病毒气溶胶扩散，构建高效防疫通风体系。

# 4.4　防疫通风：机械通风与自然通风的协同增益

全球灾难性的生物风险事件频发，既有的通风空调体系并未考虑疫情防控的需求。无论非典或新冠肺炎疫情期间，为控制致病微生物传播，作为应急手段的开窗通风增加换气量，其自然通风引排污染物效果是难以预料的。

采用"一刀切"式的开窗自然通风，打破了经典的顶送混合通风或置换通风等的热环境保障能力，却又难以保证疫情防控与热环境控制基本需求。其原因在于：

（1）传统上人们把自然通风、机械通风分开来看，非此即彼；

（2）习惯于把自然通风、机械通风的效果看成一个分别独立的问题，因而较少从设计、调控策略的观点出发研究它们统一的内在规律性。

考虑建筑通风效果，兼顾受室外气象条件、室内热源分布及机械通风气流组织方式等多种因素影响的气载致病微生物传播，是一项重要的研究任务。

## 4.4.1　机械通风与自然通风的协同

科学的防疫通风模式，需将自然通风和机械通风（或称为多元通风）按需调控/组合增益，最大限度利用室外气象条件，增加稀释通风量、抑控致病微生物的传播，同时营造建筑内可接受的冷/热环境，并实现降低环境保障能耗的目的。就系统而言，多元通风系统并不是一个新系统，它只是利用自然通风和机械通风系统在不同季节甚至一天中不同时刻的各自优点（图4-23），以节能的方式有效地保障室内环境。当然其有效程度取决于建筑设计、冷热负荷、自然驱动力、机械力和室外环境等不同条件。多元通风系统与一般通风系统的主要区别在于控制系统，多元通风可以自动控制各子系统的交互使用或有机结合。

多元通风系统的分类主要有：

交互使用式：这种多元通风系统是指自然通风和机械通风系统自成体系，共存于一个房间，在不同的时间或者季节，两个系统交错使用，即两个系统完全是相互独立的。

有机结合式：两个通风系统不再相互独立，而是有机结合在一起。在同一时间，机械驱动力和自然驱动力可以共存，推动空气流动。这时问题的关键是如何保证机械通风和自然通风相互增益，从而满足通风性能和人员活动区热舒适的要求。

相互配合式：两个系统中，一个为主，另一个为辅。可能是一个风机辅助式的自然通风系统，也可能是一个自然驱动辅助式的机械通风系统。

本书中提到的多元通风系统基本属于有机结合式的。自然通风部分，由于风压的随机性和不稳定性，将热压驱动的自然通风与风压驱动的自然通风分开考虑；在本书中目前只考虑热压驱动的自然动力，分析机械通风对自然通风的影响程度，进而确定两者相互增益的典型模式。

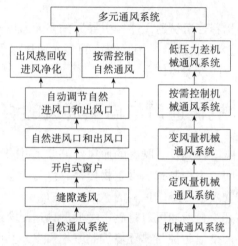

图 4-23　多元通风：结合自然通风和机械通风的优势[41]

### 1. 机械送风与热压自然通风共存时的多元通风

当机械送风与热压自然通风并存时，机械送风强度对热压自然通风有较大的影响。根据空气流动方向的不同，有两种可能的通风方式，如图 4-24 所示。当机械送风强度较小时，自然通风从下部进风，上部排风；相反，当机械送风强度增大时，上下通风口均为出风口。显然，必存在一个转折点，即下部通风口由进风口变为出风口。

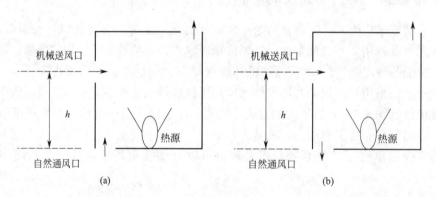

图 4-24　多元通风（模型一）

(a) 工况 1；(b) 工况 2

首先，定义 $\alpha_t = C_{Dt}A_t/C_{Db}A_b$，其中 $C_{Dt}$、$C_{Db}$ 分别为上下两通风口的流量系数；$A_t$、$A_b$ 分别为上下两通风口的面积。对整个房间分析，根据体积流量守恒，在工况 1 中

满足 $q_b+q_{FS}=q_t$。这里，$q_{FS}$ 为机械送风量，$m^3/s$；$q_b$、$q_t$ 分别为进、出口流量，$m^3/s$。在工况 2 中满足 $q_{FS}=q_b+q_t$。根据前人的研究结论存在一个转折点，如果 $q_{FS}/q_B \leqslant \sqrt{1+\alpha_t^2}$，则有 $q_b \geqslant 0$；如果 $q_{FS}/q_B > \sqrt{1+\alpha_t^2}$，则有 $q_b < 0$。这里，$q_B$ 为仅有热压自然通风时的通风量，$m^3/s$。下部进风时，上、下通风口的通风量分别为[41]：

$$\frac{q_b}{q_B}=\frac{1}{(1+\alpha_t^2)}\left(\frac{q_{FS}}{q_B}\right)\pm\sqrt{1-\frac{\alpha_t^2}{(1+\alpha_t^2)^2}\left(\frac{q_{FS}}{q_B}\right)^2} \tag{4-1}$$

$$\frac{q_t}{q_B}=\frac{\alpha_t^2}{(1-\alpha_t^2)}\left(\frac{q_{FS}}{q_B}\right)\pm\sqrt{\left(\frac{1+\alpha_t^2}{1-\alpha_t^2}\right)+\frac{\alpha_t^2}{(1-\alpha_t^2)^2}\left(\frac{q_{FS}}{q_B}\right)^2} \tag{4-2}$$

下部出风时，上、下通风口的通风量分别为[41]：

$$\frac{q_b}{q_B}=\frac{1}{(1-\alpha_t^2)}\left(\frac{q_{FS}}{q_B}\right)\pm\sqrt{\left(\frac{1+\alpha_t^2}{1-\alpha_t^2}\right)+\frac{\alpha_t^2}{(1-\alpha_t^2)^2}\left(\frac{q_{FS}}{q_B}\right)^2} \tag{4-3}$$

$$\frac{q_t}{q_B}=\frac{\alpha_t^2}{(1-\alpha_t^2)}\left(\frac{q_{FS}}{q_B}\right)\pm\sqrt{\left(\frac{1+\alpha_t^2}{1-\alpha_t^2}\right)+\frac{\alpha_t^2}{(1-\alpha_t^2)^2}\left(\frac{q_{FS}}{q_B}\right)^2} \tag{4-4}$$

**2. 机械排风与热压自然通风共存时的多元通风**

机械排风就是在排风口处设置一个排风机，排风口压差大小可根据需要设定。机械排风与热压自然通风共存时，排风口压差大小对热压自然通风有较大的影响。同样，根据空气流动方向的不同有两种可能的通风方式，如图 4-25 所示：

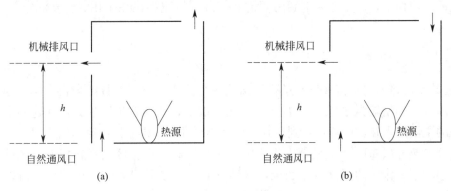

图 4-25　多元通风（模型二）
(a) 工况 1；(b) 工况 2

当排风口压差值较小时，上部通风口为排风口；当排风口压差值较大时，上部通风口变为进风口（图 4-25）。显然，必存在一个转折点，即上部通风口由出风口变为进风口。理论分析与上文过程类似，再通过数值模拟验证，此处不再赘述。

当上部通风口为出风口时，上、下通风口通风量的计算如下[41]：

$$\frac{q_b}{q_B}=\frac{1}{(1+\alpha_t^2)}\left(\frac{q_{FE}}{q_B}\right)\pm\sqrt{1-\frac{\alpha_t^2}{(1+\alpha_t^2)^2}\left(\frac{q_{FE}}{q_B}\right)^2} \tag{4-5}$$

$$\frac{q_t}{q_B}=\frac{\alpha_t^2}{(1+\alpha_t^2)}\left(\frac{q_{FE}}{q_B}\right)\pm\sqrt{1-\frac{\alpha_t^2}{(1-\alpha_t^2)^2}\left(\frac{q_{FE}}{q_B}\right)^2} \tag{4-6}$$

下部出风时，上、下通风口的通风量分别为[41]：

$$\frac{q_b}{q_B}=\frac{1}{(1-\alpha_t^2)}\left(\frac{q_{FE}}{q_B}\right)\pm\sqrt{-\left(\frac{1+\alpha_t^2}{1-\alpha_t^2}\right)+\frac{\alpha_t^2}{(1-\alpha_t^2)^2}\left(\frac{q_{FE}}{q_B}\right)^2} \tag{4-7}$$

$$\frac{q_t}{q_B}=\frac{\alpha_t^2}{(1-\alpha_t^2)}\left(\frac{q_{FE}}{q_B}\right)\pm\sqrt{-\left(\frac{1+\alpha_t^2}{1-\alpha_t^2}\right)+\frac{\alpha_t^2}{(1-\alpha_t^2)^2}\left(\frac{q_{FE}}{q_B}\right)^2} \tag{4-8}$$

## 4.4.2 机械通风与自然通风协同增益转折点

有关通风的研究多集中在考虑自然通风或者机械通风单一模式，其结论难以直接应用于多元通风模式。一般情况下机械通风的加入可能对自然通风造成两方面的影响：增益或者抑制。即机械通风真正能够和自然通风协同增益，应该存在某一转折点或临界点。因此，对多元通风模式的研究首先要解决机械通风和热压自然通风共存时从增益到抑制的转折点参数问题。

**1. 热分层高度**

对于自然通风房间的温度分布存在不同的工况：一种室内温度是分层的，由热分层面将流动分为上下两个循环区。另一种室内不存在温度分层，整个室内区域只存在一个气流循环区。在有热源存在的建筑房间内，由于热源上方气流的对流作用，使得室内有产生竖直温度梯度的趋势。最初利用热空气的这一运动规律对有热源的建筑进行通风，即利用热压作用进行自然通风。但是通常仅靠自然通风并不能满足室内通风要求，这就有必要借助机械通风。习惯上，对于通风空调房间的非等温气流流型往往采用 $Ar$ 数来分析，$Ar$ 数的定义为：

$$Ar=\frac{gl\Delta T}{V_0^2 T} \tag{4-9}$$

$Ar$ 数能够将风口气流速度与送排风温差两个重要的空调参数结合在一起，因而用来分析室内气流流型较为方便。$Ar$ 数是一个无因次数，然而建筑及热源尺寸这两个影响通风效果的主要因素在其中却得不到反映，因而单纯用 $Ar$ 数来分析房间的通风效果就显得不够充分。热分层高度 $Z$ 则是其中重要的一个特征数，它直接关系到其下部区域内温度梯度，影响到工作区的温度分布状况，显然它必然关系到房间的通风效果。由以上分析得到：

$$Z=f(Fr,H,h_s\cdots\cdots) \tag{4-10}$$

式中，$Fr=\sqrt{\dfrac{2\Delta P}{\rho\left(\dfrac{B}{h}\right)^{\frac{2}{3}}}}=\dfrac{u}{\left(\dfrac{B}{h}\right)^{\frac{1}{3}}}$；$B$ 为浮力通量，$m^4/s^3$；$\Delta P$ 为排风口处压差，$Pa$；

$u$ 为机械送风速度，$m/s$；$H$ 为房间高度，$m$；$h_s$ 为热源高度，$m$；$h$ 为两通风口垂直距离，$m$。式(4-10)表明，房间内的热分层高度受到送风温度、室温、建筑尺寸、送风口位置及热源特征参数等因素影响。当房间中存在热分层时，受感染者呼气射流被"锁定"在一定的高度[42]，增加了疾病传播的风险（图 4-26）。

**2. 表征机械通风与自然通风协同增益转折点的参数**

对机械送风与热压自然通风，机械送风强度取决于送风速度的大小，热压自然通风强

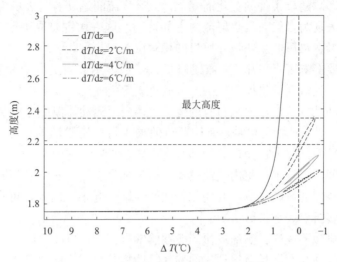

图 4-26　射流温差及温度梯度变化[42]

度取决于室内热源强度和两风口的垂直距离。当送风速度较小时，机械通风强度小于热压自然通风强度，室内空气流动以热压自然通风为主；相反，当送风速度增大到一定数值后，机械送风强度大于热压自然通风强度，室内空气流动以机械通风为主，机械通风对热压自然通风起抑制作用，自然通风口由进风口变为出风口。

对机械排风与热压自然通风，机械通风强度取决于风机压降值的大小，热压自然通风强度取决于室内热源强度和两风口的垂直距离。当风机压降值较小时，机械通风强度小于热压自然通风强度，室内空气流动以热压自然通风为主；反之，当风机压降值较大时，机械通风强度大于热压自然通风强度，室内空气流动以机械通风为主。

之前章节讨论风压和热压共存时的自然通风时，为了体现自然通风中以风压为主还是以热压为主，以无因次量 $Fr = \sqrt{\dfrac{2\Delta P}{\rho \left(\dfrac{B}{h}\right)^{\frac{2}{3}}}}$ 来表示风压与热压强度的相对大小，$\Delta P$ 代表通过开口的压降（风压）。同样，为计入机械通风对热压驱动的自然通风的影响程度，定义修正 $Fr^{*}$ 数，表示机械通风强度与热压自然通风强度的比值[41]，即：

$$Fr^{*} = \frac{u}{\left(\dfrac{B}{h}\right)^{\frac{1}{3}}} \qquad (4\text{-}11)$$

或者，

$$Fr^{*} = \sqrt{\frac{2\Delta P}{\rho \left(\dfrac{B}{h}\right)^{\frac{2}{3}}}} \qquad (4\text{-}12)$$

式(4-11)、式(4-12) 分别针对机械送风和机械排风模型（式中 $\Delta P$ 代表排风口处压差）。机械通风与热压自然通风共存时的多元通风房间，室内空气流动是由机械通风和热压自然通风共同作用而形成的，二者之间存在着动量、热量的交换和掺混，共同决定了室内的气流分布状况及热分布状况。从射流的角度来看，当室内冷热两种射流相伴运动时，它们之间的相互影响随着条件的变化而变化，上升气流的运动有时表现为机械射流为主的运动，有时也会表现为自然对流热射流为主的运动，这一切主要取决于三个条件的变化：机械通风的通风量、热源的发热量及风口的相对位置。

上述三个主要影响因素可用 $Fr$ 数或修正 $Fr^*$ 数表示。当机械通风强度较小（即 $Fr$ 数小）时，室内空气流动受机械通风的影响较小，室内气流主要是由热压驱动的自然通风引起的，气流流动基本依据热射流自身的运动规律向上运动，温度分层明显；相反，当机械通风强度较大（即 $Fr$ 数大）时，机械通风的加入对热压驱动的自然通风的影响较大，室内热压自然通风受到强大机械通风的抑制作用，在没有与室内空气进行充分的动量、热量交换之前就由回风口排出，室内气流流动以机械通风为主。$Fr$ 数或修正 $Fr^*$ 数反映了机械通风对热压自然通风的影响，并使二者较好地结合起来。因此，可将 $Fr$ 数作为评价从增益到抑制的转折点表述参数。

总而言之，机械通风与自然通风协同增益的本质在于，机械通风气流流量、速度、温度等参数的可操控性与大风量自然通风的稀释特性相结合，建立"自然通风增强稀释，机械通风路径引导"的防疫通风理念，构建机械通风与自然通风按需调控/组合增益的高效防疫通风新体系。

## 本章参考文献

[1] Murray C J L. COVID-19 will continue but the end of the pandemic is near [J]. The Lancet, 2022, 399 (10323)：417-419.

[2] 谭晓东. 历史上传染病疫情特征与处理 [J]. 人民论坛, 2020, (10)：53-57.

[3] 王新. 机场选址中气象条件的论证方法 [J]. 民航管理, 2018, (11)：61-63.

[4] 朱银乐. 大型近城机场综合交通枢纽规划设计研究 [J]. 中国市政工程, 2021 (6)：6-9, 124.

[5] 龚旺, 张庆顺. 我国大型机场航站楼设计构型研究——以中建西南院的机场设计作品为例 [J]. 四川建材, 2019, 45 (7)：45-46.

[6] 张晋勋, 段先军, 李建华, 等. 北京大兴国际机场航站楼工程建造技术创新与应用 [J]. 创新世界周刊, 2021, (9)：14-23.

[7] 长谷川健太, 金内信二. 成田国际机场第三旅客航站楼 日本千叶 [J]. 世界建筑导报, 2019, 33 (3)：58-59.

[8] 李欣, 成辉, 赵元超. 枢纽机场航站楼视域分析研究——以兰州中川机场 T3 航站楼为例 [J]. 世界建筑, 2021, (06)：104-107, 126.

[9] 袁建伟. 乌兰察布集宁机场航站楼暖通空调设计 [J]. 建筑热能通风空调, 2021, 40 (9)：98-101.

[10] Daou H, Abou Salha W, Raphael W, et al. Explanation of the collapse of Terminal 2E at Roissy-CDG Airport by nonlinear deterministic and reliability analyses [J]. Case Studies in Construction Materials, 2019, 10：e00222.

[11] Oke T R. Street design and urban canopy layer climate [J]. Energy and Buildings, 1988, 11 (1-3)：103-113.

[12] Dai Y, Mak C M, Hang J, et al. Scaled outdoor experimental analysis of ventilation and interunit dispersion with wind and buoyancy effects in street canyons [J]. Energy and Buildings, 2022, 255：111688.

[13] Hang J, Luo Z, Sandberg M, et al. Natural ventilation assessment in typical open and semi-open

urban environments under various wind directions ［J］. Building and Environment，2013，70：318-333.

［14］　周暟毅，晏克勤，顾明，等 . 某机场航站楼屋面风荷载特性研究 ［J］. 振动与冲击，2010，29 （8）：224-227.

［15］　Hadavand M，Yaghoubi M. Thermal behavior of curved roof buildings exposed to solar radiation and wind flow for various orientations ［J］. Applied Energy，2008，85 （8）：663-679.

［16］　唐海达，刘晓华，张伦，等 . 西安咸阳国际机场 T3A 航站楼温度湿度独立控制系统测试 ［J］. 暖通空调，2013，43 （9）：116-120.

［17］　Ai Z，Mak C M. A study of interunit dispersion around multistory buildings with single-sided venti-lation under different wind directions ［J］. Atmospheric Environment，2014，88：1-13.

［18］　Liu X，Zhang T，Liu X，et al. Outdoor air supply in winter for large-space airport terminals：Air infiltration vs. mechanical ventilation ［J］. Building and Environment，2021，190：107545.

［19］　吴明洋，刘晓华，赵康，等 . 西安咸阳国际机场 T2 和 T3 航站楼高大空间室内环境测试 ［J］. 暖通空调，2014，44 （5）：135-139，96.

［20］　Balaras C A，Dascalaki E，Gaglia A，et al. Energy conservation potential，HVAC installations and operational issues in Hellenic airports ［J］. Energy and Buildings，2003，35 （11）：1105-1120.

［21］　Liu X，Lin L，Liu X，et al. Evaluation of air infiltration in a hub airport terminal：On-site meas-urement and numerical simulation ［J］. Building and Environment，2018，143：163-177.

［22］　韩维平，谷现良 . 罗盘箱在北京首都国际机场 T3 航站楼的应用及其气流组织模拟 ［J］. 暖通空调，2008，（9）：115-119.

［23］　谷现良，韩维平，于新巧 . 北京大兴国际机场航站楼分布式空调末端应用研究 ［J］. 暖通空调，2021，51 （7）：49-54，22.

［24］　Zhao K，Liu X H，Jiang Y. On-site measured performance of a radiant floor cooling/heating sys-tem in Xi'an Xianyang International Airport ［J］. Solar Energy，2014，108：274-286.

［25］　李安桂 . 贴附通风理论及设计方法 ［M］. 北京：中国建筑工业出版社，2020.

［26］　李桂萍，王天成，孙兆军，等 . 雄安站首层候车厅空调系统气流组织优化设计 ［J］. 暖通空调，2021，51 （9）：24-29，35.

［27］　徐春雯，刘文冰，迟进华，等 . 新冠病毒肺炎防控的通风策略：潜力与挑战 ［J］. 建筑科学，2021，37 （4）：135-142.

［28］　Fan M，Fu Z，Wang J，et al. A review of different ventilation modes on thermal comfort，air quality and virus spread control ［J］. Building and Environment，2022，212：108831.

［29］　Wang J，Yang J，Yu J，et al. Comparative characteristics of relative pollution exposure caused by human surface chemical reaction under mixing and displacement ventilation ［J］. Building and Envi-ronment，2018，132：225-232.

［30］　Berlanga F A，Olmedo I，de Adana M R，et al. Experimental assessment of different mixing air ventilation systems on ventilation performance and exposure to exhaled contaminants in hospital rooms ［J］. Energy and Buildings，2018，177：207-219.

［31］　Li X，Niu J，Gao N. Spatial distribution of human respiratory droplet residuals and exposure risk for the co-occupant under different ventilation methods. HVAC&R Research，2011，17 （4）：432-445.

［32］　Habchi C，Ghali K，Ghaddar N. A simplified mathematical model for predicting cross contamina-tion in displacement ventilation air-conditioned spaces ［J］. Journal of Aerosol Science，2014，76：72-86.

[33] Gao N，Niu J，Morawska L. Distribution of respiratory droplets in enclosed environments under different air distribution methods [J]. Building simulation，2008，1（4）：326-335.

[34] William M A，Suárez-López M J，Soutullo S，et al. Evaluating heating，ventilation，and air-conditioning systems toward minimizing the airborne transmission risk of Mucormycosis and COVID-19 infections in built environment [J]. Case Studies in Thermal Engineering，2021，28：101567.

[35] Barbosa B P P，de Carvalho Lobo Brum N. Ventilation mode performance against airborne respiratory infections in small office spaces：limits and rational improvements for Covid-19 [J]. Journal of the Brazilian Society of Mechanical Sciences and Engineering，2021，43（6）：1-19.

[36] Bhagat R K，Wykes M S D，Dalziel S B，et al. Effects of ventilation on the indoor spread of COVID-19 [J]. Journal of Fluid Mechanics，2020，903.

[37] Zhang Y，Han O，Li A，et al. Adaptive wall-based attachment Ventilation：a comparative study on its effectiveness in airborne infection isolation rooms with negative pressure [J]. Engineering，2022，8：130-137.

[38] Jiang Y，Zhao B，Li X，et al. Investigating a safe ventilation rate for the prevention of indoor SARS transmission：An attempt based on a simulation approach [J]. Building Simulation，2009，2（4）：281-289.

[39] 民航局修订发布《运输航空公司、机场疫情防控技术指南（第七版）》[J]. 空运商务，2021，（2）：62.

[40] Risbeck M J，Bazant M Z，Jiang Z，et al. Modeling and multiobjective optimization of indoor airborne disease transmission risk and associated energy consumption for building HVAC systems [J]. Energy and Buildings，2021，253：111497.

[41] 王松华. 热压自然通风和机械通风相互增益的多元通风模式研究 [D]. 西安：西安建筑科技大学，2004.

[42] Liu F，Qian H，Luo Z，et al. The impact of indoor thermal stratification on the dispersion of human speech droplets [J]. Indoor Air，2021，31（2）：369-382.

# 中　篇

# 机场疫情传播路径案例解析

中篇为应用篇，共计5章，从特定机场疫情出发，基于对防疫通风问题的理解，完整地开展了调研、实验、路径解析、防疫工程实践等一系列研究工作，是对所提出的防疫通风理论体系的一次系统实践与检验。首先，针对具体机场疫情案例，深入实地，开展流调、现场测试，收集必要的信息；其次，针对大型机场建筑群，采用缩尺模型开展了流动示踪和关键空气流动参数的定量测量，获得对问题的直观理解；再次，针对大型机场通风问题中的流动机制，逐一针对单一机制的影响开展数值模拟研究，获得不同流动机制下气流运动的细节，并梳理不同流动机制的主次关系；随后，抓住问题主要矛盾，开展若干关键流动机制共同作用下的实际防疫通风气流运动问题数值模拟研究，给出防疫通风理论体系最为关注的稀释倍率与感染概率指标的时空分布；最后，将理论研究结果转化为具体的防疫通风工程技术举措，针对特定机场建筑给出改进方案，验证工程举措的实际应用效果。

本篇是防疫通风理论体系的具体实践，是对既有通风理论体系的思考和扩展，是本书的核心部分。期望通过本书案例，对机场疫情气载污染物的溯源过程及其他公共建筑的疫情防控、防恐、突发公共卫生事件的通风环境保障设计起到启迪作用。

# 第5章 机场疫情流行病学调查及通风空调系统状况

机场等大型公共建筑的气载致病微生物传播与人员流动、机场的功能区划分、通风空调运行状况乃至机场的气象条件等有直接的关系。为分析并查明机场建筑气载致病微生物传播过程，在机场疫情流行病学调查（流调）中，需要收集包括但不限于感染者的时空运动轨迹、机场的客流运动特点、通风空调气流组织形式及具体运行方式等。同时，室外气象条件也是影响机场建筑中致病微生物传播的重要因素。本章以A机场为例，调研了机场建筑内与某航班确诊感染者有关的其他人员的时空交集、密接状况；梳理了机场建筑内功能分区、暖通空调设计及运行状况、事故发生时段的机场气象条件等基础资料。明确了航站楼、连接楼、机场卫生间内通风系统及核酸采样间等为研究的重点区域，这些通过现场调研获取的第一手资料，为开展CFD模拟及后续模型试验研究提供了边界、初始条件。本章旨在从通风空气动力学的角度，探索新冠病毒潜在的传播空气输运路径。

## 5.1 感染源与被感染者的时空交联

流调是开展风险评估、制定疫情防控政策的基本依据，涉及社会、技术等诸多层面。以A机场疫情流调为例，现场测试所收集的基础资料，包括机场、地勤公司及空调运行等诸方面信息，还包括政府疫情通报、机场疫情指挥部调查报告、地勤公司保障运行报告、旅客的密接排查报告，以及通风空调运行报告等。

以A机场为例，典型的感染者与被感染者的时空交联情况如下：

**1. KP航班运行保障关键节点信息**

（1）12月4日，入境KP航班于15:07落地A机场，20:17所有旅客转运结束，这一过程历时4h 54min；

（2）该航班共计旅客227人、飞行组4人、乘务组8人、随机人员2人；

（3）该航班于15:07落地，15:23飞机开舱，17:25所有旅客下机完毕；

（4）航班落地后，通过登机桥进入国际指廊二层的国际到达区域；

（5）在国际指廊二层国际到达区域内设的核酸采样间进行核酸检测；

（6）检测后前行至国际指廊二层的北连接楼；

（7）在北连接楼扶梯处下至一层等候转运；

（8）经检测，在该航班中存在6名旅客核酸检测阳性，其中两位旅客病毒载量较大，循环阈值（CT 值）分别为 13 和 18；

（9）其中 180 名乘客于 12 月 4 日集中隔离在某酒店；

（10）疾控中心对其中 4 名境外输入病例进行全基因测序，全部为 VOC/Delta-印度变异株（B. 1. 617. 2）。

**2. 旅客 P 一行乘坐航班关键节点信息**

（1）旅客 P 等于 12 月 4 日 16：02 到达 A 机场 T2 航站楼，乘坐 C 航班；

（2）16：06 步行通过 T2-T3 航站楼连廊、北连接楼（途经连廊电梯井）、过街连楼后进入 T3 航站楼；

（3）16：14 与 T3 航站楼 M 门对面服务台内员工交谈，此时与在值机岛 G 的旅客 Q 一行有 10～20m 距离，同一空间内相处数十秒；

（4）旅客 P 等在 T3 航站楼内于 20：16 乘坐扶梯到达一层候机，20：59 登机；

（5）12 月 13 日经检测，旅客 P 等确诊为新冠肺炎阳性病例。国务院联防联控机制通报称，病例基因测序表明为同一境外输入源头的同一传播链。

**3. 旅客 Q 一行关键节点信息**

（1）旅客 Q 及亲属 5 人送孩子出国，乘自驾车到达 A 机场；

（2）旅客 Q 一行 5 人于 12 月 4 日 15：14 由 T3 航站楼 N 门进入；

（3）15：19 到 T3 航站楼出发层 G 值机区询问工作人员，随后准备办理值机；

（4）15：33 于 G70 处办理值机手续；

（5）16：50 于 G68 办理托运；

（6）16：56 旅客 Q 的亲属进入 T3 航站楼出发层 M 门内卫生间；

（7）17：02 由 N 门内扶梯下至一层，随后前往 T3 航站楼停车场；

（8）经 12 月 14 日核酸检测，旅客 Q 等 2 人确诊为阳性；

图 5-1　KP 航班及旅客 P 等、旅客 Q 等行动轨迹及时间节点

（9）经疾控中心全基因组测序发现，与上述 12 月 4 日入境 KP 航班报告的境外输入 6 例新冠病毒感染者高度同源。

综合上述信息后，将旅客 P、旅客 Q 及 KP 航班旅客三组人员的行动路径汇总至图 5-1。

通过对 KP 航班及确诊人员活动区域调查，分析各方证据表明，该 KP 航班乘客下机过程中经过北连接楼（T2-T3 航站楼连接廊）处扶梯从二层下至一层，并在一层等待转运，而旅客 P 等在此时段（12 月 4 日 16∶02～16∶13）于三层经过该扶梯附近区域前往 T3 航站楼，随后在 T3 航站楼出发层与旅客 Q 一行相遇，空间距离 10～20m，如图 5-1 所示。因此，三组人员存在时空交集的可能性。

结合 KP 航班与感染者旅客 P 等及 Q 等密接分析（时空交集），期望通过现场调研测试、模型试验、数值模拟等手段，从通风及空气动力学的角度，探索 A 机场新冠病毒传播的空气输运路径，回应社会关切。更进一步地，从疫情防控的角度，提出机场通风空调设计的改进建议，也为在建的其他机场航站楼，乃至全国机场的防疫设计提供科学理论依据。

## 5.2 机场功能分区及客流流线

A 机场是我国八大区域枢纽机场之一，2019 年的全年起降航班达 34.5 万架次，旅客吞吐量 4722.1 万人次，货邮吞吐量 38.2 万 t，其 T3 航站楼、北连接楼及国际指廊部分的地理方位如图 5-2 所示。

图 5-2　A 机场国际指廊方位

截至 2022 年 7 月，A 机场包括 T1 航站楼、T2 航站楼、T3 航站楼、国际指廊、南一指廊和南二指廊，其布局如图 5-3（a）所示。其中，T2 航站楼和 T3 航站楼由 T2-T3 连廊和北连接楼连通，以供跨航空公司中转旅客从 T2 航站楼至 T3 航站楼进行转机，如图 5-3（b）所示；国际指廊和 T3 航站楼由北连接楼（北连接楼和过街连楼）连通，如图 5-3（b）所示。

A 机场国际指廊由 3 层组成，其中，三层为国际出发层，二层为国际到达层，一层主要包括机房和隔离候车厅（原为国际远机位到达厅，疫情期间将该区域作为国际到达人员等待转运至隔离酒店的等待区域），如图 5-4 所示。疫情期间，国际到达人员由登机口进

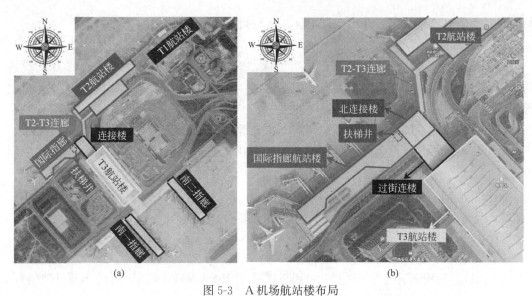

图 5-3　A 机场航站楼布局

（a）T1 航站楼、T2 航站楼、T3 航站楼、国际指廊、南一指廊和南二指廊布局；

（b）T2 航站楼、T3 航站楼与国际指廊的连通

注：该图的彩图见本书附录 D。

入国际指廊到达层（二层），然后通过国际指廊二层的扶梯到达一层的隔离候车厅，随后被转运至隔离酒店。

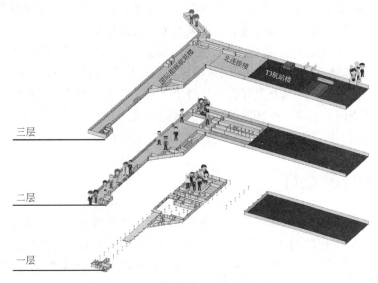

图 5-4　国际指廊、北连接楼和 T3 航站楼各层建筑图

注：该图的彩图见本书附录 D。

## 5.3　机场通风空调设计

本节以大型国际机场 A 机场为例，阐述机场通风空调系统设计特点。A 机场国际指廊航站楼工程为地上 3 层，建筑高度 19m，建筑面积 21000m²，空调覆盖面积 15700m²。

结合设计资料及现场调研，通风空调设计与运行概况如下：

**1. 空调方式**

（1）机场航站楼的国际候机区、值机大厅、国内候机区的空调系统是分区独立设置的，各区域之间空调系统（包括风道）相互独立。对于不同区域，分别由不同的空调机组保障。

（2）疫情防控期间机场航站楼空调系统在全新风工况下运行。

（3）底层远机位出发大厅（隔离候车厅）采用上送式、定风量（CAV）全空气空调方式。

（4）二层到达通廊和联检大厅的空调方式为：

1）内区：上送式、定风量（CAV）全空气空调方式；

2）外区：立式风机盘管（湿式）供冷、供热。

（5）三层候机厅和出发通廊的空调方式为：

1）内区：地板辐射供冷、供热＋置换下送风（溶液热泵新风机组＋全空气循环机组）；

2）外区：立式风机盘管（湿式）供冷、供热。

（6）小隔间办公、业务用房、候机及部分商业用房采用风机盘管＋新风空调方式。

（7）配电室及强、弱电机房采用自带冷源的机房专用空调。

**2. 通风系统**

（1）配电室及无外窗设备用房设置有机械通风系统。

（2）大空间的全空气系统，过渡季采用全新风送风，自然或机械排风的通风方式。

（3）卫生间、吸烟室等均设置独立的排风系统，直接排至室外。

根据本次疫情发生时间，梳理了 A 机场空调运行模式，详见附表 A。12 月 3 日、4 日、5 日国际指廊到达层空调系统在国际旅客到达时处于运行状态，新风系统开启，但回风系统关闭，侧窗自然通风全天开启。笔者团队通过对 A 机场 T3 航站楼、北连接楼及国际指廊的现场调研，查明了机场典型区域、重点区域的通风空调及排风系统的设计和实际运行状况，获取了机场环境和通风空气流动状况的基本数据。

# 5.4　机场气象条件

从空气流动角度分析，机场气象条件会对航站楼内气流流动乃至病毒气溶胶的传播产生直接的影响。A 机场 12 月 1～7 日气象条件，即 12 月 4 日 KP 航班入境前后的风速及风向数据见表 5-1 及附表 B，图 5-5 给出了 12 月 4 日不同时段的风速变化。可以看出，该航班 12 月 4 日入境时，机场建筑风场的变化范围为 0～3.12m/s，当时风向主要为西南风。这些基本信息将作为后续室内外通风研究的基础条件。

A 机场 12 月 1～7 日 16：00～18：00 平均风力风向统计　　　　　　　表 5-1

| 属性＼日期 | 12 月 1 日 | 12 月 2 日 | 12 月 3 日 | 12 月 4 日 | 12 月 5 日 | 12 月 6 日 | 12 月 7 日 |
|---|---|---|---|---|---|---|---|
| 速度(m/s) | 0.9 | 3.0 | 1.9 | 2.7 | 1.5 | 3.4 | 4.9 |
| 风向 | N | SW±15° | WSW±15° | SSW+15° | SE－15° | E | NE |

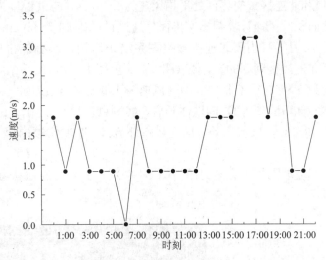

图 5-5　A 机场 12 月 4 日（KP 航班入境）时段风速

## 5.5　机场建筑关键功能区的通风空调系统现场调查测试

笔者团队于 12 月 17 日前往 A 机场进行现场调研测试。会同机场相关人员，对 T3 航站楼、北连接楼及国际指廊进行现场调研测试：

（1）重点调查了 KP 航班人员及确诊人员活动区域；

（2）测试了机场典型区域空气流通状况；

（3）通过测试获得了采样间排风、北连接楼空气流动、T3 航站楼入口等关键部位的流速、流向、温度等关键数据；

（4）以测试当日 T3 航站楼和北连接楼交界处为例，其平均风速可达 2.5m/s，温度为 16.2℃，通风量约为 40 万 $m^3$/h。

流调显示，KP 航班 6 名确诊旅客活动路径为（图 5-3）：下机后由登机桥进入国际指廊二层（国际到达层）→在该层核酸采样间进行核酸检测→步行至北连接楼→北连接楼处扶梯→一层候机大厅集中等候转运。

流调报告和初步分析表明，可能存在病毒污染的区域集中在核酸采样间、北连接楼扶梯区域及一层候机大厅处。

在后续章节中将基于流调和现场测试结果，并结合文献调研，通过模型试验及室内外通风数值模拟分析，提出可能的病毒气溶胶随通风气流传播输运路径。

### 5.5.1　T3 航站楼出发层及北连接楼

机场的关键功能区包括 T3 航站楼出发层及北连接楼。沿着 T3 航站楼入口（N 门）、北连接楼及其他重点关注区域，团队分别进行了风速和相关建筑尺度测量（图 5-6 和图 5-7），测试结果如下：

（1）T3 航站楼出发层面积约为 4 万 $m^2$，总高度为 26.5m（T3 航站楼顶最高处高度为 36.5m）；

113

（2）T3 航站楼和北连接楼交界面处平均风速为 2.5m/s，空气温度为 16.2℃；

（3）通过截面面积及风速计算得出交界面处通风量可达 40 万 m³/h；

（4）测量时及 12 月 4 日当天北连接楼空调系统未启用，所有外窗均开启（图 5-6），且空气流动方向为北连接楼到 T3 航站楼（图 5-6 深色箭头所示）；

（5）室外风向为 ENE（东偏北 22.5°）、风速为 4.9m/s，温度为 2.8℃；

（6）T3 航站楼入口处（N 门）间歇性开启，实测风速为 0.8～1.0m/s，T3 航站楼入口内侧空气温度为 19.1℃，气流运动方向为从室外流入 T3 航站楼内部 [图 5-6（a）箭头所示]；

（7）北连楼内部玻璃隔挡未完全封闭 [图 5-7（c）]，上方为连通状态，存在气流交互运动的可能性。

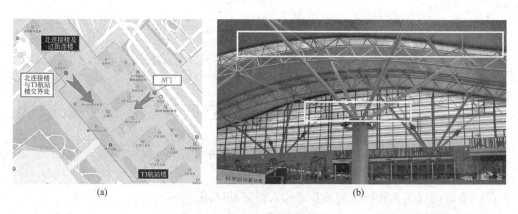

图 5-6　气流方向及窗户状况
（a）气流运动方向；（b）A 机场内部侧窗开启

图 5-7　现场调研 T3 航站楼、北连接楼交界处及玻璃隔断
（a）T3 航站楼处；（b）北连接楼交界处；（c）北连接楼玻璃隔断处

## 5.5.2　国际指廊卫生间排风系统

国际指廊卫生间是机场人员活动的关键功能区之一，作为病毒可能的来源及暴露场所，其通风及下水道情况也不容忽视，笔者团队对国际指廊出发层（三层）若干卫生间进行了现场调研。测试调研发现：

（1）卫生间基本无异味，现场未发现返臭气现象；

（2）各卫生间采用机械排风，额定排风量为 $4600m^3/h$，均为手动开关控制，排风系统将卫生间内空气直接排出室外；

（3）国际指廊到达层（二层）卫生间外窗开启，出发层（三层）卫生间关闭（图5-8）。

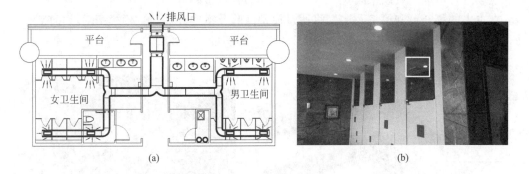

（a）　　　　　　　　　　　　　　　　（b）

图 5-8　国际指廊出发层卫生间排风平面图及实景（线框处为排风口）

（a）国际指廊出发层卫生间排风平面图；（b）国际指廊出发层卫生间实景

## 5.5.3　国际指廊二层大厅及核酸采样间

核酸采样间也是潜在的新冠病毒高风险区域。笔者团队成员按照二级防护要求，考察测试了国际指廊二层国际到达区大厅及核酸采样间。测试调研发现：

（1）A 机场国际指廊二层核酸采样区拥有 16 个核酸采样间（"房中房"），实际启用15 个。国际指廊二层（国际到达层）面积约 $8000m^2$，高度为 5m；国际指廊三层（国际出发层）面积约 $8000m^2$，高度为 5.5m；

（2）大厅区域设置了 88 个散流器顶送风（新风），风口直径为 300mm，如图 5-9所示；

图 5-9　国际指廊二层散流器顶送风

（3）核酸采样间平面位置、排风系统及内景如图 5-10～图 5-12 所示；

（4）位于国际指廊二层的核酸采样间承担了入境航班的旅客核酸采样，12 月 4 日当天 KP 航班 6 名确诊的旅客在 15:36～16:31 时段内在此进行核酸检测；

（5）相邻两核酸采样间共用同一风机排风，额定风量为 320m³/h，管径为 110mm，排风未经消杀，直接排至室外；

（6）含病毒气体不经消杀，直接排室外后，在自然风的作用下，可能会出现"回流倒灌"现象，即排出的含病毒气体返回至室内，造成其他人员感染。

这些过程形成了后续模型试验及模拟仿真的必要基础数据。

在本书的第 6 章和第 7 章中，将通过模型试验及室内外通风数值模拟对该可能性开展深入分析。

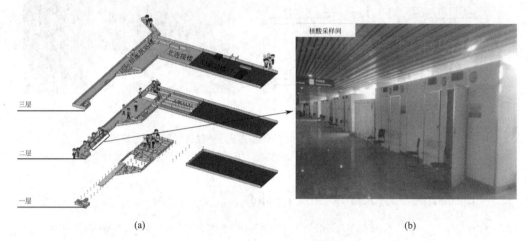

图 5-10　国际指廊二层核酸采样间位置及实景

（a）采样间所在平面位置；（b）采样间实景

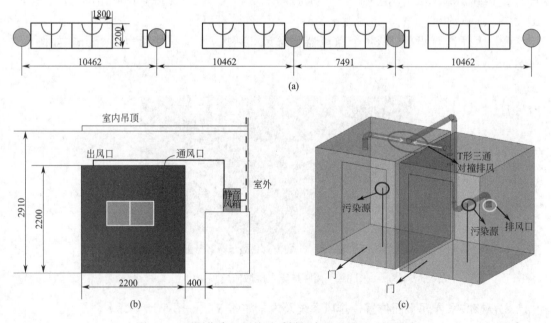

图 5-11　国际指廊二层核酸采样间布局及排风系统设计

（a）16 个核酸采样间平面；（b）单个采样间排风系统；（c）采样间三维构造

(a)

(b)

图 5-12　核酸采样间排风管道及内景
（a）采样间后排风管道；（b）采样间内景

# 第6章　机场建筑空气流动模型试验

本章针对新冠病毒传播的潜在高风险区域，包括国际指廊、北连廊电梯井，建立缩尺模型并进行流场可视化实验，利用乙二醇示踪气体观察了新冠病毒传播路径及分布轨迹；同时通过 $SF_6$ 指代病毒颗粒定量化分析 A 机场北连接楼处易感人群位置处的空气龄和换气率，这些指标反映了通风效果与感染概率的关系。

## 6.1　空气流动模型试验及流型示踪

标志性物理量，如密度、温度、速度、力、动量和能量等之间的关系决定了工程问题中的特定现象及其内在联系。在对每一个现象的分析研究中，首选数学方程计算未知变量，当人们无法用数学方法表述力学现象时，通常依靠实验方法进行研究。从建模分析中排除无关及次要物理参数，并且在选择主导全局的物理参数后，可以探寻这一现象变量之间的数学关系。本节旨在说明缩尺流动模型实验的基本原理、实验方法及手段，为机场气溶胶传播路径阐明提供基础手段。

### 6.1.1　相似理论在大空间建筑通风中的应用

相似理论是阐明自然界和工程中各相似现象、相似原理的理论体系，是研究个性与共性、特殊与一般以及内部矛盾与外部条件之间关系的理论。通常在实验室条件下，往往需要按照缩小比例尺寸构造出缩尺模型，根据相应的比例关系研究原形的一些力学性质。

对于建筑大空间通风气流组织研究，模型试验方法是较为可靠的模拟方法，在等比或缩小比例的模型中，通过测量缩尺模型中的空气参数来模拟和预测室内空气参数，对原型所设想的气流流动状况进行可行性分析和合理性验证，从中发现原设计中的不足和缺陷，从而使通风空调系统设计更加科学合理[1-5]。

**1. 自然通风试验相似理论**

与风压作用的自然通风相比，热压自然通风有其特殊性，下面着重讨论热压作用下的模型试验相似理论。因为室内外温度不一样，存在温度差，所以温度差导致密度差而引起的热压是自然通风的驱动力之一，热压驱动力可表示为：

$$P_t = (\rho_w - \rho_n) \cdot g \cdot \Delta h \tag{6-1}$$

式中　$\rho_w$——室外空气密度，$kg/m^3$；

　　　$\rho_n$——室内空气密度，$kg/m^3$；

　　　$\Delta h$——空气进口与出口高度差，m。

此外，空气流动阻力可表示为：

$$P_{\mathrm{f}}=\left(\sum \xi_i \frac{\rho v_i^2}{2}+\sum \xi_j \frac{\rho v_j^2}{2}\right) \sim\left(\sum \xi_i'+\sum \xi_j'\right) \frac{\rho v^2}{2} \tag{6-2}$$

式中，下标 $i$、$j$ 分别代表门、窗等各种孔洞，这里用特征风速 $v$ 来统一涵盖各孔洞的流动特征。为了简化起见，仍用 $\xi_i$、$\xi_j$ 来表示统一后的阻力系数。由稳态下热压驱动力需等于空气流动阻力（$P_{\mathrm{t}}=P_{\mathrm{f}}$），可得到：

$$(\rho_{\mathrm{w}}-\rho_{\mathrm{n}}) \cdot g \cdot \Delta h=\left(\sum \xi_i+\sum \xi_j\right) \frac{\rho v^2}{2} \tag{6-3}$$

令 $\Delta \rho=\rho_{\mathrm{w}}-\rho_{\mathrm{n}}$，$\sum \xi=\sum \xi_i+\sum \xi_j$，并由状态方程可以得到 $\dfrac{\Delta \rho}{\rho}=\dfrac{\Delta T}{T}$，上式可化简为：

$$\Delta T g \Delta h=\sum \xi \frac{v^2}{2} T \tag{6-4}$$

原型（下标 p）可表示为：

$$\Delta T_{\mathrm{p}} g_{\mathrm{p}} \Delta h_{\mathrm{p}}=\sum \xi_{\mathrm{p}} \frac{v_{\mathrm{p}}^2}{2} T_{\mathrm{p}} \tag{6-5}$$

模型（下标 m）可表示为：

$$\Delta T_{\mathrm{m}} g_{\mathrm{m}} \Delta h_{\mathrm{m}}=\sum \xi_{\mathrm{m}} \frac{v_{\mathrm{m}}^2}{2} T_{\mathrm{m}} \tag{6-6}$$

因此，相似比例尺的关系可分别确定，即 $\Delta h_{\mathrm{m}}=C_l \Delta h_{\mathrm{p}}$、$v_{\mathrm{m}}=C_v v_{\mathrm{p}}$、$\Delta T_{\mathrm{m}}=C_{\Delta \mathrm{T}} \Delta T_{\mathrm{p}}$、$T_{\mathrm{m}}=C_{\mathrm{T}} T_{\mathrm{p}}$、$g_{\mathrm{m}}=C_g g_{\mathrm{p}}$、$\sum \xi_{\mathrm{m}}=C_\xi \sum \xi_{\mathrm{p}}$。考虑到实际的实验条件，一般取温度比例尺 $C_{\mathrm{T}}=1$，温差比例尺 $C_{\Delta \mathrm{T}}=1$、$C_g=1$、$C_\xi=1$。上述结果可进一步简化，即为满足相似关系，需要满足速度比例尺为 $C_v=C_l^{1/2}$，流量比例尺为 $C_{\mathrm{G}}=C_v C_l^2=C_l^{5/2}$。

**2. 机械通风试验相似理论**

当室外温度与室内温度不相等时，室外空气经过进风口进入室内的非等温空气中，由于温度不同导致的密度差的影响，重力与浮升力作用并不平衡，影响气流流动的主导力为惯性力与有效重力（即重力和浮升力之差），采用 $Ar$ 准则数（即密度修正的 $Fr$ 数）来表征非等温气流流动相似[5]：

$$Ar=\frac{gl}{v^2} \frac{\rho-\rho_0}{\rho}=\frac{gl}{v^2} \frac{\Delta T}{T} \tag{6-7}$$

式中　$Ar$——阿基米德准则数；

　　　$g$——当地重力加速度，$\mathrm{m/s}^2$；

　　　$l$——定性尺寸，m，这里 $l$ 取 $\sqrt{F}$；

　　　$F$——进风口 D 风口面积，$\mathrm{m}^2$；

　　　$v$——室内空气流速，$\mathrm{m/s}$；

　　　$\Delta T$——室内外空气温差，K；

　　　$T$——室内空气温度，K。

当室内外存在温差时，相似比例尺关系可确定为：

$$\frac{g_p l_p}{v_p^2}\frac{\Delta T_p}{T_p}=\frac{g_m l_m}{v_m^2}\frac{\Delta T_m}{T_m} \tag{6-8}$$

相应的相似条件需满足 $l_m=C_l l_p$、$v_m=C_v v_p$、$\Delta T_m=C_{\Delta T}\Delta T_p$、$T_m=C_T T_p$、

$g_m=C_g g_p$，代入后可以得到 $\dfrac{C_g C_l C_{\Delta T}}{v^2 C_T}=1$。同样根据常规的实验条件，可取温度比例尺

$C_T=1$、温差比例尺 $C_{\Delta T}=1$、$C_g=1$，代入可得速度比例尺为 $C_v=C_l^{1/2}$，流量比例尺为

$C_G=C_v C_l^2=C_l^{5/2}$，热量比例尺 $C_Q=C_G C_{\Delta T}=C_l^{5/2}$，换气次数比例尺 $C_n=C_G/C_l^3=$

$C_l^{-1/2}$。以示踪气体 $SF_6$ 为例，引入浓度比例尺 $C_\omega=\omega_m/\omega_p$，示踪气体体积流量需满足：

$$q_{m_{SF_6}}=C_{q_{SF_6}}q_{p_{SF_6}} \tag{6-9}$$

$$\omega_m q_m=C_{q_{SF_6}}\omega_p q_p \tag{6-10}$$

综合的相似关系准则为，

$$C_{q_{SF_6}}=\frac{\omega_m}{\omega_p}\frac{q_m}{q_p}=C_\omega C_q=C_\omega C_{\Delta T}^{1/2}C_l^{5/2}C_T^{-1/2} \tag{6-11}$$

## 6.1.2 流线、迹线和脉线

流线、迹线和脉线是流体力学中的基本概念。这些概念在流动显示、流场的几何分析以及流动规律的研究等许多方面有着重要应用。

流线是用来描述流场中各点流动方向的曲线，是某时刻速度场中的一条矢量线，即在线上任一点的切线方向与该点在该时刻的速度矢量方向一致。流线并不属于某一或某些流体质点，它只依赖于指定时刻流体质点的速度方向。根据某一瞬时的流线，不能预测流动的历史或过程。此外，流线还与坐标系有关，如果在一静止坐标系中某曲线是流线，在另一运动坐标系中此曲线一般不再会是流线[6-8]。

迹线是指特定的流体质点在不同时刻经过的路径，取决于流动过程。它说明的只是流体质点的位置随时间而变化。除非以时间 $t$ 作参数用分析形式把迹线表示出来，否则通过迹线无法说明流速方向。

脉线也称烟线，或染色线，在某一段时间内先后流过同一空间点的所有流体微团，在既定瞬时所连成的曲线。它在用实验方法研究运动时具有特别重要的意义，通常在流场中的一个固定点处，用某种不对流动产生明显干扰的装置，连续不断地对流经该点的流体质点染色，在某一时刻 $t$，这些染色点形成的一条纤细色线就是脉线。脉线说明的只是历史上曾经过某指定点的所有流体质点在当前的位置，它既不能说明个别流体质点的运动规律，也不能用以确定流速方向。

在定常流动中，流线、迹线和烟线尽管在概念上有质的区别，但在几何上，它们却是完全重合的。在不定常流动中，流线、迹线和脉线是完全不同的三种几何图像。流线依赖于全部流体质点在指定时刻的流速方向，是为了描述流体问题方便而假想出来的；迹线取决于流动的时间过程，它说明的是流体质点的空间位置随时间变化的情况，是流体质点真实的运动轨迹；脉线说明的是历史上曾经过某指定点的所有流体质点在当前的位置，在实验中可以显现出来[7]。

## 6.1.3　机场建筑缩尺流动模型试验

模型试验是确定复杂建筑通风流动特性的主要途径之一，模型试验和原型观测一样，是验证理论和新的设计计算方法可靠性的基础。大型交通建筑物（如机场、高铁站等）通风流动，因其受力特征、几何形状、边界条件等均较为复杂，特别像对内部极小病毒颗粒的流动输运路径等研究，尽管理论分析、数值模拟方法已有长足发展，但是目前这类复杂问题还不能进行完备地求解分析。模型试验要解决的问题是将作用在原型建筑物上的力学现象缩小到模型上，从模型模拟出与原型相似的流动现象，再通过一定的相似关系推算到建筑物原型流动，则其所得成果就可能较符合实际情况。实验成果可作为分析气溶胶病毒载量、输运路径、驻留时间和感染概率等的依据。

本节将介绍常见的流场测量手段，如速度场测量、温度场测量、浓度场测量等。

**1. 速度场测量**

（1）粒子图像速度场测量（PIV）

流动速度是描述流动现象的主要物理量，它是涉及许多科学技术领域的一个参量。粒子图像测速技术是近年来迅速发展起来的瞬态流场测试技术，模型试验采用 PIV 技术对室内空气流动进行预测是目前比较可靠的方法[9]。

PIV 的基本原理是：在要测量的流场中加入适当的示踪粒子（<20μm），用高强度的脉冲片光源照亮要测量流场的平面，在 $t_1$ 时刻拍下该粒子的图像，在 $t_2$ 时刻用片光源照亮流场，在同一底片上二次成像拍下该时刻的粒子图像，分析该图片，确定两个时刻的粒子图像距离 $\Delta x$、$\Delta y$，两个时刻 $t_1$ 和 $t_2$ 的间隔由脉冲片光源的脉冲间隔确定，通常是已知的，这样就可以得出二维速度：

$$u = \lim_{t_2 \to t_1} \frac{x_2 - x_1}{t_2 - t_1} = \lim_{t_2 \to t_1} \frac{\Delta x}{\Delta t} \tag{6-12}$$

$$\nu = \lim_{t_2 \to t_1} \frac{y_2 - y}{t_2 - t_1} = \lim_{t_2 \to t_1} \frac{\Delta y}{\Delta t} \tag{6-13}$$

PIV 测试系统通常可分为三部分：反映流场流动的示踪粒子、PIV 成像系统以及图像处理系统。作为一种非接触测量技术，PIV 具有如下特点：1）PIV 能对多种瞬态流场进行测试；2）PIV 能测量流动的空间结构；3）PIV 能对某些稳定流场进行测试；4）全场测量，可以全面反映流场结构的变化，如迁移漩涡；5）无接触测量，对流场没有干扰；6）测量原理简单，无需关系量标定过程；7）实验过程相对简单，仪器操作方便[9-12]。

（2）烟雾示踪可视化

建筑空间气流运动是一个相当复杂的过程。气流流型可视化有助于深刻了解气流运动机制，有效优化气流组织。流型示踪可以由诸多方法，通过示踪气体显示（目测、探测及拍摄）送风气流的运动趋势及状态，是流型可视化常用的一种示踪方式。

在可视化试验中，对示踪微粒做出以下假设：

1）气流中的粒子浓度较低，不会干扰流场；

2）粒子为球形，直径较小，其流动处于低雷诺数区，且粒子间无相互作用力，重力和浮升力略而不计；

3）示踪微粒与气流完全均匀混合；

4）示踪微粒与气流温度相同（根据经验，烟气发生器可连接 2～5m 软管，以降低发烟温度，保证示踪粒子温度与气流相同）。

采用乙二醇进行流场示踪是一种常用的可视化方法，其光反射性能好、粒子跟随性好（直径小于 1μm），且易于 CCD 高速数码摄像机对试验过程进行拍摄[13]。本章第 6.2.2 节中采用乙二醇为示踪气体，模拟不同室外风速下气流的流动状况。

**2. 温度场测量**

温度是表征物体或系统冷热程度的物理量。温度的单位是国际单位制中七个基本单位之一。从能量角度来看，温度是描述系统不同自由度间能量分配状况的物理量；从热平衡观点来看，温度是描述热平衡系统冷热程度的物理量；从分子物理学角度来看，温度反映了系统内部分子无规则运动的剧烈程度。

温度检测方法一般可以分为两大类，即接触测量法和非接触测量法。接触测量法是测温敏感元件直接与被测介质接触，使被测介质与测温敏感元件进行充分热交换，使两者具有同一温度，达到测量的目的。非接触测量法是利用物质的热辐射原理，测温敏感元件与被测介质不接触，通过辐射和对流实现热交换，达到测量的目的[14]。

**3. 浓度场测量及空气龄确定**

呼吸道气溶胶感染的主要特点是暴发性强，防治困难。国家卫生健康委员会在《新型冠状病毒肺炎诊疗方案（试行第七版）》中曾指出：经呼吸道飞沫和密切接触传播是新型冠状病毒肺炎的主要传播路径，在相对封闭的环境中长时间暴露于高浓度气溶胶情况下存在经气溶胶传播的可能[15]。因此，空气动力学直径不大于 5μm 的细气溶胶通过空气传播已被确立为 SARS-CoV-2 的主要传播途径。患者的呼吸、打喷嚏、咳嗽等行为都易使含有病毒的气溶胶粒子污染室内空气，增加与患者同房间的健康人的感染风险。当然，气溶胶传播与微生物气溶胶本身的稳定性浓度以及外界的影响因素如风速、风向、气流、温湿度等气象条件有关，多因素共同作用才会造成感染[16]。示踪气体是研究建筑环境中空气传播的呼出液滴核的合适替代物[17]，而且气体示踪技术是测试污染物通风控制的常用方法。对于缩尺流动模型试验来说，在机场、高铁站等交通建筑内，以示踪气体代替新冠病毒并监测示踪气体浓度，确定风险区域及感染概率是必要的。本节将对浓度场测量手段及数据处理进行介绍。

示踪气体是随气体流动，用于指示气体的存在、流动方向和流动速度的气体。常见的示踪气体为 $SF_6$、$CO_2$ 等具备良好被动特性的气体，具有较好的气流跟随性[18-21]。常用的气体检测方法包括电化学法、电击穿检测法、气体吸附检测法、电子捕获法、气相色谱法、激光红外成像法以及红外光谱吸收法。其中，红外光谱吸收法是利用气体选择性吸收特定波长红外光的特性发展而来的一种气体检测方法，其具有抗干扰能力强、灵敏度高、响应速度快体积小、寿命长等优点，INNOVA 就是根据红外光声谱原理研发出来的气体定量检测设备之一。

通常可以试验测试示踪气体的浓度变化来表示建筑内某点的空气龄。常用的示踪气体释放方法有三种，即脉冲法、上升法、下降法[22,23]，三种方法的特点及相应的空气龄计算公式如下：

（1）脉冲法：在释放点释放少量的示踪气体，记录测量点处示踪气体浓度随时间的变化过程。

$$t_{\mathrm{p}} = \frac{\int_0^\infty t C_{\mathrm{p}}(t)\,\mathrm{d}t}{\int_0^\infty C_{\mathrm{p}}(t)\,\mathrm{d}t} \tag{6-14}$$

（2）上升法：在释放点连续释放固定强度源的示踪气体，记录测量点处示踪气体浓度随时间的变化过程。

$$t_{\mathrm{p}} = \int_0^\infty \left[ 1 - \frac{C_{\mathrm{p}}(t)}{C_{\mathrm{p}}(\infty)} \right]\mathrm{d}t \tag{6-15}$$

（3）下降法（或衰减法）：房间中示踪气体的浓度达到平衡状态后，停止释放示踪气体，记录测量点处示踪气体浓度随时间的变化过程。

$$t_{\mathrm{p}} = \frac{\int_0^\infty C_{\mathrm{p}}(t)\,\mathrm{d}t}{C_{\mathrm{p}}(0)} \tag{6-16}$$

式中　$C_{\mathrm{p}}(t)$——测点处 $t$ 时刻示踪气体浓度；

　　　$C_{\mathrm{p}}(\infty)$——建筑出风口处示踪气体浓度。

在传统的通风设计参数中，如浓度等，难以反映建筑的通风换气效果，而空气龄则能够衡量建筑环境空气的清洁程度，新风从送风口进入建筑内部，伴随着流动过程不断掺混卷吸污染物，空气的新鲜度和清洁度便会逐渐降低。空气龄越小，意味着抵达该处的空气可能卷吸掺混的污染物越少，即排除污染物的能力越强，因此能够用来反映与人的健康息息相关的建筑环境空气的新鲜度。所以用空气龄来评价建筑环境空气质量控制效果是比较合理的。

在缩尺流动模型中，通过对各物理参数（如速度场、温度场及浓度场）的测量，阐明机场内气溶胶传播的机理及输运路径，通过感染概率、空气龄以及换气率等指标确定易感区域，为后期提出适用于机场防疫的空调运行策略奠定基础。

**4. 空气流动的荧光微球法模拟示踪**

荧光微球在核酸检测方面发挥重要作用[24]。可以通过荧光微球空气流动可视化技术，跟踪气溶胶的传播路径。中国疾病预防控制中心利用荧光微球法研究了机场区域内的病毒气溶胶传播路径和影响因素。以深圳宝安国际机场为例，在距候机厅等候区 25m 流行病学区域及卫生间，设置多个测点，选择粒径范围在 100～500nm 的聚苯乙烯荧光微球作为示踪物[25]，监测不同粒径颗粒随时间的变化，获得空气中不同粒径气溶胶粒子的浓度变化轨迹，以确定气溶胶的传播路径。

图 6-1 给出了深圳宝安国际机场流行病学调查区的现场气溶胶模拟实验结果，使用自然沉降法采集空气样本荧光微球（黄色和绿色）。空调机组设有多个送风口、回风口。模拟患者呼吸的时间为 2h，使用棉签收集测点的沉积物样本，在实验室采用荧光显微镜观察荧光颗粒，监测气溶胶粒子浓度。发现荧光微球雾化 20min 后，流行病学调查区荧光微球气溶胶粒子浓度显著增加。

模拟及监测结果表明，在患者呼吸、咳嗽或打喷嚏后，荧光微球可以在空气中长时间持续存在，其粒径分布主要在 0.3～0.5μm 之间。受气流运动影响，它们可以在 20～40min 内扩散到其他区域。当气流运动较弱时，荧光微球不易扩散，气流主要在下部空间内循环，上部区域的颗粒物浓度缓慢上升。风速越大，颗粒浓度变化就越迅速、显著，传播越快。当风口关闭时，人体运动也会影响气流，将荧光微球传播到其他地方（但在无人

图 6-1　深圳宝安机场流行病学调查区的现场荧光微球气溶胶模拟实验[26]

注：1. 图中 A、B、C、D 表示不同的测点位置，距气溶胶释放源由近及远。

2. 该图的彩图见本书附录 D。

员区域没有检测到荧光微球）。此外，病毒气溶胶传播主要受送风和回风气流以及人员运动的影响。在另外的一项研究中也证实了人群活动可以影响携带细菌颗粒的扩散[27]。

## 6.2　缩尺模型试验

### 6.2.1　缩尺比例及模型设计制作

几十年来，笔者团队对国内外地下水电站等高大建筑空间通风气流组织模型试验积累了较多经验[28,29]。通常，模型试验需结合具体的试验条件开展，首先确定出适当的几何比例尺，其他相似比例尺的确定则要受制于既定的相似原理。高大建筑空间模型试验可分为冷态试验和热态试验：冷态试验过程中，模型内不设置热源，通常选取雷诺数 $Re$ 作为模型律；在热态试验中，模型内设置热源，送风气流属于非等温射流，故采用弗劳德数 $Fr$ 的变形——阿基米德数 $Ar$ 作为支配的模型律。

流动模型试验的基本理论依据是相似三定律，根据试验获得量纲准则形式的关联式。模型试验及其装置设计的理论依据——相似性原理要求模型流动与原型流动的力学相似，包括几何相似、运动相似及动力相似。其中，运动相似是模型试验的目的，几何相似是动力相似的前提条件，动力相似是运动相似的保证。

几何相似比例尺一经确定，其他相似比例尺也就随之确定，但几何相似比例尺的确定还受到雷诺数的制约。按照几何相似比例尺设计制作模型本体，确保模型的净空间尺寸与原型相似。综合考量测试仪表精度、模型经济性等，高大建筑模型试验几何相似比例尺一般可以取 1∶50～1∶10。考虑实验室的面积、现实性、经济性和可行性，笔者团队对 A 机场设计了 1∶15 缩尺模型，如图 6-2 所示。通过 1∶15 缩尺模型可视化试验，可直观表达出气态污染物流动过程的可能路径。为模拟事发实际情况，参照当日西南风的风向风速为边界条件进行实验，对机场通风流动情况进行定性和定量化深入研究。

模型几何比例尺 $C_l$＝1∶15，温度比例尺具体数值根据试验现场进行测定。根据前文有关相似理论确定试验模型速度相似比例尺、流量比例尺及热量相似比例尺等。如图 6-3、图 6-4 所示，缩尺模型采用有机玻璃进行制作，可直观地观察内部结构的同时，在进行气流运动可视化实验时还可清晰观察到模型内部示踪气体流动情况，便于进一步分析。

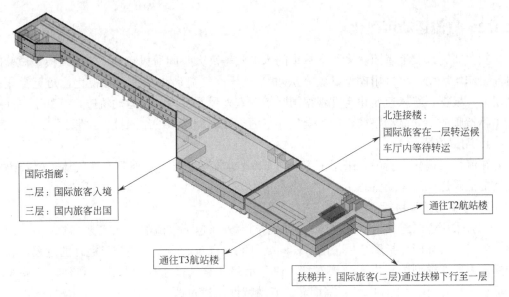

国际指廊：
二层：国际旅客入境
三层：国内旅客出国

通往T3航站楼

北连接楼：
国际旅客在一层转运候车厅内等待转运

通往T2航站楼

扶梯井：国际旅客(二层)通过扶梯下行至一层

图 6-2　国际指廊及北连接楼模型

注：该图的彩图见本书附录 D。

图 6-3　国际指廊 1∶15 缩尺模型

图 6-4　北连接楼 1∶15 缩尺模型

### 6.2.2 气流运动可视化

相关研究以及笔者团队多年来从事的水电站等高大空间通风空调气流组织模型试验的研究工作均表明，可采用模型试验方法对 A 机场空气流动路径进行可视化，乃至量化测试研究。根据自然风速变化定性观察国际指廊室外风及室内空气运动轨迹，有助于定性把握国际指廊的空气流动路径，并为全尺寸室内空气流动模拟的结果提供比照。

**1. 测试仪器**

在流场可视化实验中，采用了 Rosco 1700 烟雾发生器产生烟雾示踪气体，由数码相机捕捉记录送风的运动流态。

**2. 可视化试验目标**

试验采用乙二醇作为示踪气体，模拟不同室外风速下气流的流动状况。

为定性表征国际指廊二层核酸采样间处可能含有新冠病毒空气排至室外的过程，利用烟雾发生器在模型国际指廊二层发烟，白色示踪烟雾从模型窗口排出，观察在室外风场（风速、风向）作用下，白色示踪烟雾的流动特性。通过改变室外风速大小及方向，观察在室外风的作用下，核酸采样间排出示踪气体的流动状况。需要指出的是，由于 1∶15 的机场试验模型的尺度远超过普通的风洞几何条件，因此此处营造的室外风场仅满足风向和局部风速的要求。

为模拟电梯井的空气流动，搭建 1∶15 北连接楼缩尺模型。在实际工程中，气流可通过航站楼吊顶上部流通，或通过物理隔断上部设置的穿孔板流通。如图 6-5 所示，该扶梯由一层贯通至三层，三层顶部为吊顶设计，吊顶内可流通空气，吊顶为穿孔板结构，空气可以通过吊顶扩散至北连接楼（T2-T3 航站楼连廊）处。利用烟雾发生器在北连接楼处扶梯模型一层发烟，观察烟气从吊顶（孔板结构）自然排出、烟气溢至三层北连接楼时的运动过程。

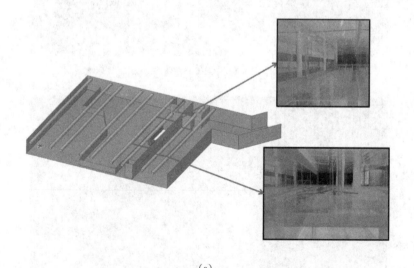

(a)

图 6-5 北连接楼（T2-T3 航站楼连廊）电梯井可视化试验装置（一）

(a) 三层电梯井及其附近结构

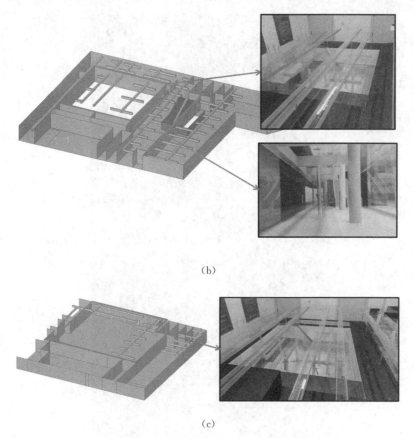

(b)

(c)

图 6-5　北连接楼（T2-T3 航站楼连廊）电梯井可视化试验装置（二）
（b）二层中庭及扶梯井附近结构；（c）一层转运候车厅内部结构

## 6.3　流动试验测量及参数分析

**1. 速度场**

通过建立 1：15 的缩尺试验模型，基于模型流场形态的可视化实验和速度场的三维测试数据，分析新冠病毒传播空气输运可能发生的路径。结合当天空调运行方式对试验工况进行合理设计。当天空调运行工况为北连接楼一层、二层全部开启，国内旅客可通过位于三层处的 T2-T3 人员通廊进行中转，实际风量由 A 机场提供。如图 6-6 所示，送风采用可调风量离心式风机，风机与送风风管之间装设静压装置，为保证风量的准确性，利用风速测量仪在风管入口处进行风速测量。测点主要布置于 T2-T3 连廊人员行至扶梯隔墙处，送风气流通过扶梯井受热浮升力的影响向上流动，通过吊顶可以到达 T2-T3 通廊处，因此连廊近扶梯处为潜在感染区域，在此处布置测点；同时对通往 T3 的三层出口和通往 T2 的出口处进行风速测量，校对风量的同时，阐明不同工况下气流流动方向。

速度场三维测试选用 SWA03/31 风速探头配合 Swema 多点测试采集系统（最多可控制 16 个测点同时测量），实现速度场的多点实时无扰动监测，如图 6-7 所示。对于每个测点的速度测试，采样频率设置为 2Hz，采样周期设置为 180s，以消除湍流射流脉动性对

图 6-6　模型试验送风系统布置

测试结果准确性的影响。同时，采用 TSI-8386A 热式风速仪，其测量准确度高、使用方便、灵敏度高、测量范围广，可测量的风速为 0.05～30m/s，低风速时分辨率可以达到 0.01m/s 精度，如表 6-1 所示。

风速测量仪器参数　　　　　　　　　　　　　表 6-1

| 测量仪器 | 测量范围(m/s) | 测量精度(m/s) |
| --- | --- | --- |
| 微风速探头 SWA03 | 速度：0.05～3.0 | 速度：±0.03 |
| 风速探头 SWA31 | 速度：0.1～30 | 速度：±0.04 |
| TSI8386A | 速度：0.05～30 | 速度：0.01 |

### 2. 流动可视化

采用乙二醇作为示踪气体，模拟当天实际运行工况下气流流动情况。采用了 Rosco1700 烟雾发生器，发出烟雾示踪气体，由数码相机捕捉记录送风的运动流态。

为定性表征转运候车厅可能含有新冠病毒的空气传播至三层通廊的过程，利用烟雾发生器在模型转运候车厅处发烟，观察在机械通风的作用下，白色示踪烟雾从吊顶（孔板结构）自然排出、烟气溢至三层北连接楼时的运动过程。

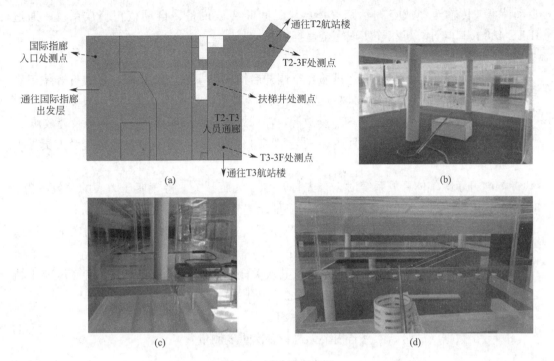

图 6-7　试验测点布置

（a）测点布置示意；（b）T2 入口处测点；（c）T3 出口人员测点；（d）人员处测点

### 3. 示踪气体定量化

（1）试验设备

1）INNOVA-1412 红外光声谱气体监测仪

INNOVA-1412 红外光声谱气体监测仪是一部准确、可靠和稳定的气体测量系统。它是根据红外光声谱（PAS）原理而研发出来的气体定量检测方法，能测量几乎所有吸收红外线的气体。通过选择不同的滤光镜对气体进行测量。INNOVA-1412 红外光声谱气体监测仪的滤器圆盘上最多可安装 5 个滤光镜（外加水气滤光片），因此它可选择性地测量最多五种气体和水汽的浓度。

INNOVA-1412 红外光声谱气体监测仪的探测范围视测试的气体而定，精确度可达十亿分率（ppb）。并且能够补偿量度时不稳定的气温、水气和其他气体的干扰，以确保准确可靠的测量结果。示踪气体采用计算机多点采样，可计算每个采样位置的空气交换率或通风效率。

2）INNOVA-1303 多点采样及释放仪

INNOVA-1303 多点采样及释放仪可以进行综合气体交换分析和通风效率测试，示踪气体经由管道进行传输，可标志最多 6 个不同位置，每个位置距离 50m 以内的空气。可自动计算所传输的示踪气体的量。随后，INNOVA-1303 的采样系统对被标志的空气进行重新采样，再传输至 INNOVA-1412 进行分析。

INNOVA-1303 多点采样及释放仪的用途是：可在 6 个位置进行气采样，并将样本传输至 INNOVA-1412 红外光声谱气体监测仪；释放示踪气体至 6 个位置，通过 INNOVA-1412 红外光声谱气体监测仪进行空气交换分析。INNOVA-1303 多点采样及释放仪可以自动计算被传输至释放点的示踪气体的量、间断释放设备、自动校正释放系统、通过 IEEE 488 接口与计算机相连实现完全远程控制。

（2）试验主要步骤

1）以运行工况进行示踪气体试验，空调开启情况与事发当天相同，依次打开位于一层、二层的风机，调节风量使得风量达到要求的风量值。

2）转运候机厅一层处布置 $SF_6$ 释放源，浮球式流量调节阀连接 $SF_6$ 钢瓶及释放源。

3）布置测点位于转运候车厅内、三层 T2-T3 通廊两处，分别测量近地处及人员呼吸高度 $SF_6$ 浓度。

4）打开示踪气体释放系统时，首先打开 $SF_6$ 气瓶开关，待气瓶压力表的读数不为 0 时，慢慢旋转流量调节开关，利用浮球式流量计调节 $SF_6$ 散发量为 1500mL/min。

5）$SF_6$ 释放时间设定为 5min，之后测量系统连续监测各测点的污染物浓度，持续 20min 至实验结束。

6）试验结束后，首先停止测量系统，其次关闭示踪气体气瓶的开关，待经过减压阀之后示踪气体的压力为 0 时，关闭减压阀之后的开关。

7）关闭送风机，开启室内排风机排除 $SF_6$。

8）导出数据，试验结束（若需要，进行多次重复测量）。

# 6.4 缩尺模型通风试验结果

## 6.4.1 速度场

### 1. 风机风量校核

在静压装置侧部伸入风速测量仪探头测量各风管风量是否符合要求，通过调试测量后风量值如表 6-2 所示，总风量为 $87.55 \pm 7.54 m^3/h$，与缩尺模型设计值误差处于可接受范围内。

### 2. 测点处风速测量结果分析

以事发当天运行日志即工况 1 为例，三层空调系统并未开启，一、二层空调开启时室内将有效地形成正压，一、二层室外连通门关闭时，除缝隙漏风外，室内仅存在扶梯井这一通路，送风气流可通过扶梯井上至二层与三层，三层空调未开启时，存在明显压差，有利于气流流入三层吊顶。表 6-3 为各测点风速测量值，测点如图 6-7（a）所示。在人员处测得风速为 0.025m/s，通往 T3 航站楼出口处最大风速可达到 0.181m/s，根据缩尺模型缩比尺还原，最大风速可达到 0.7m/s。

### 3. 北连接楼 1∶15 缩尺模型机械通风作用下换气次数

事发当天，北连接楼处只开启一层及二层空调系统，三层并未开启空调系统。北连接楼 1∶15 比例模型体积为 $14.82m^3$，空调系统总风量为 $87.55m^3/h$。结果表明在机械通风作用下，事发当天北连接楼换气次数为 $5.91h^{-1}$。根据《实用供热空调设计手册（第二版）》可知，对于舒适性空气调节而言，空调区的换气次数不宜小于 $5h^{-1}$。综上，在事发地点北连接楼机械通风作用下，换气次数符合设计规定。

送风参数一览表　　　　　　　　　　　　　　　　　表 6-2

| 测点位置 | 风速<br>（m/s） | 送风量<br>（m³/h） | 送风面积<br>（m²） | 设计风量<br>（m³/h） |
|---|---|---|---|---|
| 1F-A1 | 1.86±0.06 | 7.15±0.23 | 0.0012 | 8.13 |
| 1F-A2 | 2.18±0.05 | 8.38±0.19 | 0.0012 | 9.48 |
| 1F-B | 2.82±0.26 | 10.84±1.00 | 0.001068 | 10.83 |
| 2F-A1 | 2.20±0.23 | 8.46±0.88 | 0.001068 | 8.52 |
| 2F-A2 | 1.02±0.18 | 3.92±0.69 | 0.001068 | 3.87 |
| 2F-A3 | 1.48±0.11 | 5.69±0.42 | 0.001068 | 5.42 |
| 2F-A4 | 2.53±0.29 | 9.73±1.11 | 0.001068 | 9.30 |
| 2F-A5 | 3.63±0.70 | 13.96±2.69 | 0.001068 | 14.72 |
| 2F-B | 5.05±0.08 | 19.42±0.31 | 0.001068 | 20.14 |

风速测量试验　　　　　　　　　　　　　　　　　表 6-3

| 测点位置 | 风速(m/s) | 原风速(m/s) | 最大风速(m/s) | 原最大风速(m/s) |
|---|---|---|---|---|
| T3 航站楼三层 | 0.015±0.021 | 0.058±0.081 | 0.181 | 0.700 |
| T2 航站楼三层 | 0.022±0.010 | 0.085±0.039 | 0.070 | 0.271 |
| 扶梯井处 | 0.025±0.008 | 0.097±0.031 | 0.078 | 0.302 |

## 6.4.2　流动路径可视化

### 1. 核酸采样间

核酸采样间布置于 A 机场国际指廊二层内，用于入境旅客下机后进行核酸检测活动，而出境旅客在其上方三层进行登机。为了查明病毒气溶胶在室外风场的作用下"倒灌"至国际指廊内部的可能性以及检验核酸采样间通风系统对病毒气溶胶排出的效果，在实验室不同的外风场条件下，进行了空气流动可视化模型试验，观察烟雾示踪的流动过程。发烟烟雾采用乙二醇作为示踪剂，烟雾发生器布置于国际指廊到达层（二层）进站处，如图 6-8 所示，烟雾示踪的空气流动过程通过录像及现场拍摄，图 6-8、图 6-9 给出了部分典型流场的示踪照片。烟雾指代病毒气溶胶，在自然通风及核酸采样间排风的共同作用下，通过二层窗户排至室外，在外风场的作用下烟雾从斜下方缓缓上升，观察到逐渐有部分烟雾重新返入本层及三层，呈现了二层采样间排风"倒灌"回流至本层及三层现象。图 6-9 为模型三层室内拍摄的空气流动过程，可以清楚地看出烟雾回流至三层。这一现象表明，病毒气溶胶在室外风场的作用下，存在重新进入室内感染人群的风险。同时，核酸采样间如不增加消杀系统，感染风险将进一步提高。大量研究表明，污染物的扩散路线受室外风向的影响较大[30-32]。在单面自然通风中，无论吹风角度如何，在垂直和水平方向都可能发生扩散行为。然而，局部气流和污染物扩散特性高度依赖于局部建筑特征。风驱动下污染物更容易向背风侧扩散，背风侧污染水平明显高于迎风侧[33,34]。针对浮力效应对污染物在室内外的传播特性的影响的研究较少，然而浮力效应也是垂直楼层间污染物传播的主要因素。病毒气溶胶可以随着浮力效应的羽流作用，边稀释边进行传播[35]。无风时，下层排风被重新带入上层房间，同一竖向单元，下层房间的室内污染物浓度要高于上层。同时，低风速迫使污染物进入上室，高风速可抑制扩散[36]。

(a)

(b)

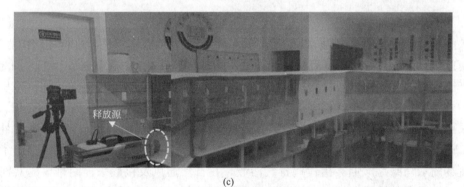

(c)

图 6-8　环境风速流场可视化

（a）示踪烟雾"倒灌"二层；（b）示踪烟雾由三层开启的窗户返至出发层，
"Π"建筑造型"兜风"效应；（c）示踪烟雾升至楼顶随风消弭

## 2. 电梯井

为模拟气流由国际旅客等待转运所在的候车厅通过电梯井，到达 T2-T3 航站楼连廊三层溢出的过程，试验在电梯井一层处释放乙二醇示踪气体，模拟某 KP 航班旅客在一层候车厅等待转运时可能散发病毒气溶胶运动的情况。在电梯井热压效应等作用下（电梯井实际高度为 15.5m），气流向上流动，到达三层由吊顶溢至 T2-T3 航站楼连廊。

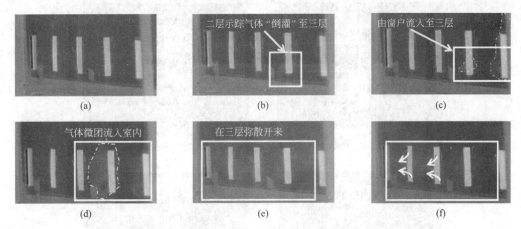

图 6-9　三层空气返入窗内过程（时间间隔 5s）

　　这一试验清楚地表明，虽然二层国际到达旅客与三层国内出发旅客并不位于同一楼层，但存在电梯井内空气在浮升效应作用下将一层的病毒气溶胶传播至三层的现象。

　　如图 6-10～图 6-12 所示，气流流动可视化实验还可以看出，白色示踪烟气透过吊顶穿孔板溢出后，向前缓慢流动并部分扩散至人员呼吸区高度，这意味着途经此处的旅客同样存在感染新冠病毒的风险。在本书第 8 章将通过 CFD 仿真模拟进一步计算空气稀释倍率及传染风险概率。

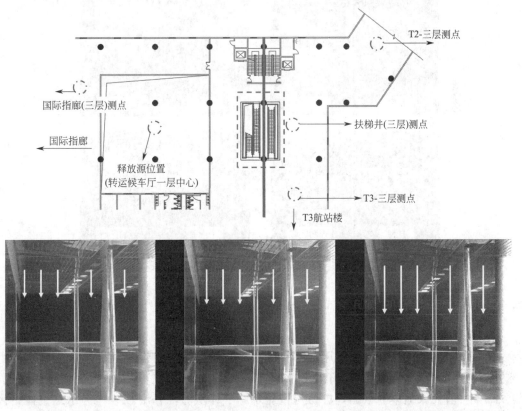

图 6-10　电梯井及北连接楼连廊处气流运动可视化（气流由吊顶溢出过程，时间间隔 10s）

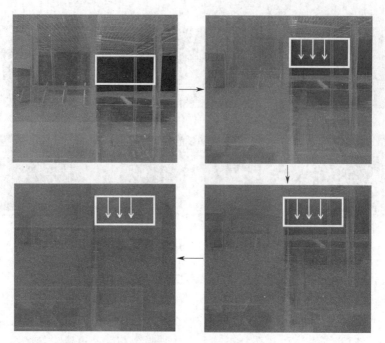

图 6-11　气流由吊顶溢出至国内旅客途经的北连接楼、
T2-T3 连廊处（气流通过吊顶流至 T2-T3 连廊过程，时间间隔 10s）

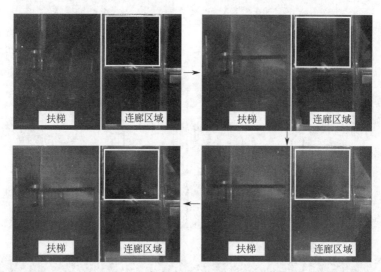

图 6-12　北连接楼连廊处气流运动激光可视化（气流由顶部穿孔板溢出过程，拍摄间隔 10s）

## 6.4.3　示踪气体定量化测试

### 1. 空气龄

空气龄及房间的换气次数常用示踪气体法进行测量、定量获得。图 6-13 表明可利用该方法得到示踪气体测试浓度随时间变化的情况[37]。为进一步判断室内气流组织情况，以及后期计算感染概率等数据，进行定量化示踪气体实验，利用 $SF_6$ 作为示踪气体指代病毒，于转运候车厅内进行释放，释放速率为 1.5L/min，转运候车厅内本底浓度为

0.15ppm，T2-T3 通廊本底浓度为 0.05ppm。设定释放时间为 5min，随后关闭释放系统，测量系统正常运行，再对测点处污染物浓度监测 20min。

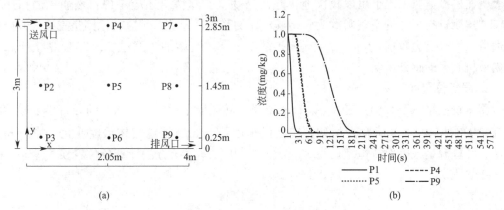

图 6-13　示踪气体测试浓度随时间变化的情况[37]

(a) 室内测点布置；(b) 测点处浓度随时间的变化

在转运候车厅内释放 SF$_6$ 约 5min，释放源处 SF$_6$ 浓度保持稳定，约 830ppm，T3 出口处及 T2-T3 人员通廊处，SF$_6$ 浓度随着时间的增加逐渐上升，5min 后达到最大浓度。试验表明了 SF$_6$ 会随送风气流流动至两处，扶梯井附近人员处测点浓度最大值可达到约 220ppm，T3 出口最大值约 230ppm。释放 5min 后关闭释放源，污染物浓度随时间逐渐降低，排至外部。

在建筑内部送入示踪气体，0～300s 内浓度保持稳定，约为 830ppm，接着从出风口开始释放一定的示踪气体，并保持其浓度恒定，随后记录并保存测点处示踪气体浓度变化的数据。当释放过程持续相当一段时间后，理论上可以认为测点处示踪气体浓度等于恒定的出风浓度。

释放源释放 5min 内，转运候车厅内浓度保持稳定，随后关闭释放源。各测点的空气龄如图 6-14 所示，在机械通风的作用下，转运候车厅内空气龄为 231.87s；T2-T3 连廊近

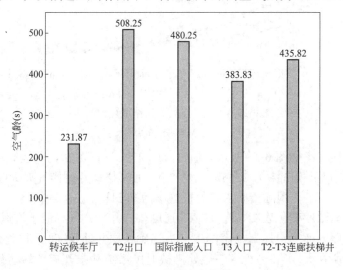

图 6-14　各测点空气龄

扶梯井处空气龄为 435.82s，T3 航站楼入口处空气龄为 383.83s，T2 出口处空气龄为 508.25s，国际指廊入口处空气龄为 480.25s。由此可以看出，转运候车厅处空气龄较小，这表明在机械通风工况下可以较快地排除污染物（实际情况还应考虑自然通风的作用）；T2-T3 连廊近扶梯井处空气龄约为转运候车厅的 2 倍，导致该现象的原因是三层未开启机械通风，换气能力较弱，一、二层气流扩散至三层，这增加了经过 T2-T3 航站楼连廊中国内换机旅客的感染风险。

**2. 局部位置换气率**

测量过程将 $SF_6$ 以恒定速率 1.5L/min 送入转运候车厅内，送入时间为 300s，随后测量 T3 出口处、T2-T3 通廊人员处、转运候车厅处 20min 示踪气体浓度变化。如图 6-15 所示，释放源处浓度保持恒定，为 830ppm。采用气体衰减方法计算各位置换气速率，如式（6-17）所示[38]。

$$ACR = \frac{\ln \dfrac{C_0 - C_{bg}}{C_f - C_{bg}}}{\Delta t}(h^{-1}) \tag{6-17}$$

式中　$C_0$——起始时刻示踪气体浓度，ppm；

　　　$C_{bg}$——背景浓度，ppm；

　　　$C_f$——末端时刻示踪气体浓度，ppm；

　　　$\Delta t$——气体下降时间，s。

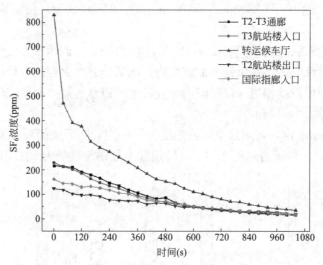

图 6-15　不同测点处 $SF_6$ 浓度变化曲线

注：测点见图 6-10。

各测点局部换气率如图 6-16 所示，通过式（6-17）计算可知，转运候车厅处换气率为 10.73h$^{-1}$，T3 入口处换气率为 8.96h$^{-1}$，T2-T3 通廊扶梯井处换气率为 8.64h$^{-1}$，T2 出口处换气率为 6.12h$^{-1}$，国际指廊入口处换气率为 7.11h$^{-1}$。

观察示踪气体浓度变化表明，在 T2-T3 通廊扶梯井处换气率低于转运候车厅及 T3 出口处；转运候车厅内换气率最高，而在 T2-T3 通廊扶梯井处及 T3 入口处换气率低于转运候车厅（感染者所在大厅），考虑到三层处机械通风系统并未开启，转运候车厅内冬季门窗关闭，只有卫生间排风系统及扶梯井两个"出口"，受到风压作用，送风气流由扶梯井流动至二、三层，这给病毒的传播提供了可流动路径。

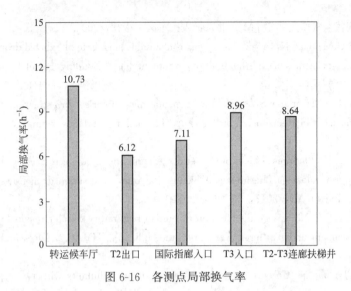

图 6-16 各测点局部换气率

通过 $SF_6$ 示踪气体试验，采用空气龄、换气率等指标定量分析了北连接楼内部事发当天被感染者所处位置的感染风险，可以与随后 3 章开展的 CFD 模拟相互对比，从通风空气流动的角度分析疫情经空气传播的可能性。

# 本章参考文献

［1］ ［苏］基尔皮契夫 M B. 相似理论 ［M］. 沈自求，译. 北京：科学出版社，1955.

［2］ 徐挺. 相似理论与模型试验 ［M］. 北京：中国农业机械出版社，1982.

［3］ ［苏］诺吉德 ЛИ M. 相似理论及因次理论 ［M］. 官信，译. 北京：国防工业出版社，1963.

［4］ Bridgman P W，Dimensional Analysis ［M］. New Haven：Yale University Press，1922.

［5］ 王智超，吴志勇，李安桂. 住宅房间通风气流模型试验相似理论 ［C］//北京制冷学会成立三十周年暨第十届学术年会论文集，2010.

［6］ 周光坰，严宗毅，许世雄，等. 流体力学（上册）［M］. 北京：高等教育出版社，1992.

［7］ 韩永胜，杨宏新，马军. 流线 迹线和脉线的区分及其科学计算可视化 ［J］. 物理通报，2015（1）：23-25.

［8］ 张绕阳. 流线、迹线和烟线 ［J］. 力学与实践，1993，15（6）：73-74.

［9］ 吴志军. 粒子图像速度场仪（PIV）系统开发及对模拟旋流场的测试 ［D］. 长春：吉林工业大学，1996.

［10］ Raffel M，Willert C E，Kompenhans J. Particle image velocimetry：a practical guide ［M］. Berlin：Springer，1998.

［11］ 秦二伟，刘伟，包欣，等. PIV 实验两个重要问题的讨论 ［J］. 建筑热能通风空调，2009，28（2）：83-85.

［12］ 王国栋. 一种新型通风方式——非等温条件下条缝型送风口形式的竖壁贴附射流通风模式的 2D PIV 实验研究 ［D］. 西安：西安建筑科技大学，2009.

［13］ 李安桂. 贴附通风理论及设计方法 ［M］. 北京：中国建筑工业出版社，2020.

［14］ 宋文绪，杨帆. 传感器与检测技术 ［M］. 2 版. 北京：高等教育出版社，2009.

[15] 李安桂，张莹，韩欧，等．隔离病房的环境保障与气流组织有效性 [J]．暖通空调，2020，50 (6)：9.

[16] 于玺华．现代空气微生物学 [M]．北京：人民军医出版社，2002.

[17] Ai Z，Mak C M，Gao N，et al. Tracer gas is a suitable surrogate of exhaled droplet nuclei for studying airborne transmission in the built environment [J]. Building Simulation，2020，13（3）：489-496.

[18] Zhao Z，Xi C，Mazumdar S，et al. Experimental and numerical investigation of airflow and contaminant transport in an airliner cabin mockup [J]. Building and Environment，2009，44（1）：85-94.

[19] Bivolarova M，J. Ondráek，Melikov A，et al. A comparison between tracer gas and aerosol particles distribution indoors：The impact of ventilation rate，interaction of airflows，and presence of objects [J]. Indoor Air，2017，27（6）：1201-1212.

[20] Li X，Niu J，Gao N. Spatial distribution of human respiratory droplet residuals and exposure risk for the co-occupant under different ventilation methods [J]. HVAC and Research，2011，17（4）：432-445.

[21] Li X，Niu J，Gao N. Co-occupant′s exposure to exhaled pollutants with two types of personalized ventilation strategies under mixing and displacement ventilation systems [J]. Indoor Air，2013，23（2）：162-171.

[22] 李先庭，王欣，李晓锋，等．用示踪气体方法研究通风房间的空气龄 [J]．暖通空调，2001，31 (4)：3.

[23] 朱颖心．建筑环境学 [M]．北京：中国建筑工业出版社，2016.

[24] 江永忠．基于磁性/荧光微球的新型病毒核酸现场检测方法 [D]．武汉：武汉大学，2021.

[25] 赵建龙．聚苯乙烯荧光微球与 HCG 荧光定量检测试纸的制备 [D]．杭州：浙江大学，2022.

[26] Xu D，Zhang Z，Wang Q，et al. Targeted prevention and control of key links in airports to mitigatepublic health risks [J]. China CDC Weekly，2021，3（41）：859-862.

[27] Zhang M，Xiao J，Deng A，et al. Transmission dynamics of an outbreak of the COVID-19 delta variant B1. 617. 2—Guangdong province，China，May－June [J]. China CDC Weekly，2021 (27)：584-586.

[28] 李安桂，李光华．水电工程地下高大厂房通风空调气流组织及缩尺模型试验进展 [J]．暖通空调，2015，45（2）：1-9.

[29] 李安桂，李现河，马强，等．利用两种缩尺模型研究水电站高大厂房的气流组织分布 [J]．暖通空调，2010，40（3）：98-102，72.

[30] Mu D，Gao N，Zhu T. Wind tunnel tests of inter-flat pollutant transmission characteristics in a rectangular multi-storey residential building，part A：effect of wind direction [J]. Building and Environment，2016，108：159-170.

[31] Lee K Y，Mak C M. Effects of wind direction and building array arrangement on airflow and contaminant distributions in the central space of buildings [J]. Building and Environment，2021，205：108234.

[32] Yu Y，Kwok K C S，Liu X P，et al. Air pollutant dispersion around high-rise buildings under different angles of wind incidence [J]. Journal of Wind Engineering and Industrial Aerodynamics，2017，167：51-61.

[33] Dai T，Liu S，Liu J，et al. Evaluation of fast fluid dynamics with different turbulence models for predicting outdoor airflow and pollutant dispersion [J]. Sustainable Cities and Society，

2021：103583.

[34] Mu D，Shu C，Gao N，et al. Wind tunnel tests of inter-flat pollutant transmission characteristics in a rectangular multi-storey residential building，part B：Effect of source location [J]. Building and environment，2017，114：281-292.

[35] Yu I T S，Li Y，Wong T W，et al. Evidence of airborne transmission of the severe acute respiratory syndrome virus [J]. New England Journal of Medicine，2004，350（17）：1731-1739.

[36] Gao N P，Niu J L，Perino M，et al. The airborne transmission of infection between flats in high-rise residential buildings：tracer gas simulation [J]. Building and Environment，2008，43（11）：1805-1817.

[37] 朱奋飞，邵晓亮，李先庭 . 关于示踪气体法测量房间换气量的探讨 [C]//全国暖通空调制冷 2008 年学术文集，2008.

[38] Zender-Świercz E. Improvement of indoor air quality by way of using decentralised ventilation [J]. Journal of Building Engineering，2020，32：101663.

# 第7章 自然通风条件下机场建筑气载污染物传播路径解析

## 7.1 影响气载污染物传播的因素及数值建模

CFD 数值模拟是预测大型建筑室外风场、室内空气流动特性的常用方法之一，得到了广泛应用。新冠病毒等气载致病微生物经由空气传播，因此，本章拟采用 CFD 数值模拟研究事发时段 A 机场建筑内部空气流动的规律，进而解析其传播途径。

（1）建立机场室内外流动的数学模型及边界条件；

（2）采用第 1.4 节给出的稀释倍率及感染概率指标；

（3）分别模拟分析机场航站楼外内风场、核酸采样间及其管道流动模拟、国际指廊国际到达层二层核酸采样间排风、入境旅客隔离候车厅四处重点区域；

（4）通过关联感染的模拟分析，获得了上述潜在高风险区域感染概率，特别是，国际指廊二层电梯井附近、国际出发层（三层）、入境旅客隔离候车厅、北连接楼电梯井四处位置的稀释倍率及感染概率，并进行了国际指廊与 T3 航站楼卫生间关联感染分析。

关键研究过程包括：

（1）在外风场模拟中，对机场国际指廊的建筑内域及与邻近建筑物（含北连接楼、T2 航站楼、T3 航站楼、空港大酒店）组成一体化建筑群外域（外域范围根据日本建筑学会建筑通风模拟指南 AIJ Guidelines 确定），进行建模研究；

（2）在内风场模拟中，对国际指廊单体建筑内部进行详细建模，涉及建筑物窗户、国际指廊中的检测房间、国际指廊、北连接楼（T2 航站楼和 T3 航站楼连接楼）处的电梯井等重要部位，被着重刻画；

（3）应用 CFD 对单体建筑内、外空气流动和建筑内感染者呼出的污染空气输运情况进行数值模拟和分析；

（4）对国际指廊及其相连的 T2 航站楼、T3 航站楼整个连体建筑进行建模，对 T2、T3 航站楼内不同楼层及联通区域进行细分，应用 CFD 对连体建筑内、外空气流动和建筑内感染者呼出的污染空气输运情况进行数值模拟和分析。

需注意的是，本章仅考虑风压自然通风的影响，暂不考虑热压及机械送风对建筑内风场的影响。

## 7.1.1　物理模型、数学模型及边界条件

经现场测试调研分析，事发期间 A 机场（国际指廊、T2 航站楼、T3 航站楼、北连接楼等）建筑物的部分窗户开启，内部流场受风压自然通风的影响。事发北连接楼恰好处于国际指廊、T2 航站楼和 T3 航站楼三栋主体建筑的接合部，其内部气流走向由相连建筑的流动决定，相连建筑的流动主要由建筑外风场及建筑布局所决定。建筑外风场基于大气边界层流动，建筑内风场受自然对流和受迫湍流影响，且外风场和建筑物的几何特征尺度存在巨大差异，从 1km 到 1m。因此，研究中根据建筑内、外风场不同的特征，采取内、外风场分区域模拟、交界面流动参数传递的模拟策略。

首先，对北连接楼及其相连建筑（含国际指廊、T2 航站楼、T3 航站楼）以及邻近外域（空港大酒店）组成的建筑群进行建模，暂不考虑建筑内部风场，仅对建筑群外风场区域进行数值模拟，来流风速采用近地层平均风速垂直分布的梯度风廓线来表现。

然后，选择所关注的建筑物的附近建立虚拟耦合界面，将外风场的信息通过耦合界面单向传递给建筑内风场的计算，保证了室内风场计算域边界条件的准确性。

接下来，在建筑室内风场的模拟中对室内的布置进行较为详细的几何建模，采用 $k\text{-}\varepsilon$ 湍流模型、多组分输运模型、多孔介质模型等预测室内速度场与浓度场；在核酸采样间排风口及北连接楼电梯井周围等重点位置进行网格加密化，确保速度场与浓度场计算结果以及稀释倍率、感染概率的精确性。

A 机场三座航站楼总面积 35 万 $m^2$，计算区域尺度跨度大，研究中采用了分区域模拟，区域间界面物理量耦合的方法，从而实现国际指廊建筑内、外风场的关联模拟。

本章中应用稳态 N-S 方程对机场外风场进行数值模拟，控制方程包括连续性方程和动量方程：

$$\frac{\partial U_i}{\partial x_i}=0 \tag{7-1}$$

$$U_j\frac{\partial U_i}{\partial x_j}=-\frac{1}{\rho}\frac{\partial P}{\partial x_i}+\nu\frac{\partial^2 U_i}{\partial x_j\partial x_j}-\frac{\partial}{\partial x_j}(\overline{u_i'u_j'}) \tag{7-2}$$

式中　$x_i$——第 $i$ 个笛卡尔坐标（$i=1$、2、3）；

$\quad\ U_i$——时均速度分量；

$\quad\ u_i'$——第 $i$ 个速度分量的脉动值；

$\quad\ \overline{u_i'u_j'}$——湍流脉动所造成的应力，可由湍流模式确定。

基于两方程湍流封闭模式可以给出近似中性大气条件下合理可靠的结果，而标准 $k\text{-}\varepsilon$ 湍流模式则是风工程数值模拟中常用的方法。因此，本章中采用标准 $k\text{-}\varepsilon$ 湍流模式计算，湍动能方程和湍动能耗散率方程分别为：

$$U_j\frac{\partial k}{\partial x_j}=\frac{\partial}{\partial x_j}\left[\left(\nu+\frac{\nu_{\mathrm{t}}}{\sigma_{\mathrm{k}}}\right)\frac{\partial k}{\partial x_j}\right]-\overline{u_i'u_j'}\frac{\partial u_i}{\partial x_j}-\varepsilon \tag{7-3}$$

$$U_j\frac{\partial\varepsilon}{\partial x_j}=\frac{\partial}{\partial x_j}\left[\left(\nu+\frac{\nu_{\mathrm{t}}}{\sigma_{\varepsilon}}\right)\frac{\partial\varepsilon}{\partial x_j}\right]-C_{\varepsilon 1}\frac{\varepsilon}{k}\overline{u_i'u_j'}\frac{\partial u_i}{\partial x_j}-C_{\varepsilon 2}\frac{\varepsilon^2}{k} \tag{7-4}$$

其中，雷诺应力可表示为：

$$\overline{u_i'u_j'}=\frac{2}{3}k\delta_{ij}-\nu_{\mathrm{t}}\left(\frac{\partial u_i}{\partial x_j}+\frac{\partial u_j}{\partial x_i}\right) \tag{7-5}$$

式中，$\nu_t$ 为湍流运动黏度，$m^2/s$，由下式表示：

$$\nu_t = C_\mu k^2/\varepsilon \tag{7-6}$$

以上方程式中，常数 $C_\mu$、$C_{\varepsilon1}$、$C_{\varepsilon2}$、$\sigma_k$ 和 $\sigma_\varepsilon$ 取值分别为 0.09、1.44、1.92、1.0 和 1.3。

本节中通过添加示踪气体的方法来研究感染者所呼出污染空气的输运过程，$CO_2$ 常被用作呼吸标志物来评估感染风险[1]。假设感染者呼出气体的过程是连续的，并不考虑在传播过程中被其他表面吸附的情况，可在空气流场模拟的基础上采用欧拉法量化感染患者呼出气体随空气的被动传输过程。因此，需在 N-S 方程的基础上附加 $CO_2$ 的组分输运方程，

$$\frac{\partial}{\partial t}(\rho Y_{CO_2}) + \frac{\partial}{\partial x_j}(\rho U_j Y_{CO_2}) = \frac{\partial}{\partial x_j}\left[\left(\rho D_{m,CO_2} + \frac{\nu_t}{Sc_t}\right)\frac{\partial Y_{CO_2}}{\partial x_j}\right] \tag{7-7}$$

式中　$Y_{CO_2}$——$CO_2$ 占混合气体的质量分数，%，根据文献［2］，感染者呼出的二氧化碳质量分数设定为 0.04；

$D_{m,CO_2}$——$CO_2$ 的分子扩散系数，$m^2/s$；

$Sc_t$——湍流施密特数，本节中取值为 0.7[3]。

### 7.1.2　建筑外风场模拟

#### 1. 建筑外风场计算区域和边界条件

笔者团队从多种渠道收集了该地区事发前后一周内的风力及风向数据，以及该地区事发当天不同时段的详细室外风速，相互印证后作为室外风场数值模拟研究的输入条件。由于建筑外风场环境不稳定，为了全面衡量建筑外环境对内环境的影响，本节除依据 12 月 4 日事发时段的西南风进行模拟外，还进一步对影响较大的其他风向，如南风、西风和北风进行模拟，同时，在风力方面，除 12 月 4 日事发时段风力（西南风，约 3.13m/s）之外，还对比研究了该时段历史上可能出现的风速（如 0.5m/s、1m/s 和 2m/s）。建立如图 7-1 所示的外风场计算域。

（1）外风场计算域范围

计算域坐标以国际指廊建筑的长和宽方向为 $X$ 轴和 $Y$ 轴；对于不同风向的计算域入口边界均与来流风向垂直，如图 7-1 所示。以西南风向为例，图 7-1 中展示了以卫星地图为背景外风场的计算域范围；计算域内最高建筑为 T3 航站楼，高度 $H_{max}$ 约为 36m；按照日本建筑学会建筑通风模拟指南 AIJ Guidelines 关于建筑外风场计算区域确定规则，本节中计算区域入口、侧边和顶部边界满足距建筑群大于 $5H_{max}$，计算域出口满足距建筑群大于 $10H_{max}$。

（2）外风场计算域的边界条件

参照 Richards and Hoxey 提出的经典的中性大气条件，计算域入口为充分发展的湍流垂直入口风廓线，以 0.5m/s、1m/s、2m/s 和 3.13m/s 作为 10m 高度处的风速，构建充分发展的湍流入口边界条件，主要参数包括入口平均速度 $u$、湍动能 $k$ 和湍动能耗散率 $\varepsilon$，见式(3-48)～式(3-50)；计算域两侧边和顶部设为对称边界；出口为压力出口边界；建筑物墙壁采用无滑移壁面边界。

（3）关于稀疏建筑和灌木丛粗糙度的处理

计算域底部地面设置为无滑移壁面边界，需要强调的是，由于计算域内除了具体建模的机场建筑群外，实际还有一些稀疏低矮建筑和灌木丛，如图 7-1 所示。模拟中通过施加空气

动力学粗糙度来反映机场附近稀疏低矮建筑和灌木丛对建筑外流场的影响。这里参照《公路桥梁抗风设计规范》JTG/T 3360—01—2018 给出的四种不同地貌，选择了 B 类地貌（田野、乡村、丛林、平坦开阔地及低层建筑物稀少地区），对应的粗糙度为 0.05m[4]。

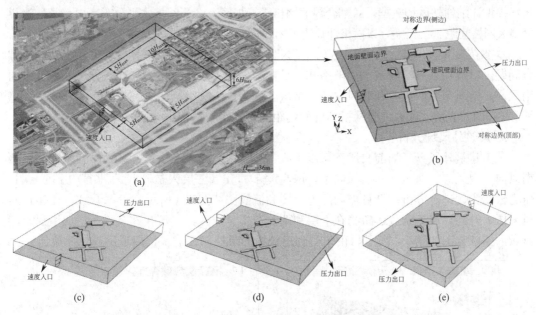

图 7-1　不同风向下外风场计算域和模拟边界条件

（a）卫星地图背景的西南风向下外风场的计算域范围；（b）西南风向；

（c）南风向；（d）西风向；（e）北风向

注：该图的彩图见本书附录 D。

**2. 外风场计算域网格和耦合界面**

计算域网格以六面体网格为主，并含有少量的三棱柱网格，相对于全四面体单元网格更易于计算收敛，并有效减少了网格单元总数，节省计算资源。以西南风向为例，地面和建筑物网格如图 7-2 所示。

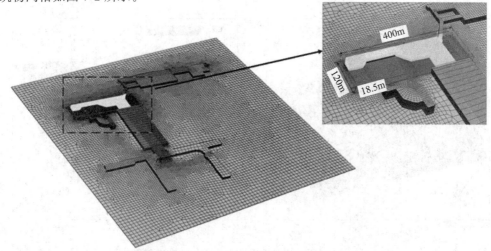

图 7-2　机场外风场计算域网格和耦合界面

鉴于国际指廊及北连接楼（在图 7-2 中以无网格形式着重显示的建筑）需要进一步详细分析其建筑物内流场，因此，在国际指廊及北连接楼附近设置了虚拟耦合界面，耦合界面位置和尺寸如图 7-2 放大图黑色方框所示，区域大小为 400m×120m×18.5m。为了给建筑内风场提供详细的外风场数据，对耦合界面网格进行加密，计算网格水平分辨率由计算域边界处最大网格间距 20m 开始，以网格伸长比 1.2，逐渐过渡到黑色方框区域的最小网格间距 3m。

本节在 CFD 商业软件 ANSYS FLUENT 中求解，用 SIMPLE 算法处理压力—速度耦合问题。对流项采用二阶迎风离散格式，扩散项采用中心差分格式。建筑外风场计算中西南风向、南风向、西风向和北风向的网格数分别为 827990 单元、928728 单元、900590 单元和 813617 单元，且第一层网格到壁面的距离足够小，以保证 $y^+$ 在 30～300 之间。

**3. 建筑外风场分析**

关于建筑外风场，如前文所述，以 10m 高处风速为 3.13m/s 的梯度来流风为例，西南风向、南风向、西风向和北风向下，取高度 11.5m（三层人员呼吸区高度）速度云图、压力云图为例进行分析。计算域内压力云图和流线图如图 7-3 所示。可以看到，在建筑迎风面压力升高，气流绕过建筑物在上层和两侧产生负压区，气流在建筑物后形成漩涡。计算域内速度云图如图 7-4 所示，由于受到建筑物的阻挡，在建筑群附近出现较低流速区。

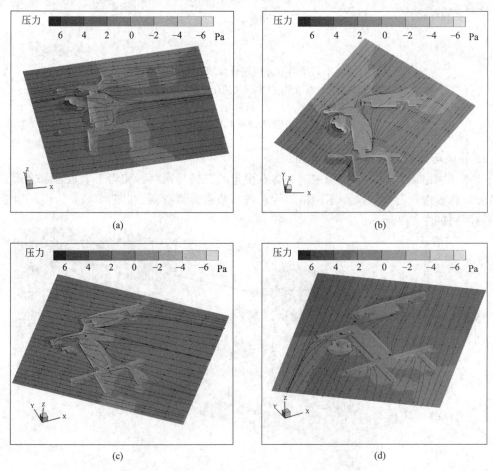

图 7-3　不同风向下计算域内压力云图和流线图
（a）西南风向；（b）南风向；（c）西风向；（d）北风向

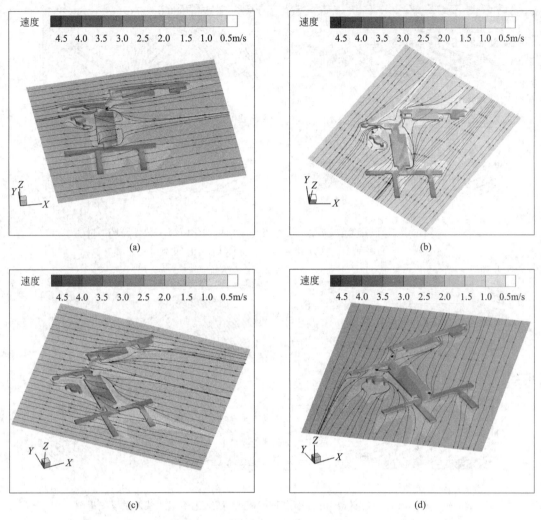

图 7-4　不同风向下计算域内速度云图

（a）西南风向；（b）南风向；（c）西风向；（d）北风向

为了更详细地观察国际指廊外的风场，图 7-5～图 7-7 展示了国际指廊一层、二层和三层对应的呼吸高度外风场风矢量截面。由图可以看出，同一风向下，随着楼层的升高，外风场风速变大；西南风向下建筑外气流与建筑壁面近似平行，建筑外气流有进入建筑内部的趋势；其他风向下，建筑外气流则与建筑物形成夹角，环境来流在建筑物前冲击建筑物，在建筑物后部分区域形成漩涡，均可能通过建筑物开启的窗户等进入室内。

建筑外风场的 CFD 模拟计算基于 12 月 4 日事发时段风向西南风，风速 0.5～3.13m/s，除此之外，还一并对比了其他风向，包括南风、西风和北风的工况，共包括表 7-1 所示 16种机场建筑外风场计算工况。在第 7.2～7.3 节中对国际指廊建筑物内外风场同时进行精细化数值模拟时，将利用本节外风场模拟中得到的区域风场信息，以界面插值和空间插值的方式作为精细化模拟的边界条件和初始场条件。

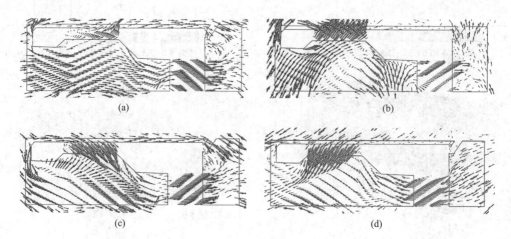

图 7-5　不同风速下高度 1.5m（一层呼吸高度）精细化模拟区域外风场矢量图
(a) 西南风向；(b) 南风向；(c) 西风向；(d) 北风向

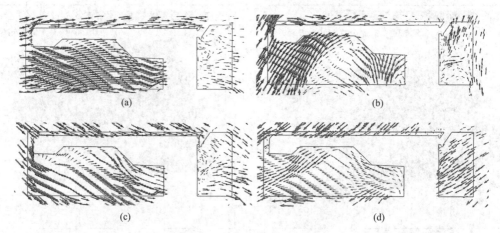

图 7-6　不同风向下高度 6.5m（二层呼吸高度）精细化模拟区域外风场矢量图
(a) 西南风向；(b) 南风向；(c) 西风向；(d) 北风向

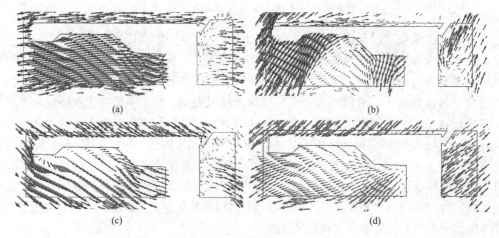

图 7-7　不同风向下高度 11.5m（三层呼吸高度）精细化模拟区域外风场矢量图
(a) 西南风向；(b) 南风向；(c) 西风向；(d) 北风向

| 工况 | 风向 | 风速（m/s） | 工况 | 风向 | 风速（m/s） |
|---|---|---|---|---|---|
| 1 | SW | 0.5 | 9 | W | 0.5 |
| 2 | SW | 1 | 10 | W | 1 |
| 3 | SW | 2 | 11 | W | 2 |
| 4 | SW | 3.13 | 12 | W | 3.13 |
| 5 | S | 0.5 | 13 | N | 0.5 |
| 6 | S | 1 | 14 | N | 1 |
| 7 | S | 2 | 15 | N | 2 |
| 8 | S | 3.13 | 16 | N | 3.13 |

计算工况的风向和风速　　表 7-1

## 7.2　单体建筑自然通风空气运动及气载污染物传播模拟

通过建立建筑内风场的几何模型及网格，本节进行机场国际指廊单体建筑自然通风气流运动模拟计算，并对计算结果进行分析。

### 7.2.1　单体建筑内风场

#### 1. 几何建模及网格剖分

根据机场提供的建筑及通风空调设计图纸，在必要的简化基础上，抓住关键问题，建立国际指廊、T2 与 T3 北连接楼部分区域以及北连接楼的几何模型，确定了流体计算域，如图 7-8 所示。其中，坐标方向：$x$ 方向沿国际指廊长度方向，约对应东北向（NE）；$y$ 方向约对应西北向（NW）；$z$ 方向为重力负方向。

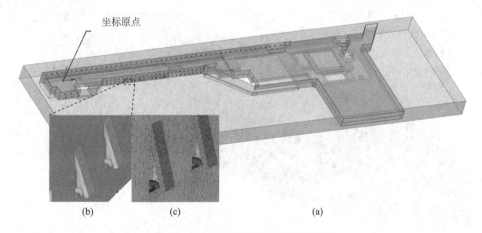

图 7-8　建筑内风场模拟几何模型
（a）整体几何建模（坐标原点位于实验用几何模型建筑物的地面最西角处，见图 6-2，
在本图中如左图所示，建筑物左边墙位于坐标原点−$x$ 方向 23.22m 处）；
（b）核酸采样间 8 个排风口和所在窗户的局部几何模型；（c）细部排风管、开窗的网格剖分

**2. 风向及风速工况**

根据当日的气象数据，考虑了风向和风速组合的 16 种工况，如表 7-1 所示。

**3. 建筑物内及近场速度和压强**

通过 CFD 模拟计算，以工况 2 和工况 4 为例，取高度 11.5m（三层人员呼吸区高度）速度云图、压力云图为例进行分析（图 7-9～图 7-12）。建筑外空气通过国际指廊窗户进入建筑物内，沿着国际指廊空间向西南流动，在北连接楼电梯井附近出现漩涡，并分别流向 T2 和 T3 航站楼，在较高的外界风速下漩涡区域有所减小；建筑外压强显著高于建筑内，且在较高的外界风速下国际指廊内会出现较明显的压差。

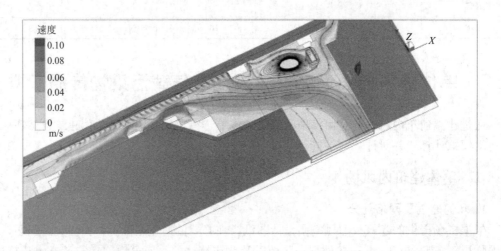

图 7-9　工况 2（SW、1m/s）11.5m 高度国际出发层三层（含北连接楼）速度云图

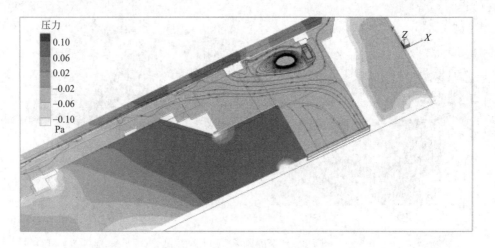

图 7-10　工况 2（SW、1m/s）11.5m 高度国际出发层三层（含北连接楼）压力云图

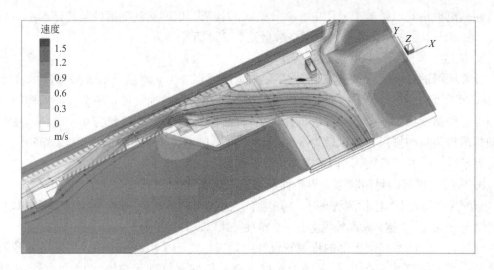

图 7-11　工况 4（SW、3.13m/s）11.5m 高度国际出发层三层（含北连接楼）速度云图

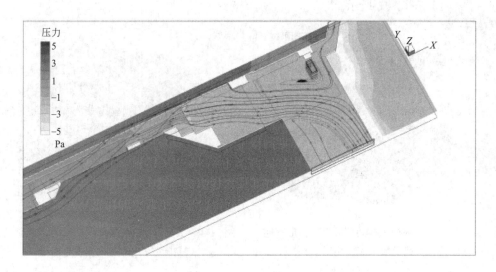

图 7-12　工况 4（SW、3.13m/s）11.5m 高度国际出发层三层（含北连接楼）压力云图

## 7.2.2　核酸采样间排风及管道流动

核酸采样间的排风状况会直接影响本层及三层的病毒传播扩散，因此对核酸采样间的排风及其管道流动进行了模拟分析。

### 1. 计算模型及解算参数确定

根据现场调研和国际指廊二层核酸采样间原排风设计参数，事发期间（12 月 4 日下午）核酸采样间可能存在开门和关门两种工况，分别对应着由门补风和由顶棚补风两种方式。对排风系统及核酸采样间进行建模后，分别建立了开门和关门工况下的计算域，如图7-13 和图 7-14 所示。

在 CFD 软件 FLUENT 中，用 SIMPLE 算法处理压力－速度耦合问题。对流项采用二阶迎风离散格式，扩散项采用中心差分格式。且第一层网格到壁面的距离足够小，以保证 $y^+$ 在 30～300 之间。计算域的网格数量约为 250 万个单元。

**2. 核酸采样间门开启状态边界条件**

计算区域的特征尺寸按照实际核酸采样间尺寸以 1：1 建模，单个采样间的高度为 2.2m，宽度为 1.8m。为了模拟采样时被检测人员在室内的呼气量，每个核酸采样间设置了一个污染源（约等同于被检测者鼻孔大小），面积为 1cm$^2$，呼气量为 0.3m$^3$/h。核酸采样间排风口为机械排风，排风量为 320m$^3$/h，排风口直径为 110mm。核酸采样间门为零压边界条件，采样间壁面采用无滑移边界。

**3. 核酸采样间门封闭状态边界条件及合流三通优化**

核酸采样间处于封闭检测状态时，模型空间大小与开门检测时一致，主要区别是补风口的位置设置于检测间上侧，每间检测室有一个单独补风口，其直径为 110mm（图 7-13）。

此外，在核酸采样间上部的排风管设计中，现场实际采用的三通形式可能会导致两个核酸采样间的排出气流在 T 形三通处对撞，降低核酸采样间污染空气排出效率。因此，笔者团队提出了一类改进型的 Y 形汇流排风三通。下面针对四种工况进行模拟分析，其模型如图 7-13～图 7-16 所示。

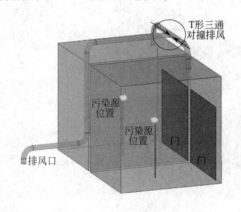

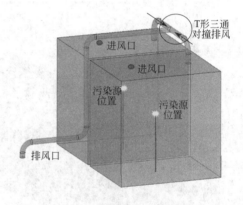

图 7-13 工况 A：核酸采样间门开启，T 形三通（原排风方式两股来流发生对撞）　　图 7-14 工况 B：核酸采样间门封闭，T 形三通（原排风方式两股来流发生对撞）

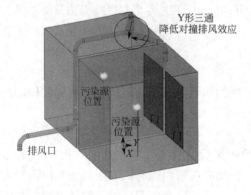

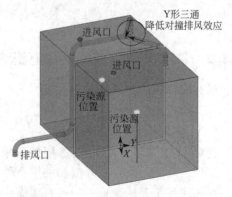

图 7-15 工况 C：核酸采样间门开启，Y 形汇流三通（减少了排风对撞）　　图 7-16 工况 D：核酸采样间门封闭，Y 形汇流三通（减少了排风对撞）

**4. 核酸采样间计算结果分析**

图 7-17 给出了开门工况下，排风三通分别采用 Y 形汇流三通和 T 形三通工况下的流线图。可以看出，将 T 形三通改为 Y 形汇流三通后，降低了 T 形三通内的气流对撞效应，有助于排风及时排出室外，Y 形汇流三通具有更好的排风性能。

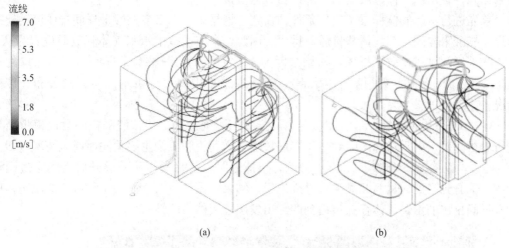

(a)　　　　　　　　　　　　　　(b)

图 7-17　门开启时，两种工况的流线

（a）T 形汇流三通；（b）Y 形汇流三通

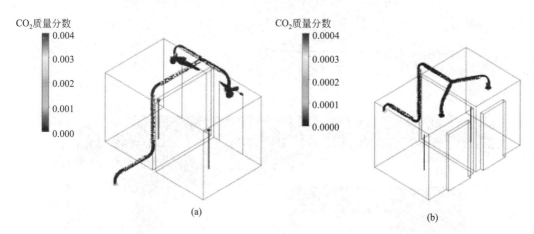

(a)　　　　　　　　　　　　　　(b)

图 7-18　门开启时，核酸采样间内的示踪气体空间分布

（a）T 形汇流三通；（b）Y 形汇流三通

图 7-17 为核酸采样间内示踪气体（$CO_2$）浓度的空间涡结构。如图 7-18 所示，工况 C 排风口位置的 $CO_2$ 浓度较低；而工况 A 的 $CO_2$ 未完全进入排风管内，甚至有向门口流动的趋势，具有病毒外溢风险。

模拟计算表明，核酸采样间出风口处的稀释倍率 $DR^* = 874$，存在较大的安全隐患。研究结果表明，无论是开门检测还是关门检测，通过改变核酸采样间排风管道的结构均可有效提升排风效率，减弱污染物外溢风险，降低核酸采样间及机场内部的二次感染概率。

### 7.2.3　国际到达层二层核酸采样间关联感染模拟

国际指廊国际到达层二层核酸采样间是境外人员到达后的必经地之一，是潜在的感染源头，为了澄清核酸采样间排出的示踪气体传播到国际出发层三层的可能性，本节针对核酸采样间存在示踪气体释放源的情况进行数值模拟。

首先进行示踪气体释放源边界条件的设置。根据第 7.2.2 节核酸采样间排风流动模拟结果，核酸采样间示踪气体从排风口排出。因此，本节模拟中示踪气体释放源设置为从 8 个核酸采样间排风口向下排风，初始浓度为 1（质量分数），核酸采样间内到出风口的稀释倍率为 $DR^* = 874$（见第 7.2.2 节），在模拟结果中观察分析示踪气体的分布、传播情况。

通过 CFD 模拟计算，笔者团队对国际指廊国际到达层二层核酸采样间数值模拟结果进行分析。对于国际指廊国际到达层二层核酸采样间关联感染主要关注西南风情况（即工况 1~4），以工况 3（SW、2m/s）为例，模拟表明，示踪气体从一层开放空间穿过国际指廊，上升到高处，从西北侧窗户进入三层，结果如图 7-19 、图 7-20 所示。这说明，核酸采样间排出的示踪气体存在传播到国际出发层三层的可能性。

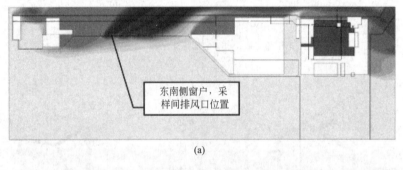

（a）

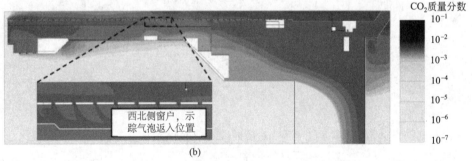

（b）

图 7-19　工况 3（SW、2m/s）示踪气体浓度云图
（a）高 1.5m，一层；（b）高 11.5m，三层

在不同风速下，采样间所释放的示踪气体返入二层、三层的室内，但返回不同楼层示踪气体的通量不同，返入二层的气体通量多于三层。示踪气体通量占比是进入窗户的示踪气体通量与核酸采样间排风口示踪气体通量之比，反映了流量和浓度的综合作用，并非稀释比率 $DR^*$。如表 7-2 所示，不同风速和风向情况下返入国际指廊室内的气体通量差异较大，风向 SW 和 S 的情况返入二层西北侧窗户的通量占比较大，可达 7.235% 和

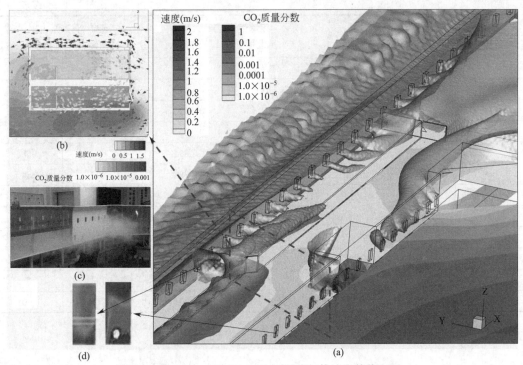

图 7-20　工况 3（SW、2m/s）示踪气体浓度等值面图

（a）示踪气体浓度等值面图；（b）X 截面切向速度矢量和浓度云图；（c）实验图；（d）典型窗口截面浓度云图

注：该图的彩图见本书附录 D。

4.188%，风向 SW 时返入三层西北侧窗户的通量占比较大，可达 0.890%。并且返入二层的气体总是多于三层，图 7-20(b) 给出的示踪气体浓度云图也可证实这点。

　　由于国际指廊国际出发层三层与国内航班区域有关，所以重点关注三层内示踪气体的情况。由表 7-2 可知，在主导风向 SW 和 S 的情况下，风速越大，从西北侧窗户进入的示踪气体越多（图 7-20）。其原因在于核酸采样间排风返入室内的流动现象是由室外流场的主导的，较低风速下流线不会从一层开放空间穿过国际指廊[图 7-21(a)]，只有在较高风速时这种现象才会发生[图 7-21 (b)]。需要指出的是，为了减少计算量，除核酸采样间排风口的窗户外，其他窗户完全开启，未考虑窗板的影响，因此表 7-2 中的计算结果为最不利的条件，返入示踪气体通量比实际情况偏大。

**不同风速下返入室内二、三层的示踪气体通量比例**　　　　　　　　　　　　表 7-2

| 工况 | 风向 | 风速（m/s） | 示踪气体通量占比 西北侧窗户，Y 正方向 | | 示踪气体通量占比 东南侧窗户，Y 负方向 | |
| --- | --- | --- | --- | --- | --- | --- |
| | | | 二层 | 三层 | 二层 | 三层 |
| 1 | SW | 0.5 | 0.291% | 0.001% | 0.383% | 0.003% |
| 2 | SW | 1 | 1.743% | 0.105% | 0.905% | 0.009% |
| 3 | SW | 2 | 2.373% | 0.504% | 2.880% | 0.034% |
| 4 | SW | 3 | 7.235% | 0.890% | 25.976% | <0.001% |
| 5 | S | 0.5 | 0.057% | 0.008% | 0.505% | 0.065% |

续表

| 工况 | 风向 | 风速(m/s) | 示踪气体通量占比 西北侧窗户，Y 正方向 | | 示踪气体通量占比 东南侧窗户，Y 负方向 | |
|---|---|---|---|---|---|---|
| | | | 二层 | 三层 | 二层 | 三层 |
| 6 | S | 1 | 0.134% | 0.001% | 1.083% | <0.001% |
| 7 | S | 2 | 1.313% | 0.011% | 4.778% | <0.001% |
| 8 | S | 3.13 | 4.188% | 0.030% | 10.977% | <0.001% |
| 9 | W | 0.5 | 0.139% | 0.089% | 0.286% | 0.058% |
| 10 | W | 1 | 0.037% | 0.029% | 0.109% | 0.084% |
| 11 | W | 2 | 0.032% | 0.058% | 0.066% | 0.025% |
| 12 | W | 3.13 | <0.001% | 0.003% | 0.186% | 0.083% |
| 13 | N | 0.5 | 0.033% | 0.043% | 0.099% | 0.012% |
| 14 | N | 1 | <0.001% | <0.001% | 0.437% | <0.001% |
| 15 | N | 2 | <0.001% | <0.001% | 0.009% | <0.001% |
| 16 | N | 3.13 | <0.001% | <0.001% | 0.011% | <0.001% |

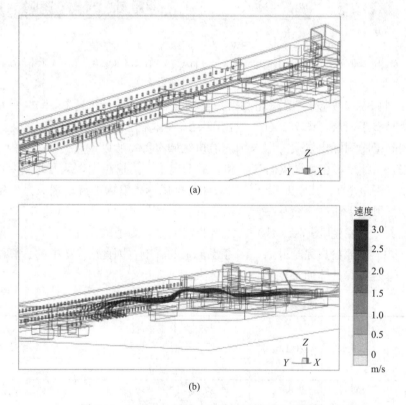

(a)

(b)

图 7-21　工况 1、工况 4 下采样间排风口流线图
(a) 工况 1 (SW、0.5m/s)；(b) 工况 4 (SW、3.13m/s)

　　以上国际指廊国际到达层二层核酸采样间排风的数值模拟结果说明，在特定风速和风向条件下，核酸采样间排出的示踪气体存在传播到国际出发层三层的可能性。

### 7.2.4　隔离候车厅关联感染模拟

国际指廊北连接楼入境旅客隔离候车厅是境外人员到达后等待转运大巴将其送往隔离酒店的地方，是潜在的感染源头。为了查清入境旅客隔离候车厅的污染物（以示踪气体表示）传播到国际出发层三层的可能性，本节针对入境旅客隔离候车厅存在示踪气体释放源的情况进行数值模拟。

首先，对几何建模、网格及示踪气体释放源进行设置。在图 7-8 所示几何模型的基础上，设置释放源为 $1.6m \times 0.6m \times 0.6m$ 的柱体，置于入境旅客隔离候车厅中央，柱体的 4 个侧面给定速度和浓度边界条件，保证其浓度通量与 6 人的 $CO_2$ 呼出通量相同。并将穿孔板部分即多孔介质部分设定为独立流体域，如图 7-22 所示。

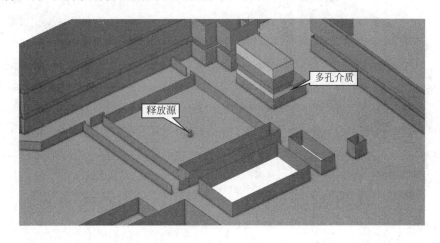

图 7-22　入境旅客隔离候车厅及电梯井风场模拟细部几何建模

通过 CFD 模拟计算，对入境旅客隔离候车厅及电梯井区域流场及示踪气体模拟结果进行分析。假设示踪气体释放源位于入境旅客隔离候车厅，示踪气体传播扩散至二层，在建筑室内流场的作用下示踪气体在北连接楼处聚集，如图 7-23(a)、(b) 所示，一部分通过电梯井顶部小孔板扩散至三层，另一部分流向 T2 航站楼（T3 航站楼侧封闭）；流场在三层位于候车大厅上方的位置形成漩涡，如图 7-23(c)、(d) 所示。这种室内漩涡流动对于示踪气体具有聚集、停滞作用，示踪气体在漩涡作用下停滞于电梯井附近，并在周围室内气流带动下流向 T2、T3 航站楼。此现象在工况 1、工况 2、工况 3、工况 4、工况 7、工况 8 下均有发生。

为调查示踪气体的扩散速度，以工况 4 为例，还额外进行了瞬态 CFD 数值模拟。结果显示，示踪气体在 400s 内逐渐从一层候机大厅通过电梯井扩散至二、三层高度，并通过电梯井周围的穿孔板（多孔介质）扩散至二、三层其他区域（图 7-24）。

关于国际指廊入境旅客隔离候车厅及电梯井区域流场及示踪气体模拟结果表明，在特定风速和风向条件下，入境旅客隔离候车厅的污染物存在传播到国际出发层三层的可能性。

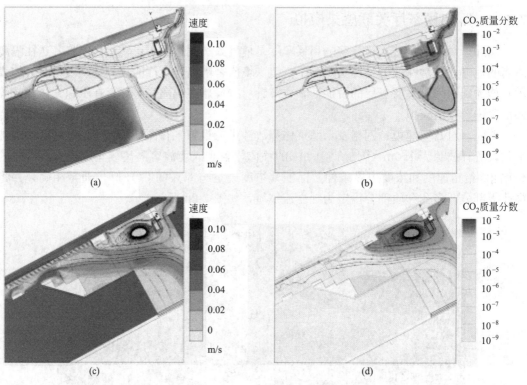

图 7-23　工况 2（SW、1m/s）电梯井周围速度和示踪气体浓度云图

（a）二层速度云图；（b）二层浓度云图；（c）三层速度云图；（d）三层浓度云图

注：该图的彩图见本书附录 D。

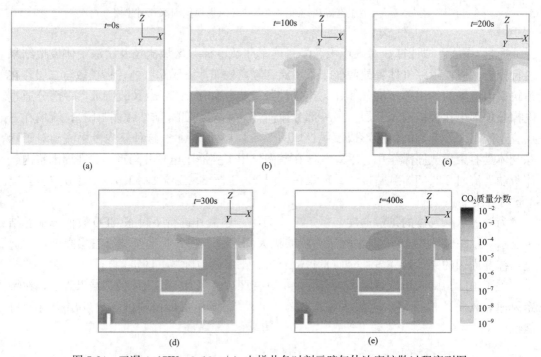

图 7-24　工况 4（SW、3.13m/s）电梯井各时刻示踪气体浓度扩散过程序列图

### 7.2.5　核酸采样间关联感染的稀释倍率及感染概率

为了获得国内旅客通过国际指廊北连接楼附近区域的感染风险，需要根据相关模拟结果，在示踪气体浓度较高的潜在高风险区域设置计算截面。首先，根据 A 机场疫情传播的流调结果及 T2－T3 北连接楼实际情况，建立由 T2 到 T3 旅客的运动路径，设置距电梯井两侧各 1m 内、人员间隔 2m 的 10 个典型位置计算感染概率值，以图 7-25 中多个矩形截面所示的顺序进行编号。然后，根据感染概率及稀释倍率的计算公式（参见第 1.4 节）对典型截面进行计算，感染概率计算中相关参数的选取参见表 7-3。

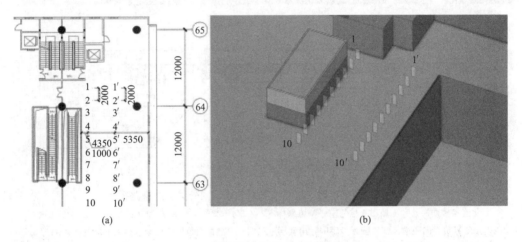

图 7-25　电梯井附近潜在高风险区域典型截面位置
（a）典型截面位置在 CAD 图中的位置；（b）典型截面位置三维示意图

感染概率的参数取值[5-7]　　　　　　　　　　　　表 7-3

| 参数 | 机场采样间排风内外关联典型位置 | 建筑内电梯井附件典型位置 |
|---|---|---|
| $p$ [m³/h] | 0.3 | 0.3 |
| $q$(quanta/h) | 40 | 40 |
| $t$(h) | 0.5 | 0.5 |
| $C_{CO_2}$[7] | 1 | 0.04 |

根据选取的高风险典型位置及感染概率及稀释倍率的计算公式（参见第 1.4 节），可得到不同工况下各典型位置的感染概率及稀释倍率。表 7-4 为风向 SW 较高风速时（工况 2～4）国际指廊二层核酸采样间排风关联传染的电梯附近典型位置（图 7-26）的稀释倍率及感染概率，感染概率普遍低于 0.0001%，所有典型位置的数据见附表 C-1。

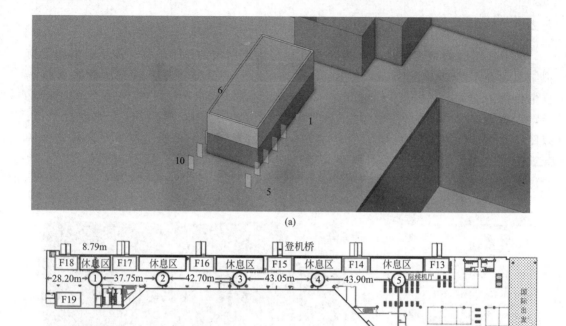

(a)

(b)

图 7-26  国际指廊二层核酸采样间排风内外关联感染路径

(a) 北连接楼楼梯井旁 1 号和 6 号的中心位置坐标（282.6，−22.1，10.85）和（276.7，−22.1，10.85），
其间隔 2m 在 Y 负方向递增；(b) 国际指廊国际出发层（三层）典型截面位置：①至⑤距离北墙的距离均为 8.79m，
①距离西墙的距离为 28.20m，①和②之间的间距为 37.75m，②和③之间的间距为 42.70m，
③和④之间的间距为 43.05m，④和⑤之间的间距为 43.90m

**国际指廊二层采样间排风内外关联感染潜在高风险区域（电梯附近典型位置）的最大感染概率**

表 7-4

| 工况 | 风向 | 风速 | 典型位置 | 示踪气体浓度（质量分数） | $DR^*$ | 感染概率 |
|---|---|---|---|---|---|---|
| 1 | SW | 0.5 | 1 | $<10^{-13}$ | $>10^{10}$ | $<0.0000001\%$ |
| 2 | SW | 1 | 5 | $7.086\times10^{-5}$ | $3.740\times10^5$ | $0.0000061\%$ |
| 3 | SW | 2 | 10 | $2.284\times10^{-4}$ | $8.670\times10^4$ | $0.0000264\%$ |
| 4 | SW | 3.13 | 8 | $8.715\times10^{-5}$ | $5.658\times10^4$ | $0.0000404\%$ |
| 5 | S | 0.5 | 1 | $8.402\times10^{-5}$ | $1.258\times10^6$ | $0.0000018\%$ |
| 6 | S | 1 | 6 | $8.200\times10^{-7}$ | $1.959\times10^8$ | $<0.0000001\%$ |
| 7 | S | 2 | 2 | $1.230\times10^{-5}$ | $7.645\times10^6$ | $0.0000003\%$ |
| 8 | S | 3.13 | 6 | $1.931\times10^{-5}$ | $4.824\times10^6$ | $0.0000005\%$ |
| 9 | W | 0.5 | 6 | $2.015\times10^{-6}$ | $2.349\times10^7$ | $0.0000001\%$ |
| 10 | W | 1 | 1 | $<1.000\times10^{-13}$ | $>10^{10}$ | $<0.0000001\%$ |

续表

| 工况 | 风向 | 风速 | 典型位置 | 示踪气体浓度（质量分数） | $DR^*$ | 感染概率 |
|---|---|---|---|---|---|---|
| 11 | W | 2 | 7 | $4.615×10^{-10}$ | $>10^{10}$ | $<0.0000001\%$ |
| 12 | W | 3.13 | 8 | $6.710×10^{-12}$ | $>10^{10}$ | $<0.0000001\%$ |
| 13 | N | 0.5 | 1 | $4.064×10^{-5}$ | $1.373×10^6$ | $0.0000017\%$ |
| 14 | N | 1 | 6 | $2.562×10^{-8}$ | $1.716×10^9$ | $<0.0000001\%$ |
| 15 | N | 2 | 1 | $<1.000×10^{-13}$ | $>10^{10}$ | $<0.0000001\%$ |
| 16 | N | 3.13 | 1 | $8.027×10^{-8}$ | $5.069×10^8$ | $<0.0000001\%$ |

为查清国际指廊国际到达层（二层）核酸采样间内外排风对国际出发层（三层）的影响，需进一步分析第 7.2.1 节模拟结果的细节。图 7-27 、图 7-28 所示给出了国际指廊典型截面速度、压力、浓度云图，可见在较低风速下，三层浓度分布较均匀，返入三层的示踪气体总量偏小；在较高风速下，三层浓度分布不均，高浓度区域主要集中在下风区域（图 7-28 ），因此典型位置①～⑤的浓度差异较大。国际指廊国际到达层二层核酸采样间内外排风关联感染——国际出发层三层典型位置①～⑤最大感染概率，如表 7-5 所示，感染概率普遍低于 0.0001%，所有典型位置的数据见附表 C-2。该问题的空气动力学分析见第 7.2.1 节。

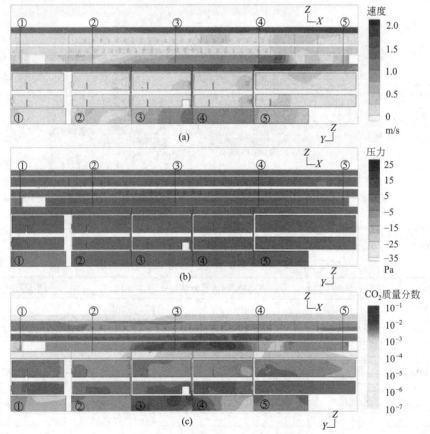

图 7-27 工况 3（SW、2m/s）示踪气体典型截面速度、压力、浓度云图
注：该图的彩图见本书附录 D。

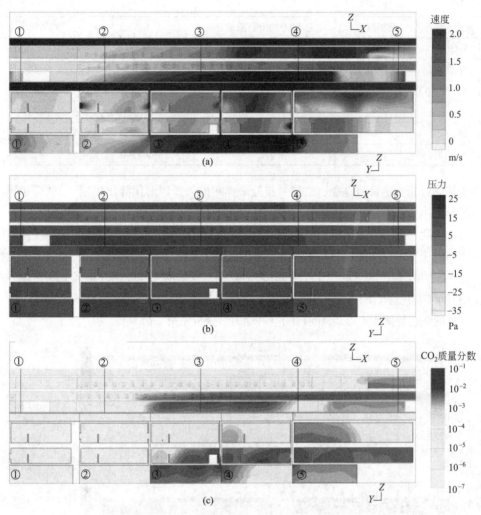

图 7-28 工况 4（SW、3.13m/s）示踪气体典型截面速度、压力、浓度云图

注：该图的彩图见本书附录 D。

国际指廊国际到达层二层核酸采样间内外排风关联感染——
国际出发层三层典型位置①～⑤最大感染概率表 表 7-5

| 工况 | 风向 | 风速 | 典型位置 | 示踪气体浓度（质量分数） | $DR^*$ | 感染概率（%） |
|---|---|---|---|---|---|---|
| 1 | SW | 0.5 | ① | $6.984 \times 10^{-8}$ | $2.716 \times 10^{9}$ | <0.0000001 |
| 2 | SW | 1 | ⑤ | $7.869 \times 10^{-5}$ | $2.320 \times 10^{5}$ | 0.0000395 |
| 3 | SW | 2 | ① | $1.204 \times 10^{-4}$ | $1.765 \times 10^{5}$ | 0.0000519 |
| 4 | SW | 3.13 | ⑤ | $1.185 \times 10^{-4}$ | $1.889 \times 10^{4}$ | 0.0004846 |
| 5 | S | 0.5 | ④ | $2.204 \times 10^{-4}$ | $8.620 \times 10^{4}$ | 0.0001062 |
| 6 | S | 1 | ⑤ | $7.319 \times 10^{-8}$ | $1.542 \times 10^{8}$ | <0.0000001 |
| 7 | S | 2 | ⑤ | $7.999 \times 10^{-7}$ | $6.726 \times 10^{6}$ | 0.0000014 |
| 8 | S | 3.13 | ⑤ | $1.558 \times 10^{-6}$ | $2.130 \times 10^{6}$ | 0.0000043 |
| 9 | W | 0.5 | ① | $1.079 \times 10^{-4}$ | $4.836 \times 10^{5}$ | 0.0000189 |

续表

| 工况 | 风向 | 风速 | 典型位置 | 示踪气体浓度（质量分数） | $DR^*$ | 感染概率（%） |
|---|---|---|---|---|---|---|
| 10 | W | 1 | ① | $1.812\times10^{-5}$ | $1.596\times10^{6}$ | 0.0000057 |
| 11 | W | 2 | ④ | $1.963\times10^{-9}$ | $1.501\times10^{9}$ | <0.0000001 |
| 12 | W | 3.13 | ① | $6.823\times10^{-8}$ | $1.418\times10^{8}$ | <0.0000001 |
| 13 | N | 0.5 | ⑤ | $4.708\times10^{-5}$ | $5.704\times10^{5}$ | 0.0000160 |
| 14 | N | 1 | ① | $<10^{-13}$ | $>10^{10}$ | <0.0000001 |
| 15 | N | 2 | ③ | $2.729\times10^{-8}$ | $1.547\times10^{8}$ | <0.0000001 |
| 16 | N | 3.13 | ⑤ | $5.888\times10^{-8}$ | $1.932\times10^{8}$ | <0.0000001 |

　　总结上述研究内容，根据表 7-5、表 7-6 的数据可知，机场国际指廊核酸采样间排风内外关联的感染概率普遍低于 0.0001%。其原因在于，污染物通过排风口直接排于室外，经过室外风场的稀释后返入室内计算典型位置，此过程室外风场的稀释作用显著，显著降低了返入室内的污染物浓度。

## 7.2.6　隔离候车厅关联感染的稀释倍率及感染概率

　　基于 CFD 模拟，分析隔离候车厅的关联感染的稀释倍率与感染概率。根据第 7.2.5 节选取的高风险典型位置及感染概率与稀释倍率的计算公式（参见第 1.4 节），可得到不同工况下入境旅客隔离候车厅关联感染电梯井问题中各典型位置的感染概率及稀释倍率。表 7-6 给出了典型位置 1~10、1′~10′ 中最大的感染概率的数据，所有典型位置的数据见附表 C-3、附表 C-4。根据表中数据可见，$q=40$quanta/h 时电梯井感染问题中工况 2、工况 3 出现了超过 1% 的感染概率（均在离电梯中间较近的 4~7 易感位置，见图 7-29），而距离电梯井较远的位置 1′~10′ 感染概率普遍低于 1%。因此，在 12 月 4 日机场西南风的条件下最大感染概率为 1.1720%~1.6540%，具体位置位于电梯井附近，如图 7-29 所示。

入境旅客隔离候车厅关联感染电梯井 T2-T3 潜在高风险区域 1~10、1′~10′ 的最大感染概率一览表

表 7-6

| 工况 | 风向 | 风速 | 典型位置 | 示踪气体浓度（质量分数） | $DR^*$ | 感染概率（%） |
|---|---|---|---|---|---|---|
| 1 | SW | 0.5 | 8 | $1.771\times10^{-5}$ | $2.280\times10^{3}$ | 0.8733 |
| 2 | SW | 1 | 7 | $3.250\times10^{-5}$ | $1.199\times10^{3}$ | 1.6540 |
| 3 | SW | 2 | 4 | $2.390\times10^{-5}$ | $1.696\times10^{3}$ | 1.1720 |
| 4 | SW | 3.13 | 10 | $1.574\times10^{-6}$ | $2.543\times10^{4}$ | 0.0786 |
| 5 | S | 0.5 | 1 | $<10^{-9}$ | $>10^{10}$ | <0.0001 |
| 6 | S | 1 | 1 | $<10^{-9}$ | $>10^{10}$ | <0.0001 |
| 7 | S | 2 | 4 | $3.857\times10^{-5}$ | $1.038\times10^{3}$ | 1.9079 |
| 8 | S | 3.13 | 4 | $6.993\times10^{-6}$ | $5.735\times10^{3}$ | 0.3481 |
| 9 | W | 0.5 | 1 | $<10^{-9}$ | $>10^{10}$ | <0.0001 |
| 10 | W | 1 | 1 | $<10^{-9}$ | $>10^{10}$ | <0.0001 |
| 11 | W | 2 | 1 | $<10^{-9}$ | $>10^{10}$ | <0.0001 |

| 工况 | 风向 | 风速 | 典型位置 | 示踪气体浓度（质量分数） | $DR^*$ | 感染概率（%） |
|------|------|------|----------|--------------------------|--------|---------------|
| 12 | W | 3.13 | 1 | $1.405\times10^{-9}$ | $2.792\times10^{7}$ | 0.0001 |
| 13 | N | 0.5 | 1 | $<10^{-9}$ | $>10^{10}$ | $<0.0001$ |
| 14 | N | 1 | 1 | $<10^{-9}$ | $>10^{10}$ | $<0.0001$ |
| 15 | N | 2 | 8 | $1.625\times10^{-6}$ | $2.272\times10^{4}$ | 0.0880 |
| 16 | N | 3.13 | 4 | $1.493\times10^{-6}$ | $2.653\times10^{4}$ | 0.0754 |

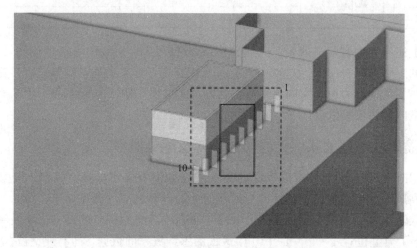

图 7-29　工况 2、工况 3、工况 7 出现的超过 1% 的感染概率的典型位置

注：图中西南风条件工况 2、工况 3 为典型位置 4~7 号（见实线框），一并绘出南风条件工况 7、1~10 号位置（见虚线框）

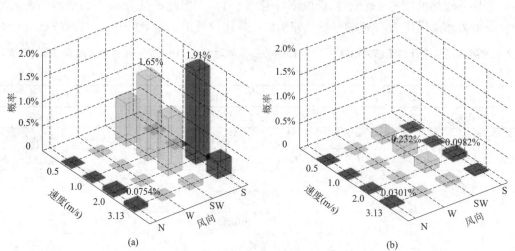

(a)　　　　　　　　　　　　(b)

图 7-30　不同外风场条件下建筑内电梯井感染最大概率分布

（a）位置 1~10；（b）位置 $1'~10'$

注：该图的彩图见本书附录 D。

图 7-30 总结了典型位置中最大感染概率与不同外风场条件（不同风向、风速）的关系，可见随着外风场风速的增大，在风向 SW 和 S 时，感染概率先增大后减小，而在风向

N 和 W 时，感染概率较小，这说明电梯井附近的感染问题与外风场条件密切相关，合适的风向、风速条件下，示踪气体可以进入同层和上层，造成病毒的传播和感染。

综上，入境旅客隔离候车厅关联感染的电梯井感染概率及稀释倍率计算结果说明，在西南风 1～2m/s 或南风 2m/s 作用下，示踪气体通过电梯井顶部穿孔板扩散至 T2 到 T3 北连接楼三层附近，造成的感染率可超过 1%。

# 7.3　连体建筑自然通风空气运动及气载污染物传播模拟

## 7.3.1　连体建筑的通风特征

在单体建筑自然通风的气流运动及病毒传播数值模拟中（见第 7.2 节），仅对国际指廊及北连接楼进行了几何建模，而北连接楼与 T2、T3 航站楼连接的区域采用压力出口边界人为给定压强值进行近似处理，而实际上连体建筑内的压强分布是由内外风场整体确定的，这里连接处的压力值难以准确预估，因此本节模拟计算了建筑 $10H_{max}$ 范围的外域风场，并对与国际指廊相连接的整个建筑风场进行建模，旨在获得更加精确的建筑内风场与示踪气体浓度分布。

连体建筑模型为 A 机场 T3 航站楼、T2 航站楼、国际指廊及附近建筑群的完整建模，其流场计算区域尺寸为 1000m×542.3m×150m，总体积为 8068 万 $m^3$，如图 7-31 所示。根据第 5.4 节气象信息以及第 7.2 节单体建筑的模拟结果可知，某 KP 航班 12 月 4 日入境时，机场建筑风场的变化范围为 0～3.12m/s，风向主要为西南风（SW），因此本节主要进行自然通风条件下，SW、0.5m/s，SW、1.0m/s，SW、2.0m/s，SW、3.1m/s 四种工况的模拟及分析。

考虑对几何模型进行适当的简化，以减少计算量。注意到机场整体建筑沿西南风向呈对称分布（图 7-1），因此 SW 风向下该建筑内外的流动符合对称条件，对称面位于 T3 航站楼中间，基本与西南方向平行。因此这里只需建立一半 T3 航站楼的几何模型，如图 7-31 所示。

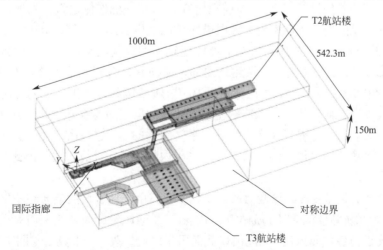

图 7-31　连体建筑模型几何模型

注：该图的彩图见本书附录 D。

在边界条件方面，计算区域的底面（实际地面）设置为无滑移壁面，剩余的 4 个面中的迎风面设置为速度入口，背风面设置为压力出口，其值由外风场中虚拟界面的物理量插值获得（见第 7.1.2 节），特别的，T3 航站楼的中间内外剖面为对称边界，建筑物内外墙面设置为无滑移壁面。

在进行数值模拟结果分析之前，首先对连体建筑模型重点关注区域进行介绍。图 7-32 （a）显示出了北连接楼截面区域空气流动主要进出口，通过分析出入口风量、流向变化，可以明晰整个航站楼的空气流动状况，为分析新冠病毒传播路径奠定基础。图 7-32(b) 给出了三个国内旅客容易到达的稀释倍率与感染概率计算采样区域，为新冠病毒传播潜在高风险区域。通过比较不同区域稀释倍率与感染概率，识别与确定出感染高风险点位。

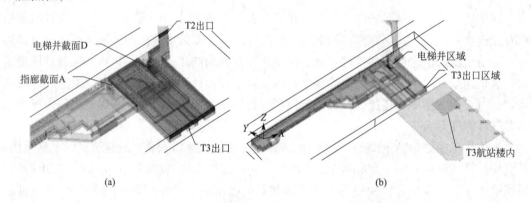

图 7-32　连体建筑模型重点关注区域

（a）北连接楼截面区域；（b）稀释倍率与感染概率计算采样区域

注：该图的彩图见本书附录 D。

## 7.3.2　室外风速的影响

根据前两节的模型进行 CFD 数值模拟研究，下面分析连体建筑自然通风条件下的模拟结果。在 SW 风向下，不同室外风速时航站楼内速度云图（三层、高 11.5m）及流线图如图 7-33 所示。不同建筑外风速情况下连体建筑内的空气流动风向基本一致，外界自然风从国际指廊及 T2 航站楼窗户进入建筑内部，流向并汇合于北连接楼，然后流至 T3 航站楼，在 T3 航站楼二层产生较大的漩涡并从 T3 航站楼天窗排出。不同工况的主要区别在于不同建筑外风速导致建筑内风速的差异，建筑内风速随建筑外风速的升高而升高，建筑内各特征截面风量与外界风速皆呈线性关系（图 7-34）。这是由于在计算连体建筑模型中并未人为设置建筑内风场的出入口，而是采用内外贯通的计算方式，因此可以保证内外风场计算的合理性。

表 7-7 给出了北连接楼区域截面风量及其占比，由于此区域的流向在不同工况下总是由国际指廊、T2 航站楼流向 T3 航站楼，T3 出口截面风量即为建筑物内总风量，因此表中的风量占比皆为各截面风量与 T3 出口截面风量之比。表 7-7 中数据与图 7-33 对应，亦说明建筑内各特征截面风量与外界风速变化呈线性关系。

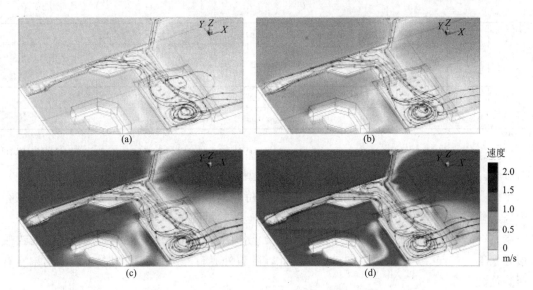

图 7-33　连体建筑自然通风不同室外风速下航站楼内速度云图及流线图
（a）SW、0.5m/s；（b）SW、1.0m/s；（c）SW、2.0m/s；（d）SW、3.1m/s

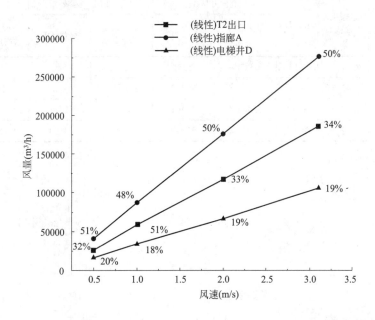

图 7-34　连体建筑自然通风工况室外风速与北连接楼区域风量的关系

连体建筑模型自然通风不同工况下北连接楼区域风量表（单位：m³/h）　　表 7-7

| 风向 | 风速（m/s） | 北连接楼区域风量（正值为进入区域）(m³/h) | | | | 风量占比 | | |
|---|---|---|---|---|---|---|---|---|
| | | T2 出口 | 指廊 A | 电梯井 D | T3 出口 | T2 进口风量/T3 出口风量 | 指廊 A 风量/T3 出口风量 | 电梯井 D 风量/T3 出口风量 |
| SW | 0.5 | 26320 | 41376 | 16291 | −81703 | 32% | 51% | 20% |
| SW | 1.0 | 60600 | 88017 | 33730 | −182393 | 33% | 48% | 18% |

| 风向 | 风速(m/s) | 北连接楼区域风量(正值为进入区域)(m³/h) | | | | 风量占比 | | |
|---|---|---|---|---|---|---|---|---|
| | | T2出口 | 指廊A | 电梯井D | T3出口 | T2进口风量/T3出口风量 | 指廊A风量/T3出口风量 | 电梯井D风量/T3出口风量 |
| SW | 2.0 | 117394 | 176161 | 67297 | −350466 | 33% | 50% | 19% |
| SW | 3.1 | 185923 | 275894 | 105396 | −550709 | 34% | 50% | 19% |

对连体建筑模型入境旅客隔离候车厅及电梯井区域示踪气体的流动和扩散模拟结果进行分析。示踪气体释放源的设置同单体建筑模型，位于入境旅客隔离候车厅（图7-22），入境旅客隔离候车厅通过电梯井与二、三层保持空间联通。由图7-35～图7-37可见，在内风场作用下，位于北连接楼入境旅客隔离候车厅的示踪气体经过电梯井传播扩散至二、三层，在来自国际指廊和T2航站楼流场的交汇作用下，示踪气体在北连接楼三层北连接楼处聚集，并向T3航站楼方向扩散。因此，随着外界自然风风速的增大，污染物浓度有所降低。

连体建筑不同室外风速下的感染概率及稀释倍率（*DR*） 表7-8

| 风向 | 风速(m/s) | 最大感染概率 | 最小*DR* | 电梯井区域 | | T3出口区域 | | T3航站楼内 | |
|---|---|---|---|---|---|---|---|---|---|
| | | | | 最大感染概率 | 最小*DR* | 最大感染概率 | 最小*DR* | 最大感染概率 | 最小*DR* |
| SW | 0.5 | 3.575% | 549 | 0.960% | 2074 | 3.575% | 549 | 2.081% | 951 |
| SW | 1.0 | 2.103% | 941 | 0.191% | 10440 | 2.103% | 941 | 1.200% | 1656 |
| SW | 2.0 | 1.063% | 1871 | 0.048% | 41401 | 1.063% | 1871 | 0.599% | 3327 |
| SW | 3.1 | 0.526% | 3793 | 0.023% | 87992 | 0.526% | 3793 | 0.295% | 6780 |

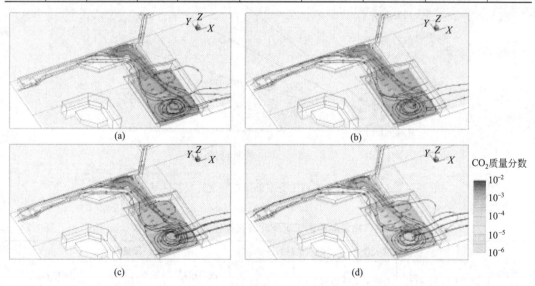

图7-35 连体建筑自然通风不同室外风速下航站楼内示踪气体浓度云图及流线图
(a) SW、0.5m/s；(b) SW、1.0m/s；(c) SW、2.0m/s；(d) SW、3.1m/s
注：该图的彩图见本书附录D。

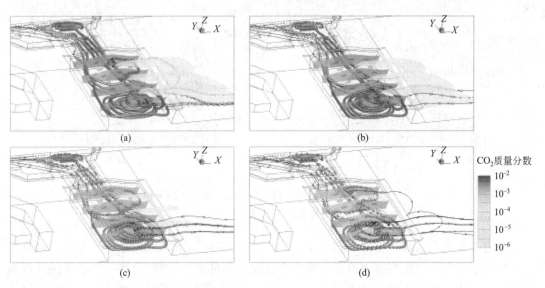

图 7-36　连体建筑自然通风不同室外风速下 T3 航站楼内示踪气体浓度云图及流线图

(a) SW、0.5m/s；(b) SW、1.0m/s；(c) SW、2.0m/s；(d) SW、3.1m/s

注：该图的彩图见本书附录 D。

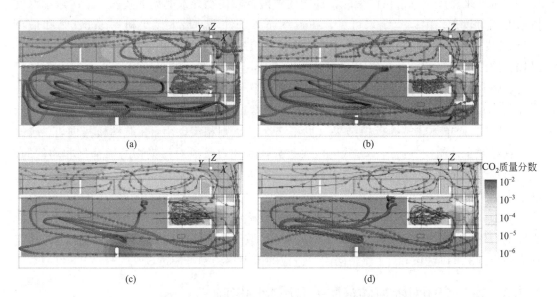

图 7-37　连体建筑自然通风不同室外风速下国际指廊、电梯井示踪气体浓度云图及流线图

(a) SW、0.5m/s；(b) SW、1.0m/s；(c) SW、2.0m/s；(d) 3.1m/s

注：该图的彩图见本书附录 D。

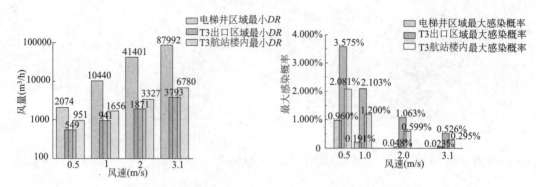

图 7-38　连体建筑潜在高风险区域稀释倍率与感染概率
注：该图的彩图见本书附录 D。

为进一步查明入境旅客隔离候车厅的污染物传播到国际出发层三层的可能性，根据示踪气体的浓度以及感染概率和稀释倍率计算公式（参见第 1.4 节），对三个重点关注区域内的感染概率和稀释倍率进行的定量计算。由表 7-8、图 7-38 可见，随着外界自然风风速的增大，三个采样区域 DR 增大、感染概率减小。其中，T3 出口区域 DR 较小、感染概率 P 较大。这是由于在被感染者（见第 5.1 节流调结果）可能到达的采样区域中，T3 出口区域位于来流风场的下风汇聚区，加之建筑隔挡障碍物导致的局部漩涡，此区域示踪气体浓度相对较大。由以上结果可见，在自然通风条件下，最大感染概率 3.575% 和最小 $DR = 549$ 出现在 SW、0.5m/s，位于北连接楼 T3 出口区域。由于考虑连体建筑整体对风场、浓度场的影响，此计算结果理论上比单体建筑模型的结果（第 7.2.6 节）更加精确。比较两者模拟计算结果：连体建筑模拟得到的最大感染概率远高于单体建筑（1.654%），建筑内风场最大的区别在于北连接楼内的风向，连体建筑由 T2 航站楼指向 T3 航站楼，而单体建筑的模拟结果（见第 7.2 节）则相反，由 T3 航站楼指向 T2 航站楼。这导致了建筑内气流运动方式的巨大差异，表明自然风对污染物的稀释是非均匀的，室内风场受到多孔洞、高度、位置分布等多种因素的影响，导致污染物的浓度分布、病毒的最大感染概率与诸多因素有关。

综上，入境旅客隔离候车厅关联感染的梯井感染概率及稀释倍率计算结果说明，在西南风的自然通风作用下，示踪气体通过电梯井扩散至北连接楼三层电梯井区域附近、北连接楼三层 T3 出口区域和 T3 航站楼内，造成的最大感染率可超过 3%。

### 7.3.3　窗户启闭对隔离候车厅关联感染的影响

机场建筑窗户启闭等可调节边界条件对建筑内风场以及污染物传播扩散具有重要影响。本节比较了 T2 航站楼开、关天窗这两种情况对建筑内风场及北连接楼入境旅客隔离候车厅关联感染的影响程度。

修改连体建筑几何模型（图 7-31）中 T2 航站楼的部分，通过 CFD 数值计算可得到关窗情况下的室内风场模拟结果。结果表明，在 SW 风向各风速下，关闭 T2 航站楼天窗后，各特征截面的风量显著降低，但北连接楼区域各特征截面风量占比变化不明显，因此外界自然风对建筑内示踪气体的稀释作用有所降低，导致三个采样区域 DR 减小、感染概率增大（图 7-39 及图 7-40、表 7-9）。另外，在关闭 T2 航站楼天窗的情况下，随着外界风速的增大，三个采样区域 $DR$ 增大、感染概率减小，这与开窗情况下不同风速对建筑内示踪气体浓度的影响规律一致。

**T2 航站楼开、关窗自然通风工况下空气流动、稀释倍率（$DR$）与感染概率一览表 表 7-9**

| 风向 | 风速（m/s） | 边界条件 | 最大感染概率（%） | 最小 $DR$ | 电梯井区域 | | T3 出口区域 | | T3 航站楼内 | | 北连接楼区域风量（正值为进入区域）(m³/h) | | | | 风量占比 | | |
| --- | --- | --- | --- | --- | --- | --- | --- | --- | --- | --- | --- | --- | --- | --- | --- | --- | --- |
| | | | | | 最大感染概率（%） | 最小 $DR$ | 最大感染概率（%） | 最小 $DR$ | 最大感染概率（%） | 最小 $DR$ | T2 出口 | 指廊 A | 电梯井 D | T3 出口 | T2 进/T3 出（%） | 指廊 A/T3 出（%） | 电梯井 D/T3 出（%） |
| SW | 0.5 | 开窗 | 3.575 | 549 | 0.960 | 2074 | 3.575 | 549 | 2.081 | 951 | 26320 | 41376 | 16291 | −81703 | 32 | 51 | 20 |
| SW | 0.5 | 关窗 | 8.194 | 234 | 3.996 | 490 | 8.194 | 234 | 4.675 | 418 | 16769 | 32585 | 9768 | −59474 | 28 | 55 | 16 |
| SW | 1.0 | 开窗 | 2.103 | 941 | 0.191 | 10440 | 2.103 | 941 | 1.200 | 1656 | 60600 | 88017 | 33730 | −182393 | 33 | 48 | 18 |
| SW | 1.0 | 关窗 | 6.035 | 321 | 2.626 | 752 | 6.035 | 321 | 3.386 | 581 | 33842 | 64352 | 19495 | −118399 | 29 | 54 | 16 |
| SW | 2.0 | 开窗 | 1.063 | 1871 | 0.048 | 41401 | 1.063 | 1871 | 0.599 | 3327 | 117394 | 176161 | 67297 | −350466 | 33 | 50 | 19 |
| SW | 2.0 | 关窗 | 4.266 | 459 | 1.850 | 1071 | 4.266 | 459 | 2.456 | 804 | 68501 | 128115 | 38898 | −236619 | 29 | 54 | 16 |
| SW | 3.1 | 开窗 | 0.526 | 3793 | 0.023 | 87992 | 0.526 | 3793 | 0.295 | 6780 | 185923 | 275894 | 105396 | −550709 | 34 | 50 | 19 |
| SW | 3.1 | 关窗 | 1.525 | 1302 | 0.763 | 2611 | 1.525 | 1302 | 0.917 | 2171 | 109151 | 201530 | 60768 | −372433 | 29 | 54 | 16 |

综上，T2 航站楼天窗关闭的情况会显著降低自然通风对污染物的稀释作用，在 SW、1m/s 的建筑外风场条件下，北连接楼三层的 T3 出口区域最大感染概率可达 8%。

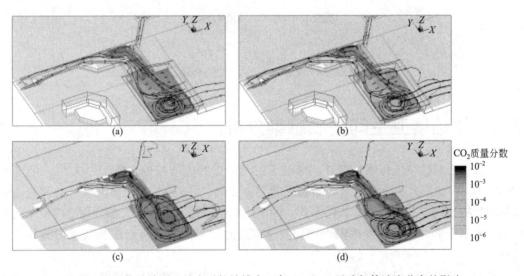

**图 7-39　T2 航站楼开、关窗对航站楼内（高 11.5m）示踪气体浓度分布的影响**
(a) SW、1.0m/s，T2 开窗；(b) SW、3.1m/s，T2 开窗；(c) SW、1.0m/s，T2 关窗；(d) SW、3.1m/s，T2 关窗

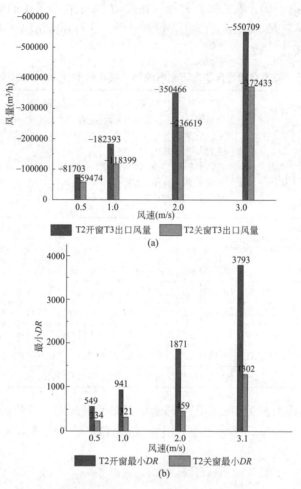

图 7-40　T2 航站楼开、关窗的影响

（a）对 T3 出风口风量的影响；（b）对最小稀释倍率的影响

# 7.4　航站楼卫生间关联感染分析

病毒气溶胶除空气传播路径外，通过卫生间管道的传播路径也应予以关注。2003 年 SARS 期间香港淘大花园总计有 331 名患者感染非典，死亡 42 人。根据事后的调查，淘大花园每栋建筑设有 8 条直立式污水管，用于收集整栋楼的污水。大部分住宅内卫生间的 U 形聚水器干涸，未能够发挥隔气作用。这些直通整楼的排污管，成为病毒传播的重要通道。

自新冠肺炎疫情暴发以来，有研究表明[8] 新冠病毒存在通过粪便气溶胶传播的可能。其中，新冠病毒气溶胶传播造成的垂直爆发案例至少有 3 起，广州某高层小区 1 起，香港的高层小区 2 起。这种垂直爆发的特点是上层和下层卫生间的污水排水管共同连接到同一个立管，并且卫生间内存在潜在的漏气现象，例如：水封失效，排水管和立管的接头处漏气等（图 7-41）。

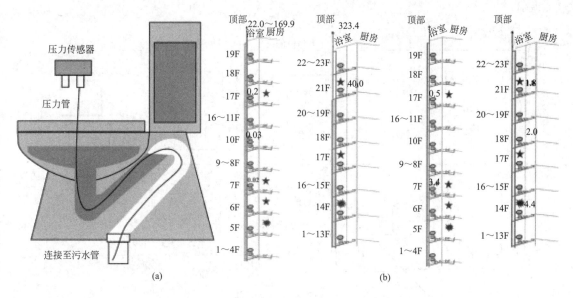

图 7-41　卫生间及高层小区上、下层地漏连通布置
(a) 卫生间示踪测试；(b) 爆发点和二次感染者的分布情况，
星号和爆炸符号分别表示二次感染病例的位置和爆发点的位置

　　依据 A 机场给水排水设计图等资料，将国际指廊卫生间分布，以及两组感染源人员在 T3 航站楼使用过的卫生间及其污水管道连接情况分别绘制于图 7-42 和图 7-43。

　　首先，分析国际指廊卫生间的分布及发生新冠病毒传播的可能性。国际指廊一共设置 6 个卫生间，其分布如下：卫生间 1 和 4 位于国际指廊一层，卫生间 2 和 5 位于国际指廊二层（国际到达层），卫生间 3 和 6 位于国际指廊三层（国际出发层），如图 7-42(a)～(c) 中阴影方框区域所示。分析污水管道连通情况，卫生间 2（二层）和 3（三层）均与污水立管 WL-1 连通，与国际指廊一层卫生间 1 的污水管汇于污水立管 WL-1，其与污水井 W/1 连通。卫生间 4（一层，卫生间 4 部分排便池与污水立管 WL-5 连通）和卫生间 6（三层）的排污管道与污水立管 WL-3 连通，然后连向污水井 W/3。卫生间 5 与污水立管 WL-2 连通，并与污水井 W/2 连通（图 7-42）。

　　依据国际指廊卫生间的分布和污水管道的连通情况，从俯视方向看，卫生间 2、3 位于不同楼层的同一位置，高度不同，分别位于国际指廊的国际到达层（二层）和出发层（三层），其污水排向污水立管 WL-1，与卫生间 1 的污水汇流至污水井 W/1。卫生间 5 的污水通过污水立管 WL-2 单独排向污水井 W/2。从分布来看，卫生间 4 和 6 垂直方向不在同一位置，其污水均通过污水立管 WL-3 排向污水井 W/3，其中卫生间 4 的一部分污水通过污水立管 WL-5 流向污水井 W/3。卫生间 1、2 和 3 的污水立管是共用的，当水封失效或者效果差时，可能会发生由低层向上层串气，但每个系统都与通气支管连通，这也降低了上层和下层串气的概率。同样，卫生间 4 和 6 也可能因上述原因出现上下串气，但发生的概率性低。然而，卫生间 1、2、3、5 与卫生间 4、6 的污水管道未连通，且它们的污水流向不同污水井，故它们之间发生关联感染概率的极小。

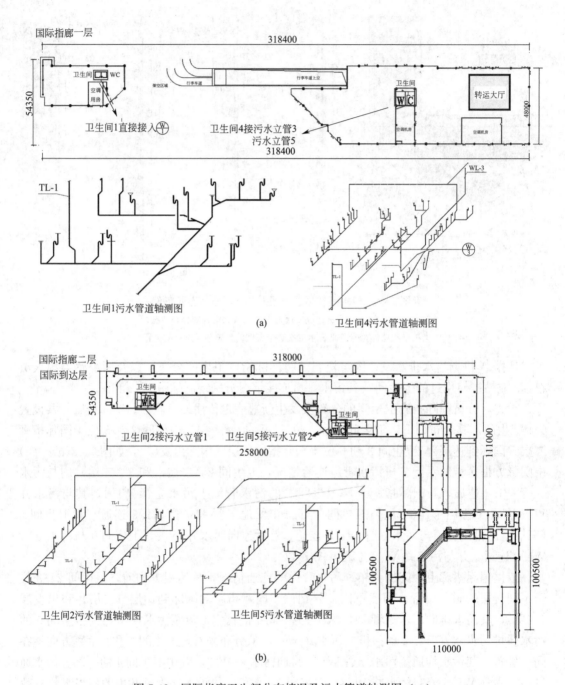

图 7-42　国际指廊卫生间分布情况及污水管道轴测图（一）

（a）国际指廊一层（入境旅客隔离候车厅）卫生间分布；（b）国际指廊二层（国际到达层）卫生间分布

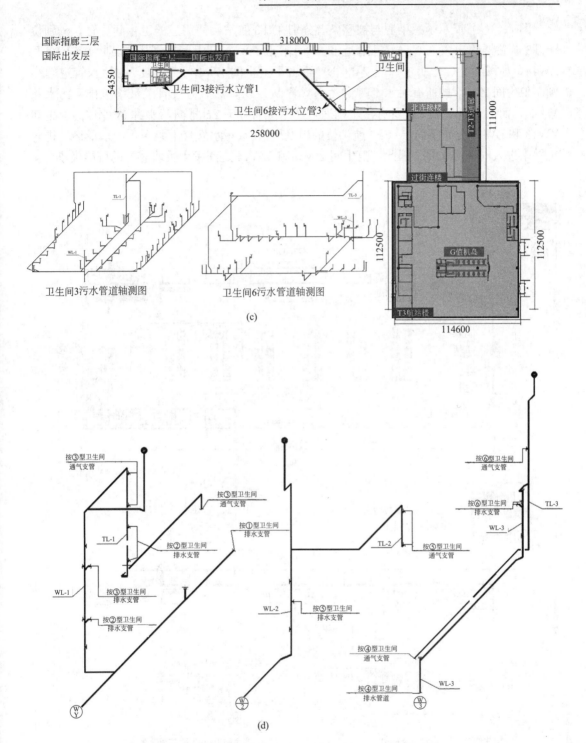

图 7-42　国际指廊卫生间分布情况及污水管道轴测图（二）

（c）国际指廊三层（国际出发层）卫生间分布；（d）国际指廊卫生间污水管道轴测图

图 7-43（a）展示了感染源与被感染者分别在 T3 航站楼使用过的卫生间位置，分别位于 T3 航站楼的出发层的 M 门附近和 R 门附近，2 个卫生间的编号分别为 ZW13 和 ZW14，如图 7-43（a）所示。图 7-43（b）给出了卫生间 ZW13 和 ZW14 的污水管道轴测图。卫生间 ZW13 的所有污水都排向污水立管 WL-Z4，然后通过管道最终被排入污水井 W/Z8，而卫生间 ZW14 的所有污水则通过污水立管 WL-Z5 排向污水井 W/Z12。卫生间 ZW13 和 ZW14 分布于同层（T3 航站楼的出发层），且污水立管不共用，污水最终的排向也并未进入同一污水井。因此，卫生间 ZW13 和 ZW14 之间发生关联感染的可能极小。

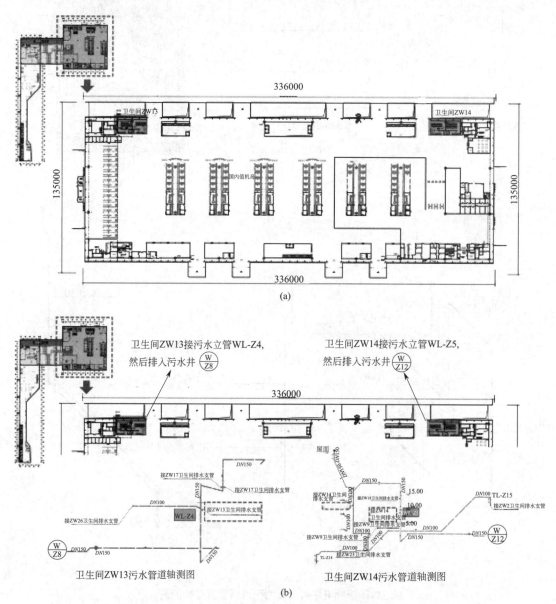

图 7-43　周某等和刘某等在 T3 航站楼使用卫生间 ZW13、ZW14 位置及污水管道轴测图
（a）卫生间在 T3 航站楼出发层位置；（b）卫生间污水管道轴测图

经上述分析，国际指廊的所有卫生间和 T3 航站楼被使用过的卫生间在高度方向不同层，污水立管未连通，且污水最终排向的污水井也不同，即国际指廊和 T3 航站楼之间的卫生间使用的污水排水系统是独立设置的。国际指廊卫生间被污染的污水形成的气溶胶通过污水管道"返串"至 T3 航站楼的可能性几乎为零。因此，通过国际指廊及 T3 航站楼卫生间之间发生关联感染的概率极小。

## 本章参考文献

［1］　Ai Z，Mak Cm，Gao N，et al. Tracer gas is a suitable surrogate of exhaled droplet nuclei for studying airborne transmission in the built environment ［J］. Building Simulation，2020，13（3）：489-496.

［2］　Su W，Yang B，Melikov A，et al. Infection probability under different air distribution patterns ［J］. Building and Environment，2022，207：108555.

［3］　Longo R，Fürstm，Bellemans A，et al. CFD dispersion study based on a variable Schmidt formulation for flows around different configurations of ground-mounted buildings ［J］. Building and Environment，2019，154：336-347.

［4］　中交公路规划设计院. 公路桥梁抗风设计规范：JTG/T 3360-01—2018 ［S］. 北京：人民交通出版社，2018.

［5］　Shao X，Li X. COVID-19 transmission in the first presidential debate in 2020 ［J］. Physics of Fluids. 2020，32（11）：115125.

［6］　Dai H，Zhao B. Association of the infection probability of COVID-19 with ventilation rates in confined spaces ［J］. Building Simulation. 2020，13：1321-1327.

［7］　Salim Sm，Cheah S C，Chan A. Numerical simulation of dispersion in urban street canyons with avenue-like tree plantings：Comparison between RANS and LES ［J］. Building and Environment，2011，46（9）：1735-1746.

［8］　Wang Q，Li Y，Lung D，et al. Aerosol transmission of SARS-CoV-2 due to the chimney effect in two high-rise housing drainage stacks ［J］. Journal of Hazardousmaterials，2022，421：126799.

# 第8章 多元通风机场建筑气载污染物传播路径解析

## 8.1 数学物理模型及边界条件

评估机场建筑气载致病微生物等污染物传播路径，需要研究在等温与非等温条件下，自然通风与机械通风共同作用下的多元通风（复合通风）气流运动状态。本章中的几何模型与连体建筑自然通风模型完全相同，参见第7.3.1节连体建筑模型相关介绍，在此不再赘述。多元通风与自然通风模型的主要区别在于控制方程和边界条件。

本章应用稳态 N-S 方程对机场外风场及建筑内风场进行数值模拟。对于非等温工况下的多元通风，控制方程包括连续性方程、动量方程、能量方程，温升引起的浮升力项采用 Boussinesq 近似处理，还需要采用壁面传热边界条件。风场预测采用 $k$-$\epsilon$ 湍流模型。作为对比，还进行了等温工况下的多元通风全尺寸数值模拟。

### 1. Boussinesq 近似

由于温差导致密度变化，浮力主导的自然对流流动在本模拟中可采用 Boussinesq 近似处理，它要比设定密度为温度的函数来求解控制方程收敛得快。除动量方程中的浮力项外，该模型将密度视为所有求解方程中的常数。Boussinesq 近似产生的浮力项表示为：

$$(\rho - \rho_0)g \approx -\rho_0 \beta (T - T_0)g \tag{8-1}$$

式中   $\rho_0$——参考密度值；

   $\rho$——温差变化后的密度值；

   $\beta$——膨胀系数；

   $T_0$——参考温度值。

室内低速空气流动可视为不可压缩气体，故用不可压缩 N-S 方程描述流动过程。N-S 方程在进行 Boussinesq 近似之后的方程如下：

$$U_j \frac{\partial U_i}{\partial x_j} = \frac{1}{\rho} \frac{\partial p}{\partial x_j} + \nu \frac{\partial^2 U_i}{\partial x_j \partial x_j} - \frac{\partial}{\partial x_j}(\overline{u_i u_j}) + g_i \beta (T - T_0) \tag{8-2}$$

### 2. 能量方程及边界条件

本章在考虑非等温条件下的流动与组分扩散，需考虑能量输运过程，采用能量方程：

$$U_j \frac{\partial T}{\partial x_j} = a \frac{\partial^2 T}{\partial x_j \partial x_j} - \frac{\partial}{\partial x_j}(u_j{}' T') + S_h \tag{8-3}$$

由于壁面地板辐射供暖热条件已知，壁面采用第一类边界条件：

$$T_W = \text{const} \tag{8-4}$$

　　基于机场建筑通风空调工况，设置机械送风时通风空调系统各处风口边界，如表 8-1 所示。其中，国际出发厅三层的新风量为 $45000\text{m}^3/\text{h}$，两个排风口的排风量均为 $3801\text{m}^3/\text{h}$；国际到达厅二层的新风量为 $119740\text{m}^3/\text{h}$，两个排风口的排风量均为 $1400\text{m}^3/\text{h}$。非等温条件计算域远场边界物理量通过外风场虚拟边界插值获得（见第 7.1.2 节），温度设置为 12℃。

各区域风量、新风口送风速度及送风温度　　　　表 8-1

| 区域 | 计算风量 (m³/h) | 风口类型 | 个数 | 风口总面积 (m²) | 风速 (m/s) | 送风温度 (℃) | 地板温度 (℃) |
|---|---|---|---|---|---|---|---|
| 国际出发厅三层 | 37398 | 2×0.64<br>4×0.64 | 22<br>6 | 43.52 | 0.2387 | 37 | 18 |
| 国际到达厅二层 | 116940 | φ0.3 | 88 | 6.2172 | 5.2248 | 37 | — |
| 北连接楼二层 | 115668 | φ0.3 | 174 | 12.2931 | 2.6137 | 37 | — |
| 北连接楼一层 | 17692 | φ0.3 | 46 | 3.2499 | 1.5122 | 37 | — |
| 北连接楼一层(排1) | 13000 | 1500×500 | 1 | 0.75 | 4.8148 | — | — |
| 北连接楼一层(排2) | 7000 | 630×400 | 1 | 0.75 | 2.5926 | — | — |

## 8.2　稀释倍率及传染概率模拟结果分析

### 1. 等温多元送风关联感染模拟

　　为了明晰自然通风和机械通风共同作用对国际指廊入境旅客隔离候车厅关联感染的影响，对连体建筑模型及电梯井区域示踪气体的流动和扩散进行了 CFD 数值模拟，并且分别采用等温模型和非等温模型进行对比研究。

　　等温多元通风条件的模拟结果如图 8-1、图 8-2 所示。在计算自然通风的基础上增加机械通风后，建筑内风向并未改变，仍然由国际指廊和 T2 航站楼流向 T3 航站楼。与之相比，各特征截面风量有显著变化，相比于自然通风的模拟结果（边界条件 a，第 7.3.2 节计算结果），等温多元通风的情况下（边界条件 b），T2 航站楼到北连接楼截面（T2 出口）、电梯井截面 D 风量增大；国际指廊到北连接楼截面 A 风量减小；各区域 $DR$ 增大，感染概率降低。可见，增加机械通风后增强了对污染物的稀释作用。因此，总体上机械通风导致所关注的高风险采样区域 $DR$ 增大，感染概率降低。

等温多元通风不同风速条件下稀释倍率（$DR$）及感染概率　　　　表 8-2

| 风向 | 风速 (m/s) | 最大感染概率(%) | 最小 $DR$ | 电梯井区域 | | T3 出口区域 | | T3 航站楼内 | |
|---|---|---|---|---|---|---|---|---|---|
| | | | | 最大感染概率(%) | 最小 $DR$ | 最大感染概率(%) | 最小 $DR$ | 最大感染概率(%) | 最小 $DR$ |
| SW | 0.5 | 0.080 | 25011 | 0.048 | 41320 | 0.080 | 25011 | 0.058 | 34756 |
| SW | 1.0 | 0.137 | 14637 | 0.058 | 34319 | 0.137 | 14637 | 0.056 | 35797 |
| SW | 2.0 | 0.090 | 22282 | 0.022 | 92535 | 0.090 | 22282 | 0.048 | 42030 |
| SW | 3.1 | 0.120 | 16674 | 0.017 | 121163 | 0.120 | 16674 | 0.067 | 29852 |

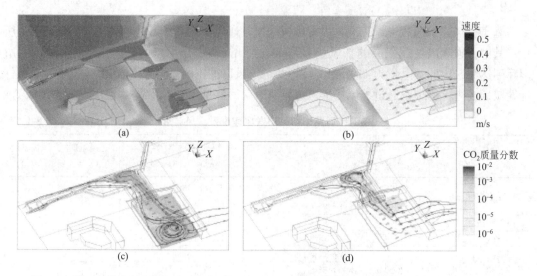

图 8-1　等温自然通风与增加机械通风后机场航站楼外、内风场及流线图对比（SW、1.0m/s）

(a) 自然通风，速度云图（高 11.5m）；(b) 自然＋机械通风，速度云图（高 11.5m）；

(c) 自然通风，浓度云图（高 11.5m）；(d) 自然＋机械通风，浓度云图（高 11.5m）

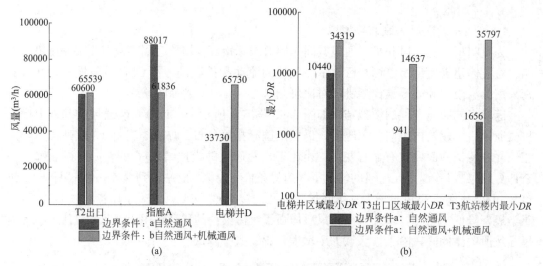

图 8-2　等温自然通风与增加机械通风后风量、风向及不同区域感染概率对比（SW、1.0m/s）

(a) 两种工况下各出入口风量；(b) 两种工况下各区域最小稀释率

对 SW 风向下不同的风速条件进行了 CFD 数值模拟，由表 8-2 可见，在考虑自然通风及机械通风的情况下，最大感染概率与建筑外风速之间并不存在单一的线性相关关系，最大感染概率 0.137％ 和最小稀释倍率 $DR=14637$ 出现在 SW 风向下 1.0m/s 风速工况，位于北连接楼 T3 出口区域处。

概括而言，自然通风可以一定程度上稀释病毒浓度，降低感染概率。在自然通风和机械通风共同作用的多元通风模式下，建筑物内一些区域点位（如电梯井等贯通空间）风量相对于自然通风显著增加，增强了对流稀释作用，最大感染概率由 3.575％ 降低到 0.137％。

**2. 非等温多元送风关联感染模拟**

在等温多元通风的基础上，本节考虑非等温模型对国际指廊入境旅客隔离候车厅关联感染的影响。在非等温模型中，考虑了机械送风与地板辐射的温度边界条件与体相中的温度浮升力。由图 8-3～图 8-6 可见，由于存在较大的建筑内外温差（内外温度边界条件设置差异约 25℃），考虑了温度浮升力的影响，在相同的外场风速下，建筑内各特征截面风量及总风量显著增大，对污染物的稀释作用大大增强。因此，三个采样区域 $DR$ 显著增大、感染概率显著减小。

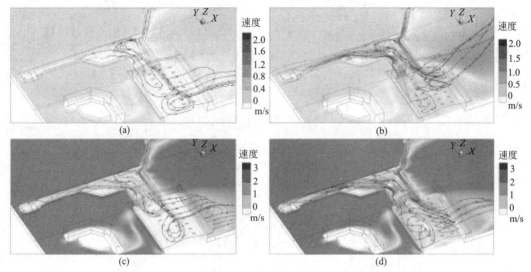

图 8-3　等温及非等温工况下机场航站楼外、内风场及流线图
(a) SW、0.5m/s，等温工况；(b) SW、0.5m/s，非等温工况；
(c) SW、3.1m/s，等温工况；(d) SW、3.1m/s，非等温工况

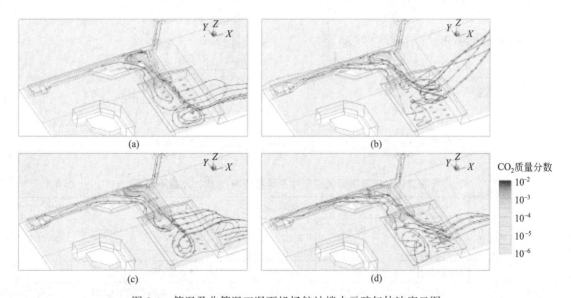

图 8-4　等温及非等温工况下机场航站楼内示踪气体浓度云图
(a) SW、0.5m/s，等温工况；(b) SW、0.5m/s，非等温工况；
(c) SW、3.1m/s，等温工况；(d) SW、3.1m/s，非等温工况

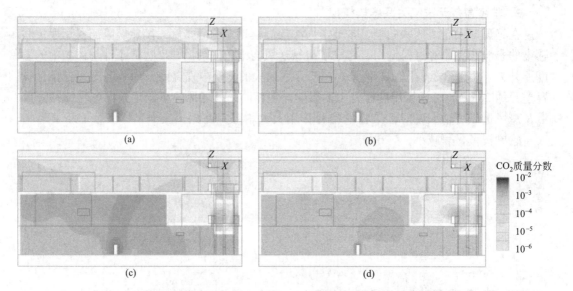

图 8-5　等温及非等温工况下机场电梯井区域示踪气体浓度云图

(a) SW、0.5m/s，等温工况；(b) SW、0.5m/s，非等温工况；

(c) SW、3.1m/s，等温工况；(d) SW、3.1m/s，非等温工况

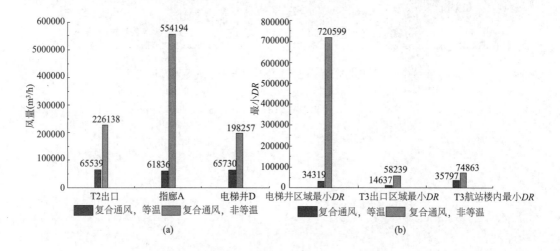

图 8-6　等温及非等温工况下北连接楼区域风量及各区域最小稀释倍率对比（SW、1.0m/s）

**非等温多元通风不同风速条件下稀释倍率（DR）及感染概率**　　　表 8-3

| 风向 | 风速(m/s) | 最大感染概率 | 最小 DR | 电梯井区域 | | T3 出口区域 | | T3 航站楼内 | |
|---|---|---|---|---|---|---|---|---|---|
| | | | | 最大感染概率 | 最小 DR | 最大感染概率 | 最小 DR | 最大感染概率 | 最小 DR |
| SW | 0.5 | 0.034% | 58056 | 0.003% | 701080 | 0.034% | 58056 | 0.027% | 74162 |
| SW | 1.0 | 0.034% | 58239 | 0.003% | 720599 | 0.034% | 58239 | 0.027% | 74863 |
| SW | 2.0 | 0.038% | 53136 | 0.003% | 590488 | 0.038% | 53136 | 0.030% | 67771 |
| SW | 3.1 | 0.042% | 47712 | 0.003% | 646290 | 0.042% | 47712 | 0.032% | 63082 |

如表 8-3 所示，考虑自然通风及机械通风的非等温多元通风条件下，在 SW 风向不同风速下的感染概率皆低于 0.1％，最大感染概率 0.042％和最小 $DR = 47712$ 出现在 SW、3.1m/s，位于北连接楼 T3 出口区域。

综上所述，等温和非等温多元通风条件模拟计算结果显示，相对于单纯自然通风的情况（见第 7.3 节），多元通风提高了建筑内总风量，增强了对污染物的稀释作用，致使关注区域 $DR$ 增大，感染概率降低。此外，非等温条件比等温条件对建筑内总风量的提升更加显著，对污染物的稀释作用更强烈。

## 8.3　机械通风量对稀释倍率及感染概率的影响

本节利用已有连体建筑模型，在不额外增加或修改通风设备和隔断的前提下，研究可能的改善通风条件对示踪气体的稀释增强作用。根据上述模拟结果中建筑内风场的流动规律，在本节中考虑 T3 航站楼全开送风，国际指廊、北连接楼全开排风，全开窗户，并关闭新风的情况，尽可能形成从 T2、T3 航站楼向国际指廊（气载污染物传播高风险处）流动的室内风向。

本节数值模拟中定义边界条件如下：边界条件 b2 在利用已有连体建筑模型基础上，关闭国际指廊、北连接楼一～三层送风，将排风口邻近的送风口或门设置为模拟时的排风口边界；T3 航站楼出发与到达层的送风边界都设置于到达层地面。边界条件 c2 在边界条件 b2 的基础上考虑热边界与热浮升力，室外温度为零下 5.6℃。

**1. 等温多元送风关联感染模拟**

本节首先分析等温通风方式改变情况下的模拟结果。如图 8-7 ～图 8-9 所示，在考虑的 T3 航站楼全开送风，国际指廊、北连接楼开排风，并关闭新风的情况下，在低风速（0.5m/s）时出现 T3 航站楼流向 T2 航站楼及国际指廊的现象，而高风速（>0.5m/s）

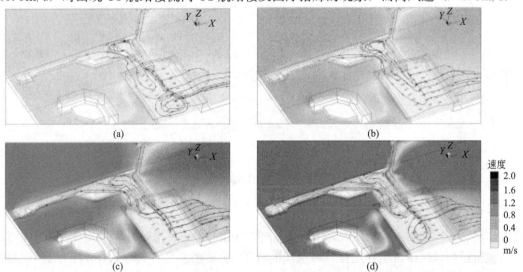

图 8-7　等温、改进机械通风工况的机场航站楼外、内风场及流线图
（a）SW、0.5m/s；（b）SW、1.0m/s；（c）SW、2.0m/s；（d）SW、3.1m/s

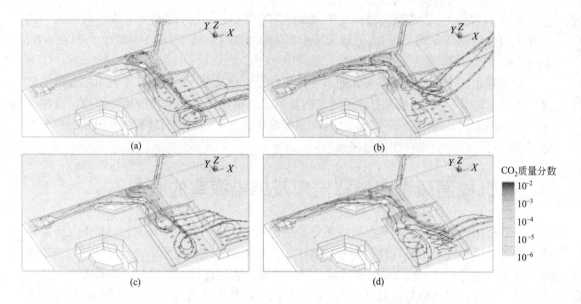

图 8-8　等温、改进机械通风工况的机场航站楼内示踪气体浓度云图
(a) SW、0.5m/s；(b) SW、1.0m/s；(c) SW、2.0m/s；(d) SW、3.1m/s

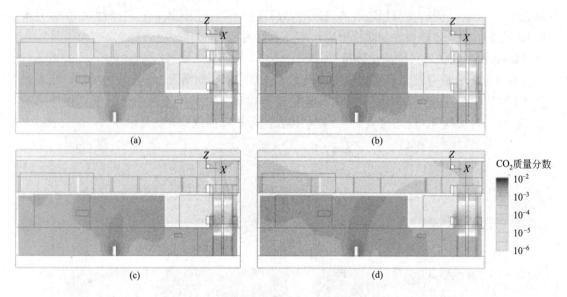

图 8-9　等温、改进机械通风工况的电梯井区域示踪气体浓度云图
(a) SW、0.5m/s；(b) SW、1.0m/s；(c) SW、2.0m/s；(d) SW、3.1m/s

情况与多元通风的结果类似（见第 8.2 节）。这是由于在低风速时外界风压作用有限，T3 航站楼机械通风风压占主导地位，将空气推向 T2 航站楼。另一方面，在本节的计算前提条件下，发现污染物被抑制在入境旅客隔离候车厅，难以向二、三层扩散传播。

等温、改进机械通风工况的不同位置稀释倍率（*DR*）及感染概率　　表 8-4

| 风向 | 风速（m/s） | 边界条件 | 最大感染概率 | 最小 *DR* | 总风量（m³/h） |
|---|---|---|---|---|---|
| SW | 0.5 | b | 0.080% | 25011 | 99114 |
| SW | 0.5 | b2 | 0 | $10^{10}$ | 53655 |
| SW | 1 | b | 0.137% | 14637 | 127566 |
| SW | 1 | b2 | 0 | $10^{10}$ | 39488 |
| SW | 2 | b | 0.090% | 22282 | 250918 |
| SW | 2 | b2 | 0.003% | 640666 | 169845 |
| SW | 3.1 | b | 0.120% | 16674 | 381694 |
| SW | 3.1 | b2 | 0.008% | 260856 | 306635 |

　　由表 8-4 可见，在本节所模拟的 T3 航站楼全开送风，国际指廊、北连接楼开排风，开窗，并关闭新风的情况下（边界条件 b2），国际指廊总风量有所下降，感染概率相对于上节分析的情况（边界条件 b）进一步下降，最大感染概率仅为 0.008 %，最小 *DR* 为 260856。

**2. 非等温多元送风关联感染模拟**

　　在等温通风方式改变情况的数值模拟基础上，本节考虑非等温模型通风方式改变情况对国际指廊入境旅客隔离候车厅关联感染的影响。如图 8-10～图 8-12 所示，在本节考虑的 T3 航站楼全开送风，国际指廊、北连接楼开排风、关闭新风，并考虑热浮升力影响的情况下，建筑内的空气流动方向与第 8.2 节非等温多元送风结果类似，但示踪气体被控制在入境旅客隔离候车厅，难以向二、三层扩散传播。

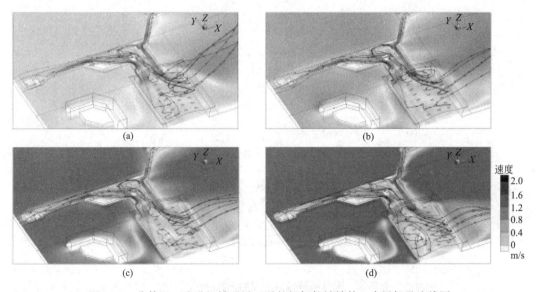

图 8-10　非等温、改进机械通风工况的机场航站楼外、内风场及流线图
（a）SW、0.5m/s；（b）SW、1.0m/s；（c）SW、2.0m/s；（d）SW、3.1m/s

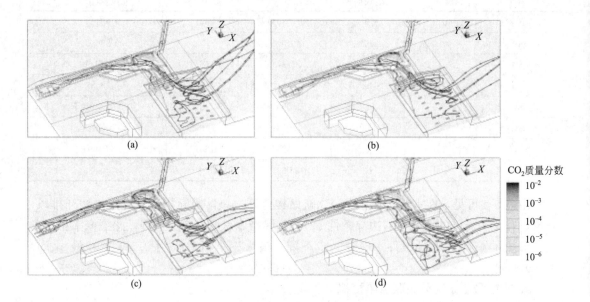

图 8-11　非等温、改进机械通风工况的机场航站楼内示踪气体浓度云图
(a) SW、0.5m/s；(b) SW、1.0m/s；(c) SW、2.0m/s；(d) SW、3.1m/s

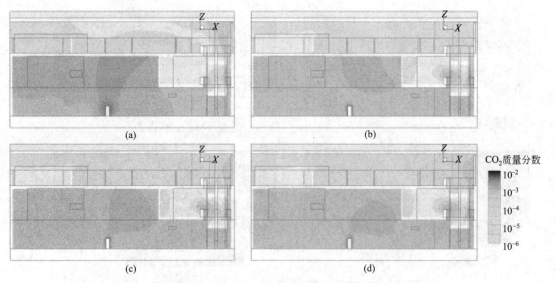

图 8-12　非等温、改进机械通风工况的电梯井区域示踪气体浓度云
(a) SW、0.5m/s；(b) SW、1.0m/s；(c) SW、2.0m/s；(d) SW、3.1m/s

**非等温、改进机械通风工况的不同位置稀释倍率（*DR*）及感染概率**　　　表 8-5

| 风向 | 风速（m/s） | 边界条件 | 最大感染概率 | 最小 *DR* | 总风量（m³/h） |
|---|---|---|---|---|---|
| SW | 0.5 | c | 0.034% | 58056 | 752977 |
| SW | 0.5 | c2 | 0.021% | 94150 | 873881 |
| SW | 1 | c | 0.034% | 58239 | 752451 |
| SW | 1 | c2 | 0.021% | 97465 | 868192 |
| SW | 2 | c | 0.038% | 53136 | 760501 |
| SW | 2 | c2 | 0.022% | 89628 | 869790 |
| SW | 3.1 | c | 0.042% | 47712 | 797015 |
| SW | 3.1 | c2 | 0.024% | 81703 | 892384 |

由表 8-5 可见，在本节考虑的 T3 航站楼全开送风，国际指廊、北连接楼开排风，开窗，关闭新风的情况下（边界条件 c2），风量变化不大，但感染概率相对于第 8.2 节非等温多元送风条件（边界条件 c）有所降低，最大感染概率 0.024 % 和最小 *DR* = 81703 出现在 SW 风向下 3.1m/s 风速工况，最大感染概率点位于北连接楼电梯井区域。

综上所述，在机场原条件设想的通风方式改变的运行情况下，多元通风计算模拟结果显示，虽然总风量有所减小，但是污染物被抑制在入境旅客隔离候车厅，难以向二、三层扩散传播，因此感染概率进一步下降。

本章给出的多元通风工况模拟结果汇总见表 8-6。图 8-13 给出了表 8-6 中风量计算的截面位置以及 *DR*、感染概率的采样区域。

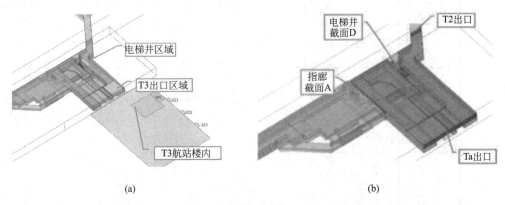

(a)　　　　　　　　　　　　(b)

图 8-13　建筑模型重点关注区域

（a）稀释位率与感染概率计算采样区域；（b）北连接楼截面区域

多元通风模拟结果总表

表 8-6

| 风向 | 风速(m/s) | 几何模型 | 边界条件 | 最大感染概率 | 最小DR | 电梯井区域 最大感染概率 | 电梯井区域 最小DR | T3出口区域 最大感染概率 | T3出口区域 最小DR | T3航站楼内 最大感染概率 | T3航站楼内 最小DR | 连接楼区域风量 T2出口 | 连接楼区域风量 指廊截面A | 连接楼区域风量 电梯井截面D | 连接楼区域风量 T3出口 | 连接楼区域风量 总风量 | 占比 T2出口 | 占比 指廊截面A | 占比 电梯井截面D | 占比 T3出口 |
|---|---|---|---|---|---|---|---|---|---|---|---|---|---|---|---|---|---|---|---|---|
| SW | 0.5 | 单体 | a | 0.160% | | | | | | | | | | | | | | | | |
| SW | 0.5 | 连体 | a | 3.575% | 549 | 0.960% | 2074 | 3.575% | 549 | 2.081% | 951 | 26320 | 41376 | 16291 | −81703 | 81703 | 32.2% | 50.6% | 19.9% | −100.0% |
| SW | 0.5 | 连体 | b | 0.080% | 25011 | 0.048% | 41320 | 0.080% | 25011 | 0.058% | 34756 | 38492 | 38383 | 60731 | −137288 | 137288 | 28.0% | 28.0% | 44.2% | −100.0% |
| SW | 0.5 | 连体 | b2 | 0.000% | $>10^{10}$ | 0.000% | $10^{10}$ | 0.000% | $10^{10}$ | 0.000% | $10^{10}$ | 9890 | −33305 | −20180 | 43602 | 53485 | 18.5% | −62.3% | −37.7% | 81.5% |
| SW | 0.5 | 连体 | c | 0.034% | 58056 | 0.003% | 701080 | 0.034% | 58056 | 0.027% | 74162 | 217713 | 553407 | 199570 | −973195 | 973195 | 22.4% | 56.9% | 20.5% | −100.0% |
| SW | 0.5 | 连体 | c2 | 0.021% | 94150 | 0.021% | 94150 | 0.009% | 224595 | 0.006% | 337227 | 261181 | 738708 | 135173 | −1143338 | 1143338 | 22.8% | 64.6% | 11.8% | −100.0% |
| SW | 1.0 | 单体 | a | 1.654% | | | | | | | | | | | | | | | | |
| SW | 1.0 | 连体 | a | 2.103% | 941 | 0.191% | 10440 | 2.103% | 941 | 1.200% | 1656 | 60600 | 88017 | 33730 | −182393 | 182393 | 33.2% | 48.3% | 18.5% | −100.0% |
| SW | 1.0 | 连体 | b | 0.137% | 14637 | 0.058% | 34319 | 0.137% | 14637 | 0.056% | 35797 | 65539 | 61836 | 65730 | −199382 | 199382 | 32.9% | 31.0% | 33.0% | −100.0% |
| SW | 1.0 | 连体 | b2 | 0.000% | $>10^{10}$ | 0.000% | $10^{10}$ | 0.000% | $10^{10}$ | 0.000% | $10^{10}$ | 39396 | 32295 | 7194 | −78927 | 78927 | 49.9% | 40.9% | 9.1% | −100.0% |
| SW | 1.0 | 连体 | c | 0.034% | 58239 | 0.003% | 720599 | 0.034% | 58239 | 0.027% | 74863 | 226138 | 554194 | 198257 | −980375 | 980375 | 23.1% | 56.5% | 20.2% | −100.0% |
| SW | 1.0 | 连体 | c2 | 0.021% | 97465 | 0.021% | 97465 | 0.009% | 216028 | 0.006% | 340671 | 308021 | 728227 | 139965 | −1186053 | 1186053 | 26.0% | 61.4% | 11.8% | −100.0% |
| SW | 2.0 | 单体 | a | 1.172% | | | | | | | | | | | | | | | | |
| SW | 2.0 | 连体 | a | 1.063% | 1871 | 0.048% | 41401 | 1.063% | 1871 | 0.599% | 3327 | 117394 | 176161 | 67297 | −350466 | 350466 | 33.5% | 50.3% | 19.2% | −100.0% |
| SW | 2.0 | 连体 | b | 0.090% | 22282 | 0.022% | 92535 | 0.090% | 22282 | 0.048% | 42030 | 132949 | 154477 | 96442 | −396445 | 396445 | 33.5% | 39.0% | 24.3% | −100.0% |
| SW | 2.0 | 连体 | b2 | 0.003% | 640666 | 0.003% | 640666 | 0.001% | 1353076 | 0.001% | 3128208 | 91549 | 124414 | 45431 | −261216 | 261216 | 35.0% | 47.6% | 17.4% | −100.0% |
| SW | 2.0 | 连体 | c | 0.038% | 53136 | 0.003% | 590488 | 0.038% | 53136 | 0.030% | 67771 | 216133 | 564508 | 195993 | −978103 | 978103 | 22.1% | 57.7% | 20.0% | −100.0% |
| SW | 2.0 | 连体 | c2 | 0.022% | 89628 | 0.022% | 89628 | 0.010% | 197969 | 0.006% | 320461 | 307669 | 728764 | 141026 | −1181109 | 1181109 | 26.0% | 61.7% | 11.9% | −100.0% |
| SW | 3.1 | 单体 | a | 0.079% | | | | | | | | | | | | | | | | |
| SW | 3.1 | 连体 | a | 0.526% | 3793 | 0.023% | 87992 | 0.526% | 3793 | 0.295% | 6780 | 185923 | 275894 | 105396 | −550709 | 550709 | 33.8% | 50.1% | 19.1% | −100.0% |
| SW | 3.1 | 连体 | b | 0.120% | 16674 | 0.017% | 121163 | 0.120% | 16674 | 0.067% | 29852 | 203402 | 247541 | 134153 | −604224 | 604224 | 33.7% | 41.0% | 22.2% | −100.0% |
| SW | 3.1 | 连体 | b2 | 0.008% | 260856 | 0.008% | 260856 | 0.004% | 479291 | 0.002% | 925531 | 149637 | 222357 | 84279 | −455823 | 455823 | 32.8% | 48.8% | 18.5% | −100.0% |
| SW | 3.1 | 连体 | c | 0.042% | 47712 | 0.003% | 646290 | 0.042% | 47712 | 0.032% | 63082 | 272098 | 588267 | 208747 | −1071603 | 1071603 | 25.4% | 54.9% | 19.5% | −100.0% |
| SW | 3.1 | 连体 | c2 | 0.024% | 81703 | 0.024% | 81703 | 0.012% | 171576 | 0.007% | 275541 | 319893 | 742726 | 149657 | −1222082 | 1222082 | 26.2% | 60.8% | 12.2% | −100.0% |

注：边界条件 a：自然通风，边界条件 b：自然通风＋机械通风，等温；边界条件 c：自然通风＋机械通风，非等温，Boussinesq 近似。边界条件 b2 及 c2：机械通风模式改进后；T2 和 T3 送风，国际指廊关闭送风，开排风。

# 第9章 建筑空间吊顶内空气流动及核酸采样间与卫生间通风

机场等高大建筑的吊顶上部空间往往是贯通的，可以产生空气跨越吊顶形成空气跨区域流动，存在"污染物"跨房间（区域）传播的风险。

对于 A 机场致病微生物传播的潜在路径关键点位还包括核酸采样间、公共卫生间等。机场航站楼的结构布局、分区间的隔断方式、送排风方式乃至卫生间通风系统等会对机场内高风险区域的致病微生物扩散传播与控制产生重要影响。在机场建筑内，气载致病微生物或者更广泛意义上污染物远距离空气传播可总结为 5 个路径：

（1）通过吊顶至相邻房间的跨区空气流动与传播；

（2）通过相邻两区域的门、通道等进行传播；

（3）核酸采样间采样时释放的致病微生物通过门、窗、缝隙等逸散至相邻区域；

（4）核酸采样间的集中排风未经处理排至外部区域，在室外风作用下，返回室内；

（5）公共卫生间无组织通风造成气载致病微生物在卫生间区域，乃至其相邻区域的扩散传播。

鉴于此，本章对这些通风设计关键点位进行分析，并提出相应的工程技术措施，以降低污染物或气载致病微生物传播风险。

## 9.1 空气通过吊顶至相邻空间的跨区流动

对于具有通透性吊顶（顶棚、栅板等）机场航站楼等高大建筑，其上部贯通，往往难以严密隔断，空气能跨越吊顶运动到相邻空间，形成空气跨区域流动。若一个房间（区域）存在污染物，就会存在污染物跨房间（区域）传播的风险。本节分析空气通过吊顶至相邻房间的跨区空气流动过程。

研究通过通透性吊顶至相邻房间的空气流动过程，以长度比为 1∶1［图 9-1（a）］和 1∶10［图 9-1（b）］的相邻房间为例，分析房间长度（或进深）变化对空气流动的影响。房间高 4.0m，内墙和吊顶高度均为 3.5m，污染源位于顶部送风口，吊顶为均匀格栅形式，镂空率 $\eta$ 在 0～100% 之间变化。镂空率 $\eta$ 定义为：

$$\eta = \frac{\sum A_{hole}}{A} \tag{9-1}$$

式中 $A$——吊顶面积，$m^2$；

$A_{\text{hole}}$——吊顶镂空面积，$\text{m}^2$。

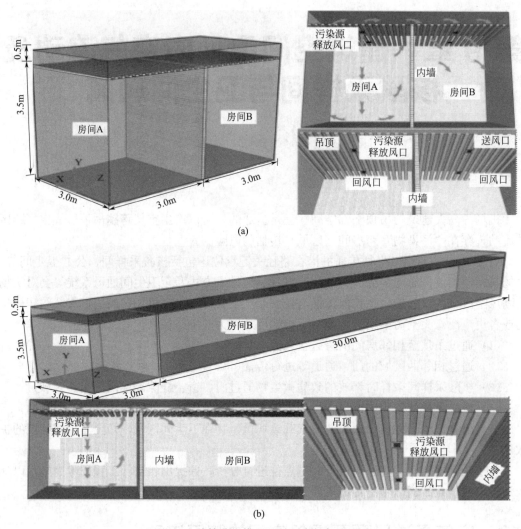

图 9-1　计算分析模型及吊顶内部气流运动

(a) 房间 1（相邻房间长度 1∶1）；(b) 房间 2（相邻房间长度 1∶10）

**1. 相邻房间吊顶镂空率 $\eta_{\text{f}}$ 对污染物扩散的影响**

当污染源房间（房间 A）吊顶镂空率 $\eta_{\text{w}}=25\%$ 时，改变污染物扩散相邻房间（房间 B）的吊顶镂空率 $\eta_{\text{f}}$，分析房间吊顶内气流运动，结果如图 9-2 所示。当 $\eta_{\text{f}}=0$ 时（房间 B 吊顶不开孔），污染物聚集在房间 B 吊顶内部，并沿吊顶长度方向漫延。随着 $\eta_{\text{f}}$ 的增大，污染物从吊顶内漫延至相邻房间 B 吊顶下方区域，进而进入人员活动区。污染物漫延距离与 $\eta_{\text{f}}$ 相关，当 $0<\eta_{\text{f}}<25\%$ 时，污染物漫延距离随 $\eta_{\text{f}}$ 的增大而增加；当 $\eta_{\text{f}}\geqslant25\%$ 时，污染物漫延距离随 $\eta_{\text{f}}$ 的增大变化趋缓，表明较小的吊顶镂空率会增加污染物在吊顶内沿相邻房间的漫延距离。

**2. 相邻房间不同长度比对污染物扩散的影响**

对于相邻房间长度比为 1∶1 的工况（房间 1），房间 B 吊顶镂空率不变，随着侵入风

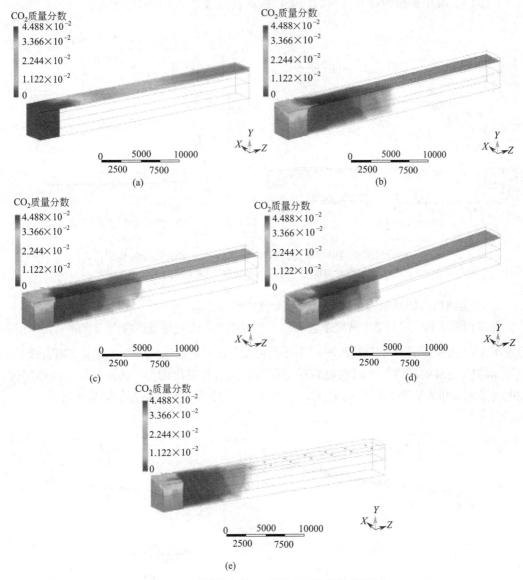

图 9-2　不同镂空率 $\eta_f$ 吊顶内污染物扩散情况

(a) $\eta_f=0$；(b) $\eta_f=12.5\%$；(c) $\eta_f=25\%$；(d) $\eta_f=50\%$；(e) $\eta_f=100\%$

注：该图的彩图见本书附录 D。

速的增大，污染物扩散到房间 B 工作区的体积比增大，表明污染源房间 B 若存在开门（窗）自然通风，会造成其房间内污染物跨越吊顶，进入隔壁房间。同时，随着镂空率增加，进入相邻房间 B 的污染物量增加。当 $0<\eta_f<20\%$ 时，扩散到相邻房间 B 的污染物量快速增加；当 $20\%\leqslant\eta_f<50\%$ 时，扩散到相邻房间 B 的污染物量缓慢增加；$\eta_f\geqslant50\%$ 时，扩散到相邻房间 B 的污染物量基本保持不变，如图 9-3(a) 所示。相邻房间长度比为 1：10 的工况（房间 2），相邻房间 B 体积远大于污染源房间 A 体积时，在 $\eta_f\leqslant20\%$ 范围内，扩散到相邻房间 B 的工作区污染物量呈线性增加，而当 $\eta_f>20\%$ 时，扩散到相邻房间 B 的工作区污染物量几乎不发生变化[图 9-3(b)]。因此，对比两种房间长度比例，长度比为 1：10 的工况中扩散到相邻房间的污染物量在较低镂空率下即趋于稳定。

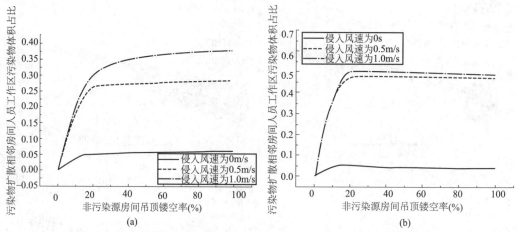

图 9-3　两种建筑空间中污染物扩散相邻房间人员工作区污染物体积占比

(a) 房间 1 (相邻房间长度 1：1)；(b) 房间 2 (相邻房间长度 1：10)

### 3. 污染源房间的吊顶镂空率 $\eta_w$ 对污染物扩散的影响

保持相邻房间（房间 B）吊顶镂空率 $\eta_f = 25\%$ 不变，改变污染源房间（房间 A）的吊顶镂空率 $\eta_w$，污染源房间吊顶镂空率 $\eta_w$ 对吊顶内空气流动的影响如图 9-4 所示。随着镂空率 $\eta_w$ 的增加，更多的污染物可以通过自身房间吊顶进入相邻房间 B，且扩散距离逐渐增加。表明污染源房间的吊顶镂空率 $\eta_w$ 增大，会加强污染物在吊顶贯通的相邻区域传播。

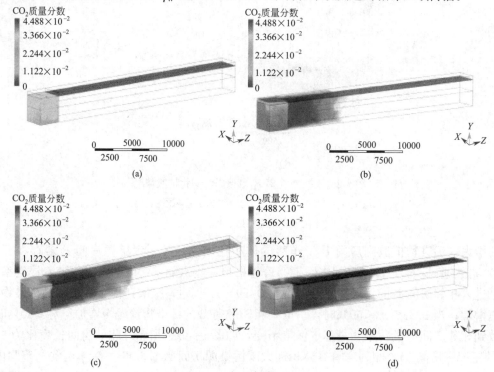

图 9-4　不同镂空率 $\eta_w$ 吊顶内污染物运动情况 (一)

(a) $\eta_w = 0$；(b) $\eta_w = 12.5\%$；(c) $\eta_w = 25\%$；(d) $\eta_w = 50\%$

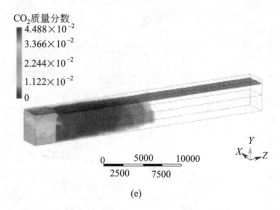

CO₂质量分数
$4.488 \times 10^{-2}$
$3.366 \times 10^{-2}$
$2.244 \times 10^{-2}$
$1.122 \times 10^{-2}$
0

图 9-4　不同镂空率 $\eta_w$ 吊顶内污染物运动情况（二）

（e）$\eta_w = 100\%$

注：该图的彩图见本书附录 D。

对比房间 A 和房间 B 吊顶镂空率（$\eta_f$ 和 $\eta_w$）对污染物扩散影响，当 $\eta_f$ 不变时，增大污染源房间 A 的吊顶镂空率 $\eta_w$，进入相邻房间 B 工作区内的污染物量随之增大（图 9-5）。相较于改变相邻房间 B 的吊顶镂空率 $\eta_f$，污染源所在房间 A 吊顶镂空率 $\eta_w$ 的变化对污染物扩散影响较大。

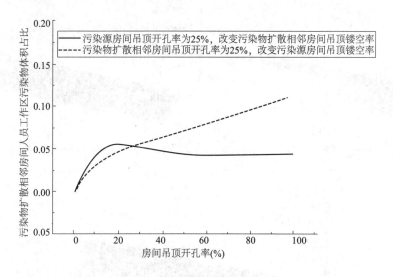

图 9-5　改变房间内吊顶镂空率对污染物扩散相邻房间污染物体积占比

### 4. 不同侵入风速对污染物扩散的影响

污染源房间 A 的吊顶镂空率对扩散到相邻房间 B 工作区内的污染物体积具有一定影响，如图 9-6 所示。当存在自然通风等侵入风时，房间吊顶镂空率的改变对吊顶内的污染物扩散影响较小。侵入风量增大，则进入相邻房间 B 工作区内的污染物体积随之增加。因此，需要重视污染物所在房间因门窗开启引入的"侵入风"对污染物在相邻房间扩散的影响。

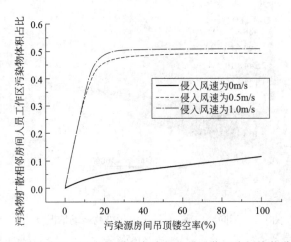

图 9-6　吊顶镂空率对污染物扩散相邻房间人员工作区内污染物分布的影响

为明晰房间内门窗开启引起的自然通风对吊顶内气流的影响，分别在污染源房间设置了不同进风速度（0m/s、0.5m/s 和 1.0m/s），分析相邻房间的污染物分布，结果如图 9-7 所示。随着风速的增大，由污染源所在房间 A 空调送风口流入的污染物穿过吊顶格栅，"跨

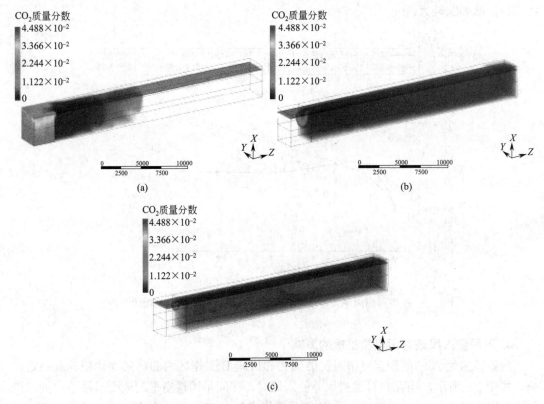

图 9-7　不同侵入风速下吊顶及房间内空气流动

（a）侵入风速为 0m/s；（b）侵入风速为 0.5m/s；（c）侵入风速为 1.0m/s

注：该图的彩图见本书附录 D。

越"内墙进入了相邻房间 B，并逐渐扩散。当侵入风速由 0.5m/s 增加至 1.0m/s 时，不同镂空率下相邻房间 B 工作区内污染物体积占比分别增大约 6.3%（$\eta_w$＝12.5%）、5.8%（$\eta_w$＝25%）、3.5%（$\eta_w$＝50%）和 3.9%（$\eta_w$＝100%）（图 9-8）。随着污染源所在房间镂空率增大，侵入风速对相邻房间 B 工作区内污染物体积占比影响降低。

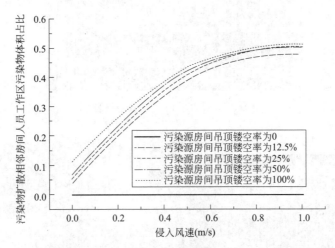

图 9-8　不同侵入风速下污染物扩散相邻房间人员工作区内污染物分布

## 9.2　机场航站楼内空气窜流的空气幕阻断

机场航站楼等高大建筑内空间纵横相连，内部气流贯通，一旦某处发生有害物释放，容易大范围漫延至相邻区域，因此需要用气流空气幕技术进行隔断。空气幕系通过条形空气分布器喷出一定速度和温度的幕状气流，借以封闭机场大门、门厅、通道、门洞等，减少或隔绝跨区域的污染物传播或外界气流的侵入，以维持室内或某一工作区域的环境条件，同时还可以阻挡有害气体的进入，或者将污染物抑制在某一区域内。空气幕的隔热、隔冷特性，不仅可以维护室内环境，还可以节约建筑能耗[1-4]。

空气幕按系统形式可分为吹吸式和单吹式两种。吹吸式空气幕封闭效果好，人员的通过对其影响也较小。但系统较复杂，费用较高，在大门空气幕中较少使用。单吹式空气幕按送风口的位置又可分为：上送式、侧送式、下送式。

（1）上送式空气幕：指装置在需要阻隔气流交换的门洞或其他场合的上部，并向下送风的空气幕。它具有喷出气流卫生条件好、安装简便、占用空间小、不占用建筑下部区域等优点[3]，如图 9-9 所示。

（2）侧送式空气幕：指装置在需要阻隔气流交换的门洞或其他场合的单侧或双侧，水平送风的空气幕。建筑的门洞较高时，常采用侧送式空气幕，但由于它占据建筑面积，使用时受到一定的限制[1]，如图 9-10 所示。

（3）下送式空气幕：由于下送式空气幕的射流最强区在建筑门洞下部，因此抵挡冬季冷风从门洞下部侵入时的挡风效率最好，而且不受大门开启方向的影响。但是下送式空气幕的送风口在地面，如果地面不够洁净，容易引起扬尘，应用受到诸多限制[1]，如图 9-11 所示。

图 9-9　机场大厅上送式空气幕

(a)　　　　　　　　　　　　　　　　　　　(b)

图 9-10　机场大厅侧送式空气幕

（a）单侧空气幕；（b）双侧空气幕

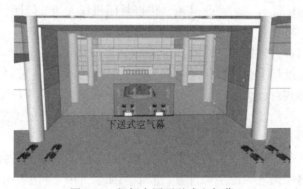

图 9-11　机场大厅下送式空气幕

## 9.2.1　空气幕的动力学性能

良好的空气幕需要射流具有足够强度，来抵抗横向压力的干扰，以形成上下连续的稳定气流，从而起到以空气幕来隔断空气窜流的作用。

空气幕从上面吹到地面的连续性可以使用射流抛物线中心线轨迹到达门框下边缘来保证，文献［5］通过对气幕射流的受力分析，推导出风压作用下空气幕射流的轴心弯曲轨迹，发现大门高度 $H$ 一定时，射流轴心轨迹只与喷射角 $\alpha_0$ 有关，而与喷口宽度 $b_0$、出口风速 $u_0$、横向气流速度 $u_w$ 等因素无关。针对横向气流，即风压作用下的空气幕，空气幕最小射流出口速度 $u_{0,min}$ 的计算式为[5]：

$$u_{0,min}=\sqrt{C_n \cdot H/(8b_0 \sin\alpha_0)} \cdot u_w \tag{9-2}$$

式中　$H$——门高，即空气幕安装高度，m；

$b_0$——喷口半宽度，m；

$u_w$——风压作用下的室外横向气流速度，m/s；

$C_n$——综合修正系数，如图 9-12 所示。

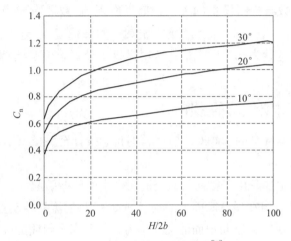

图 9-12　综合修正系数曲线[5]

射流的出口速度是空气幕稳定运行的决定性因素，其大小变化对空气幕性能的影响较大。根据 Hayes 最小弯曲模量理论，在承受横向热压情况下，空气幕最小喷射速度为[6]：

$$u_{0,min}=\sqrt{\frac{D_{min}gH^2(\rho_c-\rho_w)}{\rho_0 2b_0}} \tag{9-3}$$

式中　$\rho_c$——室内空气密度，kg/m³；

$\rho_w$——室外空气密度，kg/m³；

$\rho_0$——空气幕气流密度，kg/m³。

喷射角是射流抵抗破坏能力的主要因素[7]，喷射角度过大，可能导致射流离门框太远，使气幕两侧边缘处发生渗漏；喷射角过小，又可能导致出口风速过大，影响经济性。对于上送式非循环空气幕，Hayes 认为喷射方向应朝向暖侧，与垂直方向成 15°~20°；建议喷射方向应朝向迎风侧，与垂直方向成 10°~30°[8]。

在设置供暖空调的机场建筑内部以及大门进出口等场合，空气幕主要用来隔断室内外的热量交换，达到节能的目的。空气幕的节能效果可用隔热效率 $\eta_t$ 来表示[4]：

$$\eta_t=1-Q/Q_0 \tag{9-4}$$

式中　$Q$——没有空气幕，室外空气侵入室内时传递的热量，kJ/s；

$Q_0$——空气幕运行时，由于室内外焓差通过空气幕传递的热量，kJ/s。

根据上海市气象统计资料[9]，计算得到在门高 2.5m、门宽 0.9m、空气幕出风口宽度 0.07m 的情况下，每台空气幕一个夏季可节约能量 5945 kWh，节能效果显著。

为保证空气幕在运行时被折弯或断裂后能够迅速地恢复，还需要在最小射流速度上附加安全系数。横穿空气幕的传热和射流动量的平方根成比例[10]，速度安全系数越大，空气幕弯曲模量越大，换热程度越强。空气幕与两侧空气对流换热的程度可以用 $Nu$ 数来表示，$St$ 准则数是一种修正的 $Nu$ 数，根据 $St$ 准则数定义[4]：

$$St = Nu/(Re \cdot Pr) = \alpha \cdot H/(u_0 2b_0 \rho_0 C_p) \tag{9-5}$$

空气幕稳定运行时，送风速度 $u_0$、出口宽度 $2b_0$、出风密度 $\rho_0$、门厅高度 $H$ 都为定值，因此，$St$ 数就意味着单位温差、单位宽度时通过空气幕的传热量。Howell[11] 和 Costa[12] 研究了 $St$ 数与弯曲模量的关系，结果发现 $St$ 数随弯曲模量的增加迅速降低，达到某一弯曲模量之后，$St$ 数近似为常数。此时，射流速度 $u_0$ 越小，对流换热系数 $\alpha$ 越小，隔热效率越高。这就为选择射流最佳速度提供了依据，但空气幕的结构尺寸不同时，$St$ 数趋于不同的值。

### 9.2.2 横向气流对空气幕的影响

明晰横向气流对空气幕的影响对于空气幕的科学设计至关重要。建立数学模型的假设条件[8]：

（1）射流的弯曲主要是由于横向气流绕流所产生的压差引起的。

（2）沿射流 $x$ 轴方向在任意断面上的动量通量 $M$ 和射流初始动量通量 $M_0$ 成正比。

（3）以轴心轨迹到达 $x$ 轴与地面的交点作为空气幕完全封闭的标志。

随后，以送风口宽度的中点为坐标原点，建立如图 9-13 所示的直角坐标系。送风射流在横向气流的作用下会发生偏转，由于送风口在长度方向上是等宽的，并且送风速度相同，所以此射流可简化为二维射流。通过对此二维射流在横向气流作用下的轴心弯曲轨迹方程进行推导，可得[8]：

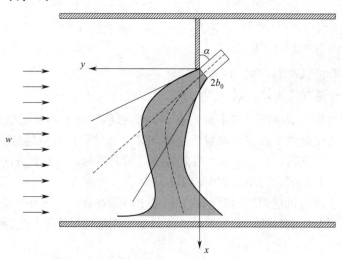

图 9-13　横向气流下的大门空气幕

注：该图的彩图见本书附录 D。

$$y = \frac{C_n w^2}{8u_0^2 b_0 \cos\alpha_0} x^2 + x \tan\alpha_0 \tag{9-6}$$

式中　$b_0$——风口宽度的一半（风口宽度为 $2b_0$），m；

　　　$\alpha$——送风射流出口轴线与 $x$ 轴的夹角；

　　　$w$——横向气流速度，m/s；

　　　$u_0$——送风口送风速度，m/s；

　　　$C_n$——综合修正系数。

## 9.3　空气幕设计

下面介绍建筑门洞空气幕的设计计算方法[13]，横向气流看成均匀流。

大门空气幕计算因考虑因素不同而有所差异，空气幕的计算原理如图 9-14 所示，空气幕工作时的气流运动是室外气流和吹风口吹出的平面射流这两股气流的合成。如果把室外气流近似看作是均匀流，室外气流的流函数可用下式表示[3]：

$$\psi_1 = \int_0^x u_0 \, \mathrm{d}x \tag{9-7}$$

式中　$u_0$——无空气幕工作时大门门洞上室外空气流速，m/s。

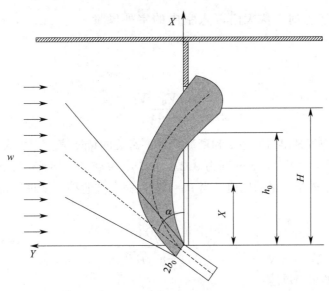

图 9-14　空气幕气流运动

注：该图的彩图见本书附录 D。

倾斜吹出的平面射流，在基本段的流函数为：

$$\psi_2 = \frac{\sqrt{6}}{2} u_c \sqrt{\frac{ab_0 x}{\cos\alpha}} \, \mathrm{th} \frac{\cos^2\alpha}{ax}(y - x\tan\alpha) \tag{9-8}$$

式中　$u_c$——空气幕射流的出口流速，m/s；

$x$——以空气幕安装侧的门边为起点，平行大门的 $x$ 轴坐标，$x=B$ 为门的另一侧，m；

$y$——以空气幕安装侧的门边为起点，垂直大门的 $y$ 轴坐标，方向朝向室外，m；

$b_0$——风口宽度的一半（风口宽度为 $2b_0$），m；

$a$——喷口的紊流系数；

$\alpha$——射流出口轴线与 $x$ 轴的夹角；

th（）——双曲线正切函数。

将上述两个势流的流函数叠加，得到空气幕与室外空气合成势流的流函数。根据流体力学原理，两条流线流函数的差即为这两条流线间的流量。因此可以分别求出坐标 0 点（$x=0$，$y=0$）和大门另一侧（$x=B$，$y=0$）的流函数，两个流函数相减，即为单位长度（侧送空气幕高度方向）通过门洞的风量（空气幕风量和侵入大门的室外空气的风量之和），即有[3]：

$$\dot{V}_c+\dot{V}_0'=H\left[Bu_0-\frac{\sqrt{3}}{2}u_0\sqrt{\frac{ab_0B}{\cos\alpha}}\,\text{th}\,\frac{\cos\alpha\sin\alpha}{a}\right] \tag{9-9}$$

式中 $\dot{V}_c$——空气幕的送风量，m³/s；

$\dot{V}_0'$——空气幕工作时从大门侵入室内的室外风量，m³/s。

而空气幕不工作时，从大门侵入室内的室外风量 $\dot{V}_0=AB_{u_0}$，m³/s。令 $\varphi=\frac{\sqrt{3}}{2}\sqrt{\frac{a}{\cos\alpha}}\,\text{th}\,\frac{\cos\alpha\sin\alpha}{a}$，则有：

$$\eta=\frac{\dot{V}_0-\dot{V}_0'}{\dot{V}_0} \tag{9-10}$$

系数 $\varphi$ 是与空气幕出口倾角 $\alpha$ 和紊流系数 $a$ 有关的特征值。一般取 $a=0.2$，当 $\alpha$ 分别为 10°、20°、30°、40°时，$\varphi$ 分别为 0.23、0.38、0.46、0.48。$\eta$ 为空气幕效率，它表示空气幕能挡住室外空气量的比值，当 $\eta=1$ 时，完全被遮挡。整理后得空气幕的送风量如下：

$$\dot{V}_c=\frac{\eta\dot{V}_0}{1+\varphi\sqrt{B/b_c}} \tag{9-11}$$

空气幕喷口的出口风速：

$$\dot{u}_c=\frac{\dot{V}_c}{Hb_c}=\frac{\eta u_0(B/b_c)}{1+\varphi\sqrt{B/b_c}} \tag{9-12}$$

## 9.4 核酸采样间独立排风系统

核酸采样间排风系统是机场防疫通风的重要一环，良好的排风系统可以显著降低医务人员的感染概率，通过局部排风口的气流运动，可在采样点直接捕集待检测人员呼出的污染物，保证室内工作区的污染物浓度满足疫情卫生防控要求。设计合理的局部排风系统，可以用较小的排风量获得最优的控制效果。按照核酸采样间工作原理的差异，其排风可以分为以下四种基本形式：

（1）密闭式采样间（图 9-15）；

（2）柜式排风采样间（通风柜式）（图 9-16）；

（3）外部吸气式采样间（图 9-17）；

（4）接受式排风采样间（图 9-18）。

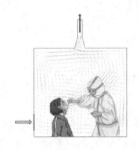

图 9-15　密闭式采样间

图 9-16　柜式排风采样间（通风柜式）

图 9-17　外部吸气式采样间

图 9-18　接受式排风采样间

**1. 密闭式采样间**

密闭式采样间系指受测者及医护人员均处于密闭空间内，从侧面吸入外部空气，采样时待检测人员呼出的气溶胶从采样间上部风口排出，它只需要较小的风量就能够控制采样间内的污染气流扩散。

为了避免把过多的污染物吸入通风系统，增加过滤器的负担，排风口不应设在含污染物浓度高的部位或唾沫飞溅区内。从理论上分析，其排风量可根据进、排风量平衡确定：

$$L = L_1 + L_2 + L_3 + L_4 \tag{9-13}$$

式中　$L$——采样间的排风量，$\mathrm{m^3/s}$；

$L_1$——人员出入运动带入采样间内的诱导空气量，$\mathrm{m^3/s}$；

$L_2$——从孔口或不严密缝隙吸入的空气量，$\mathrm{m^3/s}$；

$L_3$——因检测需要鼓入采样间内的空气量，$\mathrm{m^3/s}$；

$L_4$——在检测过程中因设备散热使空气膨胀或水分蒸发而增加的空气量，$\mathrm{m^3/s}$。

在上述因素中，$L_3$ 取决于实际设备的配置，只有少量设备才需要考虑。$L_4$ 在特殊采样监测过程发热量大、检材含水率高时才需要考虑。在一般情况下，式(9-13) 可简化为：

$$L = L_1 + L_2 \tag{9-14}$$

**2. 柜式排风采样间**

柜式排风采样间的结构和密闭采样间相似，由于工艺操作需要，采样间的一面可全部敞开。正常情况下，核酸检测时并不会出现医护人员和受测者交叉感染，但在实际的核酸采样中，受测者会存在时空交集。如果在柜式核酸采样间添加通风系统将污染物及时排出，可以有效降低交叉感染概率。

通风柜的排风量按下式计算：

$$L = L_1 + v \cdot F \cdot \beta \tag{9-15}$$

式中　$L_1$——柜内的污染气体发生量，$m^3/s$；

　　　$v$——工作孔上的气流速度，$m/s$；

　　　$F$——工作孔或缝隙的面积，$m^2$；

　　　$\beta$——安全系数，考虑到污染物危害性，宜取 $1.5\sim2.0$。

柜式排风采样间的设计风速可控制在 $0.5\sim1.0m/s$。

如果采样间存在电子或机械设备等热源，采用自然排风时，其最小排风量是按中和面高度不低于通风柜工作孔上缘确定的。通风柜的中和面是指通风柜某侧壁高度上壁内外压差为零的位置。

**3. 外部吸气式采样间**

由于受到检测条件的限制，尤其是在大规模集中核酸采样时，通常会选择在空旷地带进行。如果在检测点进行排风设置，依靠排风口的抽吸作用，在采集点造成一定的气流运动，把污染物吸入罩内，然后再进行消毒处理，可以显著降低感染概率，这类排风口统称为外部吸气式采样间。

为保证检测时污染物全部被吸入罩内，必须在距吸气口最远的污染物散发点（即控制点）上造成适当的空气流动。控制点的空气运动速度称为控制风速（也称吸入速度）$v_x$。控制风速根据吸气罩的排风量 $L$ 和罩与污染源之间的距离 $x$ 确定。位于自由空间的点汇吸气口的排风量为：

$$L = 4\pi r_1^2 v_1 = 4\pi r_2^2 v_2 \tag{9-16}$$

式中　$v_1$、$v_2$——点1、点2的空气流速，$m/s$；

　　　$r_1$、$r_2$——点1、点2至吸气口的距离，$m$。

吸气口设在墙上时，吸气范围受到限制，排风量为：

$$L = 2\pi r_1^2 v_1 = 2\pi r_2^2 v_2 \tag{9-17}$$

从式(9-16)、式(9-17)可以看出，吸气口外某一点的空气流速与该点至吸气口距离的平方成反比，而且它是随吸气口吸气范围的减小而增大的。因此，设计时罩口应尽量靠近污染源，并设法减小其吸气范围。

**4. 接受式排风采样间**

在冬季核酸检测过程中，由于被检测人员呼出的气流温度相对环境温度较高，热气流上升会带动污染物一起运动。对于这种情况，可将排风罩设置在污染气流前方，让它直接进入罩内。图9-19是通过实验求得的风管圆形吸气口的速度分布图。等速面的速度是以吸气口流速的百分数表示的。

图9-19的实验结果可用下列数学式表示。对于圆形吸气口[3]：

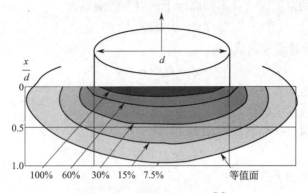

图 9-19　排风口速度分布[3]

$x$——某一点距吸气口的距离，m；$d$——吸气口的直径，m

注：该图的彩图见本书附录 D。

$$\frac{v_0}{v_x} = \frac{10x^2 + F}{F} \qquad (9\text{-}18)$$

式中　$v_0$——吸气口的平均流速，m/s；

　　　$v_x$——控制点的吸入速度，m/s；

　　　$x$——控制点至吸气口的距离，m；

　　　$F$——吸气口的面积，$m^2$。

式(9-18)根据吸气罩的速度分布图得出，仅适用于 $x < 1.5d$ 的场合。当 $x > 1.5d$ 时，实际的速度衰减要比计算值大。

圆形吸气口的排风量可按下式计算：

$$L = v_0 F = (10x^2 + F)v_x \qquad (9\text{-}19)$$

根据式(9-19)，大排风罩的排风量为：

$$L' = (10x^2 + 2F)v_x \qquad (9\text{-}20)$$

如果排风罩只有实际的一半大小，采样间排风罩的排风量为：

$$L = \frac{1}{2}L' = \frac{1}{2}(10x^2 + 2F)v_x = (5x^2 + F)v_x \qquad (9\text{-}21)$$

式中　$F$——实际排风罩的罩口面积，$m^2$。

外部吸气罩的排风量取决于控制风速 $v_x$。$v_x$ 一般通过实测求得。考虑污染物危害性，如果缺乏实测数据，设计时最小控制风速可为 1～2.5m/s。

采样人员上部热射流的运动规律和热源上部接受罩的计算方法可以归纳分析如下：在离热源表面（1.0～2.0）$B$（热源直径）处射流发生收缩，在收缩断面上流速最大，随后上升气流逐渐扩大。核酸检测时被检测人员口腔可以近似看作是从一个假想点源以一定角度扩散上升的气流，如图 9-20 所示。

图 9-20　热源上方的热射流

热源上方的热射流呈不稳定的蘑菇状脉冲式流动，难以对它进行较精确的测量，多采用实验研究实测的公式进行计算。在

$H/B=0.90\sim7.4$ 的范围内，在不同高度上热射流的流量为[3]：

$$L_Z=0.04Q^{1/3}Z^{3/2} \tag{9-22}$$

式中　$Q$——热源的对流散热量，kJ/s。

$$Z=H+1.26B \tag{9-23}$$

式中　$H$——热源至计算断面距离，m；

　　　　$B$——热源水平投影的直径或长边尺寸，m。

在某一高度上热射流的断面直径为：

$$D_Z=0.36H+B \tag{9-24}$$

接收罩的排风量按下式计算：

$$L=L_Z+v'F' \tag{9-25}$$

式中　$L_Z$——罩口断面上热射流（呼吸气流）流量，$m^3/s$；

　　　　$F'$——罩口的扩大面积，即罩口面积减去热射流的断面积，$m^2$；

　　　　$v'$——扩大面积上空气的吸入速度，考虑人员运动影响，$v'=1.0\sim1.5m/s$。

只要接收罩的排风量等于罩口断面上热射流的流量，接收罩的断面尺寸等于热射流断面的尺寸，污染气流就可以被全部排除。实际上由于横向气流的影响，气流会发生偏转，可能逸出到外部空间，增加人员的感染风险。因此，在实际应用中，宜放大接收罩的断面尺寸 1.5 倍。

# 9.5　机场卫生间通风

目前建筑中大部分卫生间存在着异味大的问题，异味大多来自下水道返味和如厕时散发出的刺激性气体，这些污染气体除了自身具有的毒理性，也会作为细菌等微生物传播的载体，危及人们身体健康。如前所述，近些年在卫生间内发生过一些群体性感染事件，比如，2003 年香港淘大花园内病毒通过卫生间污水管传播，引发 321 个 SARS 病例事件[14]；2022 年，北京市某公厕引发近 40 例新冠肺炎感染事件[15]。因此，通过良好的环境通风技术及时将这些污染气体排出是十分必要的。

控制污染物室内空气传播的有效办法是，在污染源产生地点直接捕集，经过净化处理，排至室外，这种通风方法称为局部排风。局部排风所需的风量小，效果好，设计时应优先考虑。

如果由于条件限制不能采用局部排风，或者采用局部通风后，室内污染物浓度仍然超过卫生标准时，可以采用全面通风。全面通风是对整个卫生间进行通风换气，即用新鲜空气把整个卫生间的污染物浓度稀释到最高容许浓度限值以下。全面通风的风量比局部排风大，相应的通风系统也较复杂[3]。

卫生间应优先选择自然通风。有条件使用自然通风的公共卫生间应通过平面、立面、门窗位置及朝向设计，合理地组织自然通风。当换气量不足时，应配置机械通风。设置机械通风时应避免卫生间排气进入外部环境。应促进卫生间空气流动，避免短循环。

机场公共卫生间属于附建式公厕中一类公厕，分别给出了厕位间与小便区分隔及未分隔的布置形式，如图 9-21 所示。

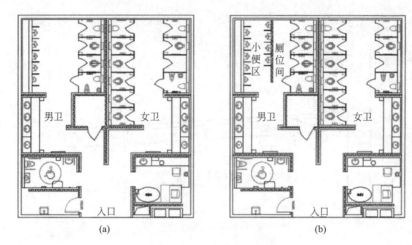

图 9-21　公共卫生间典型形式

(a) 未分隔；(b) 分隔

## 9.5.1　卫生间局部通风

### 1. 局部排风系统

局部排风系统通常由局部排风口、风管、净化设备以及风机等部分组成。为了防止大气污染，当排出的污染物超过排放标准时，必须用净化设备处理，达到排放标准后，排入大气。

### 2. 局部送排风系统

对于机场等面积大、工作人员少的卫生间，若用全面通风方式改善整个卫生间的空气环境，既困难又不经济。此时可以只向个别点位区域送风或排风，在局部点位实现较好的空气环境，即局部送排风。局部送排风系统分为系统式和分散式两种。

通常在公共卫生间中，小便器的使用频率要高于大便器，尿液中散发的典型臭味气体主要是氨气，影响人们如厕体验，因此可以通过在小便器区域设置就地局部排风来解决。

图 9-22 所示是笔者提出的新型局部通风形式，其关键在于通过利用公共卫生间小便器处水平搁物板及小便器垂直隔板，将搁物板、隔板改造为排风管道，排出公共卫生间小便器附近的湿气与臭气，在每个独立的小便器上方的搁物板内设置一排风口，在靠近小便器液池处的中空隔板上设置第二排风口，利用双排风口及排风系统将小便器周围污染物抽取到公共卫生间外部，排风口周围空气向外流动，产生负压，引导气体向排风口流动，进而排至室外。

当第一、第二排风口均布置在小便器污染源附近时（图 9-22），小便器周围空气流速较高（图 9-23），排风口对小便器周围的空气流场控制作用显著，有效避免了污染气体流经人员呼吸区域和卫生间内公共区域，提高了污染物的排除效率。

## 9.5.2　卫生间全面通风

卫生间典型的污染气体主要有氨气和硫化氢，根据《公共厕所卫生规范》GB/T 17217—2021 来确定公共厕所氨气和硫化氢浓度的参考限值。其中附属式公共厕所的氨气

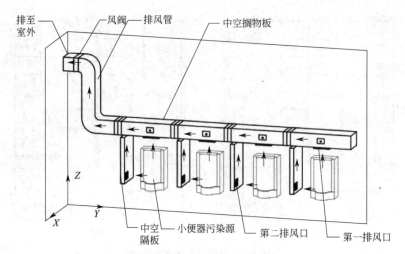

图 9-22 公共卫生小便器处通风原理示意

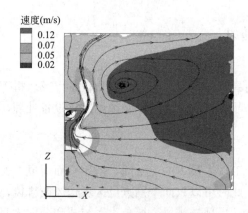

图 9-23 $Y=2.5m$ 截面流场示意

注：该图的彩图见本书附录 D。

浓度限值为 $0.30mg/m^3$；独立式公共厕所的氨气浓度限值为 $0.50mg/m^3$。硫化氢浓度限值均为 $0.01mg/m^3$。其散发浓度的影响因素众多（如环境温度、湿度、使用频率等）。一般地，同时放散不同种类的污染物时，全面通风量应分别计算稀释各污染物所需的风量，然后取最大值。

应当指出，全面通风的效果不仅与通风量有关，而且与通风气流的组织有关。气流组织的一般做法为，把送风空气送到相对清洁区域，然后流向污染区域。这种方法在卫生间通风中较为常见，如图 9-24 所示。

目前卫生间应用较广泛方法的是稀释通风。该方法是对整个卫生间进行通风换气，用新鲜空气把卫生间的有害物浓度稀释到最高允许浓度以下。该方法所需的全面通风量较大。

**1. 全面通风量计算**

（1）全面通风法

全面通风量的计算参见第 2.1.1 节。

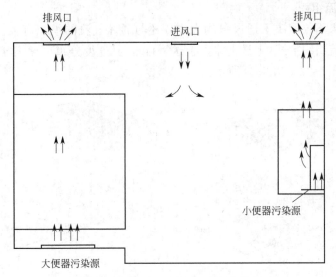

图 9-24 常见卫生间全面通风形式

（2）换气次数法

换气次数法是一种简化的通风量计算方法。当室内的污染物量无法具体计算时，全面通风量可按类似房间换气次数的经验数值进行计算，如《民用建筑供暖通风与空气调节设计规范》GB 50736—2012 规定卫生间换气次数为 $5\sim10\mathrm{h}^{-1}$。《全国民用建筑工程设计技术措施暖通空调·动力》中规定，对于常规的公共卫生间，换气次数取 $10\mathrm{h}^{-1}$。公共卫生间考虑到其使用频率高、人流量大，换气次数可适当增大，可取 $15\sim20\mathrm{h}^{-1}$ 计算，如图 9-25 所示。

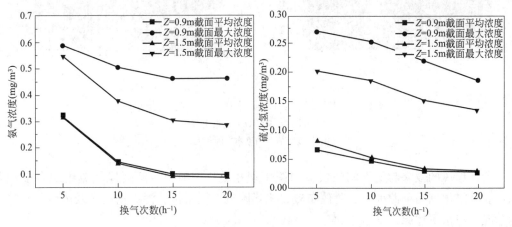

图 9-25 换气次数与典型污染物浓度变化

（3）卫生器具法

《城市公共厕所设计标准》CJJ 14—2016 中规定，通风量的计算应根据厕位数以座位、蹲位不小于 $40\mathrm{m}^3/\mathrm{h}$、站位不小于 $20\mathrm{m}^3/\mathrm{h}$ 计算。

最终，卫生间全面通风量取上述三种方法通风量中的最大值为计算结果。

### 2. 卫生间气流组织

全面通风效果不仅取决于通风量的大小，还与通风气流的组织有关。图 9-26 是两种典型的卫生间气流组织形式（上送上排、上送下排），其速度分布、硫化氢质量分数及氨气质量分数分布如图 9-27～图 9-29 所示。

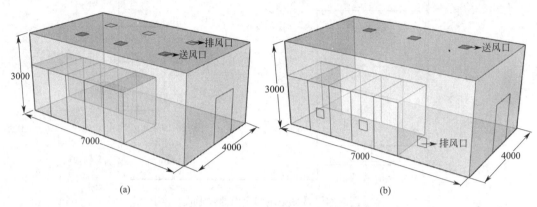

图 9-26　公共卫生间上送上排、上送下排气流组织形式

(a) 上送上排；(b) 上送下排

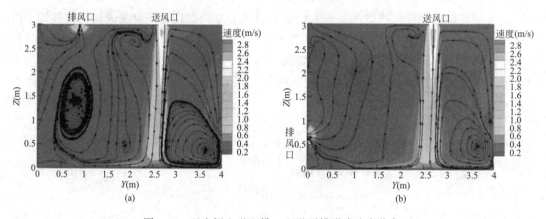

图 9-27　卫生间上送上排、上送下排形式速度分布

(a) 上送上排；(b) 上送下排

注：该图的彩图见本书附录 D。

全面通风的效果与卫生间的气流组织密切相关。一般卫生间通风气流组织有多种方式，设计时根据污染源种类、蹲位布置、机场附近气候条件、污染物性质及浓度分布等具体情况，应按下述原则确定[16,17]：

（1）卫生间排风口尽量靠近污染源或污染物浓度高的区域，把污染物迅速从室内排出；

（2）送风口应尽量接近人员活动区域，送入卫生间的清洁空气，要先经过人员活动区域，再经污染区排至室外；

（3）在整个卫生间内，尽量使送风气流均匀分布，减少涡流，避免污染物在局部地区积聚；

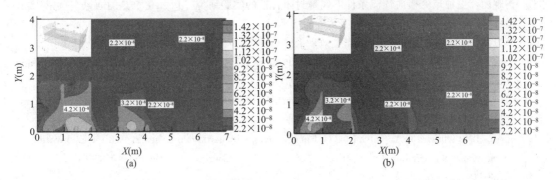

图 9-28　卫生间上送上排、上送下排形式下硫化氢质量分数

(a)上送上排；(b)上送下排

注：该图的彩图见本书附录 D。

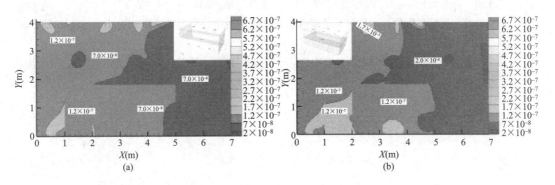

图 9-29　卫生间上送上排、上送下排形式下氨气质量分数

(a)上送上排；(b)上送下排

注：该图的彩图见本书附录 D。

（4）气流组织设计时注意不能破坏室内负压环境，防止卫生间内气体流入其他环境；

（5）采用机械通风时应注意选取的排风口与整体设计风格相统一，风扇不应产生尖锐噪声，避免引起旅客的不适。

## 本章参考文献

［1］　孙一坚. 简明通风设计手册［M］. 北京：中国建筑工业出版社，1997.

［2］　陆亚俊，马最良，邹平华. 暖通空调［M］.2 版. 北京：中国建筑工业出版社，2007.

［3］　孙一坚，沈恒根. 工业通风［M］. 北京：中国建筑工业出版社，2010.

［4］　黄松，何川. 空气幕研究现状及展望［J］. 建筑热能通风空调，2008，27（5）：23-26.

［5］　汤晓丽，史钟璋. 横向气流条件下气幕封闭特性的理论研究［J］. 建筑热能通风空调，1999，(2)：6-8.

［6］　Hayes F C. Heat transfer characteristics of the air curtain：a plane jet subjected to transverse pressure and temperature gradients［D］. Illinois：University of Illinois，1968.

［7］　Sirén K. Technical dimensioning of a vertically upwards-blowing air curtain-part I［J］. Energy and Buildings，2003，35（6）：681-695.

［8］ 汤晓丽，史钟璋．横向气流条件下气幕封闭特性的实验研究［J］．建筑热能通风空调，1999，(3)：1-5.

［9］ 李强民．空气幕的隔断特性及其节能效果［J］．暖通空调，1986，16（2）：4-8.

［10］ Sirén K. Technical dimensioning of a vertically upwards-blowing air curtain-part II［J］．Energy and Buildings，2003 35（6）：697-705.

［11］ Howell R H，Shibata M. Optimum heat transfer through turbulent re-circulated plane air curtains ［J］．ASHRAE Transaction，1980，86（1）：188-227.

［12］ Costa J J，Oliveira L A，Silva M C G. Energy savings by aerodynamic sealing with a downward-blowing plane air curtain-A numerical approach［J］．Energy and Buildings，2006，38（11）：1182-1193.

［13］ 史钟璋，史自强，汤晓丽．空气幕计算方法的实验研究［C］//全国暖通空调制冷 2000 年学术年会论文集，2000.

［14］ 阿禾．香港淘大花园感染"非典"分析［J］．建筑工人，2003，7（277）：57-57.

［15］ 孙乐琪．社会面仍存在零星隐匿传染源［N］．北京日报，2022-05-04（2）．

［16］ 北京首都国际机场股份有限公司．民用机场卫生间规划建设和设施设备配置指南（征求意见稿）［S］，2022.

［17］ 北京市环境卫生设计科学研究所．城市公共厕所设计标准：CJJ 14—2016［S］．北京：中国建筑工业出版社，2016.

# 下 篇

# 机场建筑高效驱替气载
# 污染物分区通风技术

下篇为拓展篇，共计 2 章，着重阐述对机场建筑防疫通风的技术和一些重要理论问题的探索。首先，提出高效驱替气载致病微生物等污染物的机场分区通风技术理念，并通过数值模拟加以论证，这一理念不同于已实施的防疫通风技术举措，是对未来机场建筑通风布局的探索；其次，给出了防疫通风理论体系后续亟待解决一些关键科学问题，如反问题的高效准确计算、运动人群对防疫气流组织的影响、致病微生物在肺内部的沉积及通风气流组织的智能化与智慧化控制等问题。

# 第 10 章　机场建筑分区通风模式

通过本书中篇的研究可知，尽管自然通风可以有效稀释污染物，降低感染概率，但是在各类门、窗、孔洞纵横相连的高大建筑物内，在变化的室外风向和风速下，自然通风会导致局部区域产生旋涡或滞止区，不利于污染物的扩散，甚至将其输运至健康人群密集区域。前述章节 CFD 模拟计算表明，自然通风条件下机场连体建筑内最大感染率可超过3％。此外，模拟计算还发现，在自然通风和机械通风共同形成的多元通风模式下，建筑物内一些关键点位的风量相对于自然通风更大，意味着多元通风有助于稀释气载致病微生物浓度，更有利于疫情防控。

有鉴于此，对于机场建筑等高大空间，有效驱替污染物的通风模式既不能只依靠机械通风，也不能只依赖自然通风，而应综合考虑建筑物室外风场及热压自然通风空气流动，科学地组织气流有序流动，实现机械送排风引导自然风，这就是基于多元通风方式的机场建筑高效驱替气载致病微生物或有害物分区通风理念。

## 10.1　分区通风模拟的物理模型及边界条件

理念是指导行动的指南。根据分区通风的理念，机场国际进港区域往往属于病毒传播高风险区，应科学规划内部气流运动路径，使之处于相对负压状态，避免无组织气流运动，降低气载致病微生物或突发恐怖事件时气载有毒有害物流向临近公共区域的风险。

基于上述试验及模拟研究，笔者提出了对 A 机场国际指廊增设排风机、关闭侧窗等技术措施，实现科学调节送/排风量，使潜在污染源所在区域相对其他区域处于负压环境。此外，已查明入境旅客隔离候车厅及二～三层电梯井为病毒气溶胶传播风险点，因此还对二～三层电梯井进行了物理封堵，阻断了含病毒气溶胶、致病性微生物的空气由电梯井流向其他区域的可能性。

本章旨在评估笔者所提出的机场分区通风模式改进的效果，模型改进的关键点如下：

（1）对计算模型做了相应改进，如图 10-1 所示。

（2）封堵北连接楼二～三层电梯井通道，增加北连接楼三层送风口，增加国际指廊、北连接楼排风口。

（3）细化 T3 航站楼出发层、去除 T3 航站楼天窗、增加 T3 航站楼门。

（4）流场计算区域尺寸为 1000 m×542.3 m×240m，总体积为 13015.2 万 m³。采用 ANSYS ICEM 进行四面体网格划分，总网格单元数约 3700 万个，转化为多面体网格后单元数约为 800 万个，网格节点数约 4007 万个，网格尺寸为 0.025～20m。

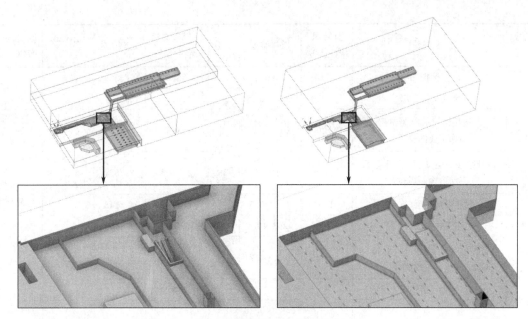

图 10-1　改进连体几何模型

注：该图的彩图见本书附录 D。

本章进行数值模拟的物理模型和边界条件如下：

（1）纯自然通风，风速为 SW、0.5m/s，SW、1.0m/s，SW、2.0m/s，SW、3.1m/s；

（2）等温条件，多元通风（自然通风＋机械通风）；

（3）非等温条件，多元通风＋热边界＋ Boussinesq 近似。

其中，机械送风时通风空调系统各处风口边界条件如表 10-1 所示。

表 10-1

**各区域风量、新风口送风速度及送风温度**

| 航站楼 | | 区域 | 计算风量(m³/h) | 风口类型 | 个数 | 风口总面积(m²) | 风速(m/s) | 送风温度(℃) | 地板温度(℃) |
|---|---|---|---|---|---|---|---|---|---|
| 国际指廊航站楼 | 三层 | 国际出发厅三层 | 37398 | 2×0.64 | 22 | 43.52 | 0.2387 | 37 | 18 |
| | | | | 4×0.64 | 6 | | | | |
| | | 国际出发厅三层排风机(E18 登机口-轴 3-轴 4 之间) | −21000 | 1×1 | 1 | 1 | 3 | — | — |
| | | 国际出发厅三层 | 侧窗全部关闭 | | | | | | |
| | 二层 | 国际到达厅二层 | 0 | φ0.3 | 88 | 6.2172 | 0 | — | — |
| | | 东、西两侧共 2 个卫生间排风 | −2800 | 0.8×0.32 | 1 | 0.2560 | 3.0382 | | |
| | | 国际到达厅二层(采样间 2 套排风系统) | −8000 | φ0.315 | 2 | 0.7407(修正) | 3 | — | — |
| | | 开启一台消防排烟机 | −11000 | 0.63×0.32 | 1 | 1.0185(修正) | 3 | — | — |
| | | 国际到达厅二层 | 侧窗全部关闭 | | | | | | |

| 航站楼 | 区域 | 计算风量(m³/h) | 风口类型 | 个数 | 风口总面积(m²) | 风速(m/s) | 送风温度(℃) | 地板温度(℃) |
|---|---|---|---|---|---|---|---|---|
| 北连接楼 | 北连接楼三层 | 158040 | 1×0.2 | 368 | 73.6 | 0.5965 | 37 | — |
| | 北连接楼二层 | 112130 | 0.25×0.25 | 174 | 10.875 | 2.8641 | 37 | — |
| | 北连接楼二层(2号机房对面卫生间排风) | −7000 | 0.5×0.25 | 1 | 0.6481(修正) | 3 | — | — |
| | 北连接楼一层(E区,含转运厅二层六个新风口) | 21230 | φ0.3 | 36 | 2.1195 | 2.7824 | 37 | — |
| | 北连接楼一层(排1) | −13000 | 1.5×0.5 | 1 | 0.75 | 4.8148 | — | — |
| | 北连接楼一层(排2) | −7000 | 0.63×0.4 | 1 | 0.252 | 7.7160 | — | — |
| | 北连接楼一层(卫生间4台管道式排风扇) | −1608 | 0.2×0.2 | 4 | 0.16 | 2.7917 | — | — |
| | 北连接楼 | 天窗、侧窗全关闭 | | | | | | |
| T3航站楼 | T3航站楼出发层 | 398730 | 0.25×0.25 | 88 | 21.5675 | 5.1354 | 37 | 16 |
| | | | 0.5×0.2 | 17 | | | | |
| | | | φ0.2 | 181 | | | | |
| | | | φ0.25 | 177 | | | | |
| | T3航站楼出发层 | 北侧24扇侧窗全关闭,南侧8扇侧窗开启,天窗全部关闭 | | | | | | |
| | T3航站楼出发层 | 地辐射关小(开度10%) | | | | | | |

根据表10-1,国际出发厅三层的新风量为45000m³/h,两个排风口的总排风量均为3801m³/h,国际出发厅三层排风机的排风量为21000m³/h。

国际到达厅二层最小开启的风量按照45000m³/h×20%进行计算,即最小新风量为9000m³/h,两个排风口的排风量均为1400m³/h。

T3航站楼出发层风量为459570m³/h,两个排风口的排风量均为30420m³/h。

# 10.2 自然通风模式

### 1. 机场航站楼内外风场模拟

为验证提出的分区梯度负压定向通风空气流动模式效果,以及对国际指廊入境旅客隔离候车厅关联感染的影响,笔者对新建立的连体建筑模型及电梯井区域污染物流动和扩散进行了CFD数值模拟,分别采用自然通风(未开启机械通风)、等温和非等温模型多元通风模型进行对比研究。

根据自然通风条件的模拟结果,在第10.1节边界条件下,外界自然风导致的建筑内风场主要由T2航站楼流向T3航站楼(图10-2)。由于国际指廊(污染区)窗户关闭,未开启机械通风,国际指廊可认为是只与北连接楼空间连通的空腔。由表10-2,建筑内风场主要由T2航站楼流向T3航站楼,而国际指廊与北连接楼风量极小,国际指廊区域空气几乎处于静止状态。

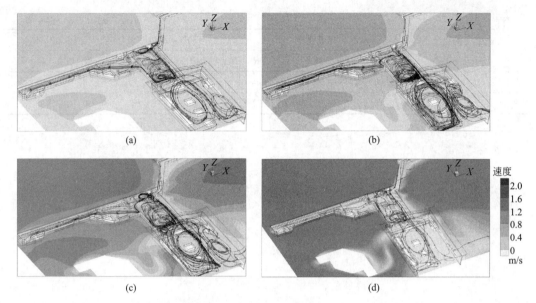

图 10-2　纯自然通风不同室外风速下航站楼内速度云图及流线图
(a) SW、0.5m/s；(b) SW、1.0m/s；(c) SW、2.0m/s；(d) SW、3.1m/s

纯自然通风条件下北连接楼区域风量变化情况　　　　　　　　　　表 10-2

| 风向 | 风速 (m/s) | 北连接楼区域风量（正值为进区域）(m³/h) | | | | | 风量占比 | | |
| --- | --- | --- | --- | --- | --- | --- | --- | --- | --- |
| | | T2 出口 | 指廊 A | 电梯井 D | T3 出口 | 总风量 | T2 进口风量/ T3 出口风量 | 指廊 A 风量/ T3 出口风量 | 电梯井 D 风量/ T3 出口风量 |
| SW | 0.5 | 3953 | −5 | 0 | −3983 | 3988 | 99% | 0 | 0 |
| SW | 1.0 | 7601 | 17 | 0 | −7687 | 7618 | 100% | 0 | 0 |
| SW | 2.0 | 15006 | 11 | 0 | −15088 | 15088 | 99% | 0 | 0 |
| SW | 3.1 | 24246 | −58 | 0 | −24255 | 24313 | 100% | 0 | 0 |

**2. 入境旅客隔离候车厅关联感染模拟**

连体建筑内入境旅客隔离候车厅及电梯井区域污染物流动和扩散模拟中，污染物释放源位于入境旅客隔离候车厅（与本书中篇的相关模拟计算设置一致），入境旅客隔离候车厅与二层通过电梯井保持空间联通，但未与三层空间联通。模拟结果如图 10-3、图 10-4 所示，由于北连接楼电梯井三层已经物理封堵，入境旅客隔离候车厅的呼吸性致病污染物已经无法扩散传播至三层，被抑制于入境旅客隔离候车厅空间内。在国际指廊、T2 航站楼、T3 航站楼关注的计算采样区域内，示踪气体浓度、最大感染概率 $P$ 均低于可监测计算的范围，最小稀释倍率 $DR$ 均高于 $10^{10}$（表 10-3），远超病毒稀释安全阈值 10000 倍，感染概率极低。

纯自然通风条件下不同位置稀释倍率（$DR$）、感染概率　　　　　表 10-3

| 风向 | 风速 (m/s) | 最大感染概率 | 最小 $DR$ | 电梯井区域 | | T3 出口区域 | | T3 航站楼内 | |
| --- | --- | --- | --- | --- | --- | --- | --- | --- | --- |
| | | | | 最大感染概率 | 最小 $DR$ | 最大感染概率 | 最小 $DR$ | 最大感染概率 | 最小 $DR$ |
| SW | 0.5 | 0 | $>10^{10}$ | 0 | $>10^{10}$ | 0 | $>10^{10}$ | 0 | $>10^{10}$ |
| SW | 1.0 | 0 | $>10^{10}$ | 0 | $>10^{10}$ | 0 | $>10^{10}$ | 0 | $>10^{10}$ |

续表

| 风向 | 风速 (m/s) | 最大感染概率 | 最小 DR | 电梯井区域 | | T3 出口区域 | | T3 航站楼内 | |
| --- | --- | --- | --- | --- | --- | --- | --- | --- | --- |
| | | | | 最大感染概率 | 最小 DR | 最大感染概率 | 最小 DR | 最大感染概率 | 最小 DR |
| SW | 2.0 | 0 | $>10^{10}$ | 0 | $>10^{10}$ | 0 | $>10^{10}$ | 0 | $>10^{10}$ |
| SW | 3.1 | 0 | $>10^{10}$ | 0 | $>10^{10}$ | 0 | $>10^{10}$ | 0 | $>10^{10}$ |

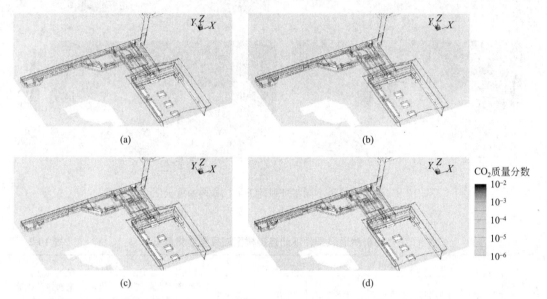

图 10-3　纯自然通风不同室外风速下航站楼内（三层）示踪气体浓度云图及流线图

(a) SW、0.5m/s；(b) SW、1.0m/s；(c) SW、2.0m/s；(d) SW、3.1m/s

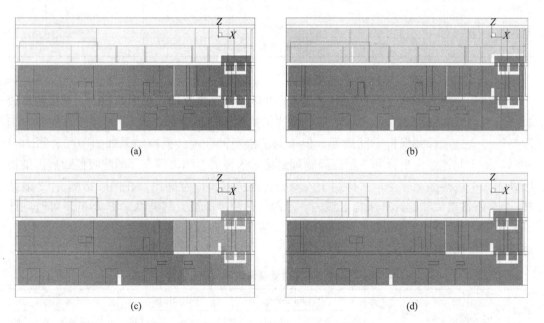

图 10-4　纯自然通风不同室外风速下电梯井区域示踪气体浓度云图及流线图（一）

(a) SW、0.5m/s；(b) SW、1.0m/s；(c) SW、2.0m/s；(d) SW、3.1m/s 透视图（二层）

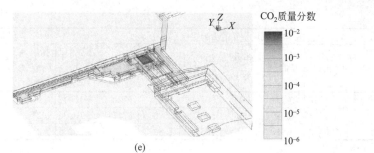

(e)

图 10-4　纯自然通风不同室外风速下电梯井区域示踪气体浓度云图及流线图（二）

(e) SW、2.0m/s、透视图（二层）

## 10.3　多元通风模式

### 1. 等温条件下机场航站楼内外风场

本节分析等温多元通风机场新模型的模拟结果，如图 10-5 所示。研究表明，外界自然风和内部机械通风共同作用下，建筑内风场主要由 T3 航站楼流向 T2 航站楼。由于国际指廊窗户关闭，并开启机械送、排风，因此国际指廊与北连接楼之间的风量取决于国际指廊净机械送风量，如表 10-4 所示。指廊截面 A 风量约 $10000\mathrm{m^3/h}$，风量由建筑物内机械送、排风量决定，基本上与外界风速无关。

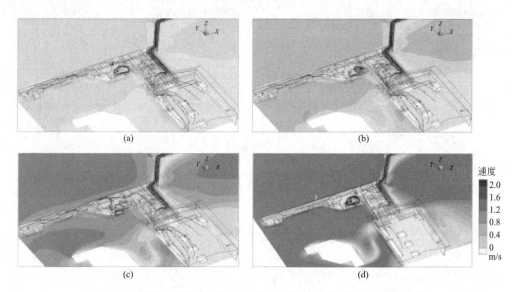

图 10-5　等温多元通风不同室外风速下航站楼内速度云图及流线图

(a) SW、0.5m/s；(b) SW、1.0m/s；(c) SW、2.0m/s；(d) SW、3.1m/s

<table>
<tr><td colspan="12" align="center">等温多元通风条件下北连接楼区域风量变化情况　　　　　　　　　　　　表 10-4</td></tr>
<tr>
<td rowspan="3">风向</td>
<td rowspan="3">风速<br>(m/s)</td>
<td colspan="6" align="center">北连接楼区域风量（正值为进区域）(m³/h)</td>
<td colspan="5" align="center">风量占比</td>
</tr>
<tr>
<td rowspan="2">T2 出口</td>
<td rowspan="2">指廊 A</td>
<td rowspan="2">电梯<br>井 D</td>
<td rowspan="2">T3 出口</td>
<td rowspan="2">机械<br>送风</td>
<td rowspan="2">总风量</td>
<td>T2 出口</td>
<td>指廊 A</td>
<td>电梯井</td>
<td>T3 出口</td>
<td>机械送</td>
</tr>
<tr>
<td>风量/总<br>风量</td>
<td>风量/总<br>风量</td>
<td>D 风量/<br>总风量</td>
<td>风量/总<br>风量</td>
<td>风风量/<br>总风量</td>
</tr>
<tr>
<td>SW</td>
<td>0.5</td>
<td>−672108</td>
<td>10607</td>
<td>−66</td>
<td>507180</td>
<td>158040</td>
<td>672174</td>
<td>−100%</td>
<td>2%</td>
<td>0</td>
<td>75%</td>
<td>24%</td>
</tr>
</table>

| 风向 | 风速 (m/s) | 北连接楼区域风量（正值为进区域）($m^3/h$) | | | | | | 风量占比 | | | | |
|---|---|---|---|---|---|---|---|---|---|---|---|---|
| | | T2出口 | 指廊A | 电梯井D | T3出口 | 机械送风 | 总风量 | T2出口风量/总风量 | 指廊A风量/总风量 | 电梯井D风量/总风量 | T3出口风量/总风量 | 机械送风风量/总风量 |
| SW | 1.0 | −671937 | 10687 | −66 | 507006 | 158040 | 672003 | −100% | 2% | 0 | 75% | 24% |
| SW | 2.0 | −671653 | 10690 | −66 | 506726 | 158040 | 671719 | −100% | 2% | 0 | 75% | 24% |
| SW | 3.1 | −670402 | 10610 | 25 | 505467 | 158040 | 670402 | −100% | 2% | 0 | 75% | 24% |

### 2. 等温条件下入境旅客隔离候车厅关联感染

在等温多元通风条件下，对新连体建筑模型入境旅客隔离候车厅及电梯井区域示踪气体的流动和扩散模拟结果进行分析，如图 10-6、图 10-7 所示，当入境旅客隔离候车厅排风增加时，示踪气体浓度显著降低。且由于北连接楼电梯井已经封堵，入境旅客隔离候车厅的污染物无法扩散传播至二、三层，国际指廊、T2航站楼、T3航站楼内的污染物浓度均低于可监测值。如表 10-4、表 10-5 所示。建筑内气流运动则主要由 T3 航站楼流向 T2 航站楼，国际指廊与北连接楼之间区域的风量较小，对于研究关注的重点风险区域内（电梯井、T3出口、T3航站楼），最小 $DR$ 均高于 $10^{10}$，最大感染概率 $P$ 均低于可监测的计算范围。

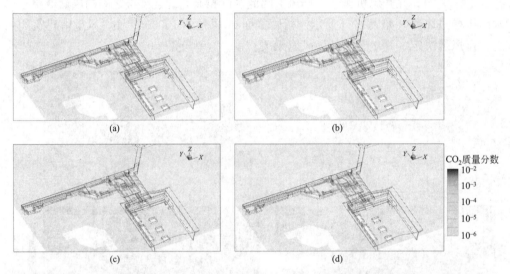

图 10-6 纯自然通风不同室外风速下航站楼内（三层）示踪气体浓度云图及流线图
(a) SW、0.5m/s；(b) SW、1.0m/s；(c) SW、2.0m/s；(d) SW、3.1m/s

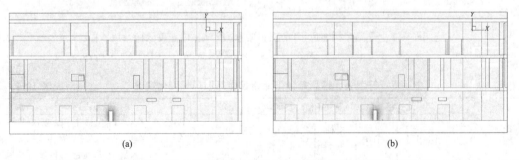

图 10-7 纯自然通风不同室外风速下电梯井区域示踪气体浓度云图及流线图（一）
(a) SW、0.5m/s；(b) SW、1.0m/s

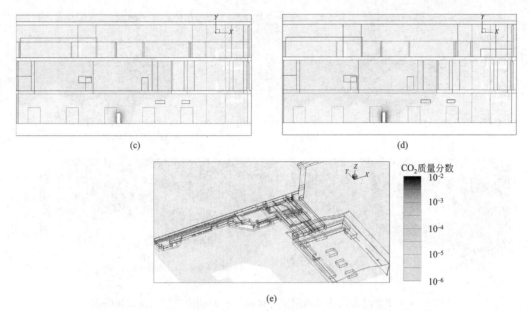

图 10-7　纯自然通风不同室外风速下电梯井区域示踪气体浓度云图及流线图（二）
(c) SW、2.0m/s；(d) SW、3.1m/s；(e) SW、2.0m/透视图（二层）

等温多元通风条件下不同位置稀释倍率（*DR*）、感染概率　　　　　表 10-5

| 风向 | 风速 (m/s) | 最大感染概率 | 最小 *DR* | 电梯井区域 | | T3 出口区域 | | T3 航站楼内 | |
|---|---|---|---|---|---|---|---|---|---|
| | | | | 最大感染概率 | 最小 *DR* | 最大感染概率 | 最小 *DR* | 最大感染概率 | 最小 *DR* |
| SW | 0.5 | 0 | $>10^{10}$ | 0 | $>10^{10}$ | 0 | $>10^{10}$ | 0 | $>10^{10}$ |
| SW | 1.0 | 0 | $>10^{10}$ | 0 | $>10^{10}$ | 0 | $>10^{10}$ | 0 | $>10^{10}$ |
| SW | 2.0 | 0 | $>10^{10}$ | 0 | $>10^{10}$ | 0 | $>10^{10}$ | 0 | $>10^{10}$ |
| SW | 3.1 | 0 | $>10^{10}$ | 0 | $>10^{10}$ | 0 | $>10^{10}$ | 0 | $>10^{10}$ |

# 10.4　非等温多元通风模式

**1. 非等温条件下机场航站楼内外风场**

本节分析非等温多元通风新模型的模拟结果，如图 10-8 及表 10-6 所示。模拟计算表明，若考虑热浮升力作用，建筑内气流运动主要由 T3 航站楼流向 T2 航站楼，与等温工况（表 10-4）的结论类似。指廊截面 A 风量约 13000$m^3$/h，此处气流运动路径为国际指廊流向北连接楼。

非等温多元通风条件下北连接楼区域风量变化情况　　　　　表 10-6

| 风向 | 风速 (m/s) | 北连接楼区域风量（正值为进区域）($m^3$/h) | | | | | | 风量占比 | | | | |
|---|---|---|---|---|---|---|---|---|---|---|---|---|
| | | T2 出口 | 指廊 A | 电梯井 D | T3 出口 | 机械送风 | 总风量 | T2 出口风量/总风量 | 指廊 A 风量/总风量 | 电梯井 D 风量/总风量 | T3 出口风量/总风量 | 机械送风风量/总风量 |
| SW | 0.5 | −673892 | 13490 | −421 | 506107 | 158040 | 674312 | −100% | 2% | 0 | 75% | 23% |
| SW | 1.0 | −674188 | 13315 | −263 | 506445 | 158040 | 674451 | −100% | 2% | 0 | 75% | 23% |
| SW | 2.0 | −675447 | 13399 | −391 | 507657 | 158040 | 675838 | −100% | 2% | 0 | 75% | 23% |
| SW | 3.1 | −674754 | 12817 | 47 | 506921 | 158040 | 674754 | −100% | 1.9% | 0 | 75% | 23% |

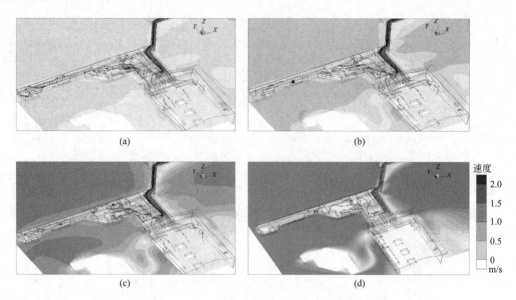

图 10-8　非等温多元通风不同室外风速下航站楼内速度云图及流线图
(a) SW、0.5m/s；(b) SW、1.0m/s；(c) SW、2.0m/s；(d) SW、3.1m/s

**2. 非等温条件下入境旅客隔离候车厅关联感染**

在非等温多元通风条件下，对新连体模型入境旅客隔离候车厅及电梯井区域示踪气体的流动和扩散模拟结果进行分析，如图 10-9、图 10-10 所示。在考虑热浮升力及入境旅客隔离候车厅增加排风量的作用下，污染物浓度进一步降低。与等温条件的结果类似，由于北连接楼电梯井已经封堵，入境旅客隔离候车厅的污染物无法扩散传播至二、三层，国际指廊、T2 航站楼、T3 航站楼内的示踪气体浓度均低于可监测的范围。如表 10-7 所示，在关注的重点区域内，同样发现最小 $DR$ 均高于 $10^{10}$，最大感染概率均低于可监测计算的范围。

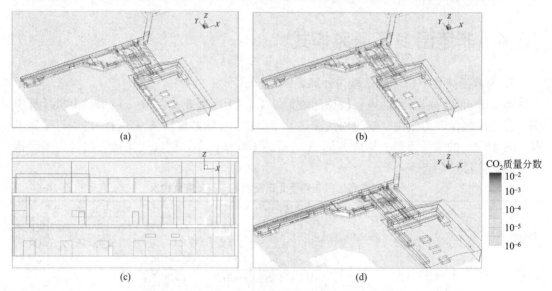

图 10-9　非等温多元通风不同室外风速下航站楼内（三层）示踪气体浓度云图及流线图
(a) SW、0.5m/s；(b) SW、1.0m/s；(c) SW、2.0m/s；(d) SW、3.1m/s

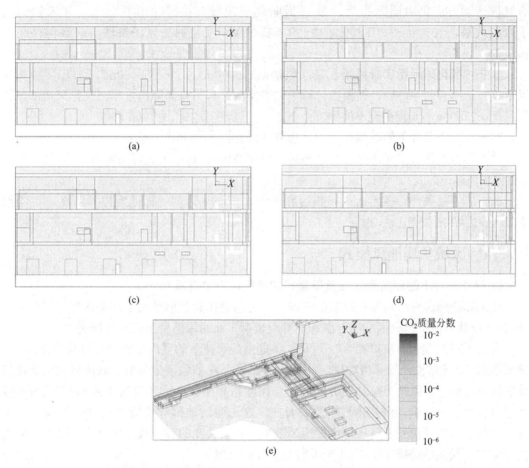

图 10-10　非等温多元通风不同室外风速下电梯井区域示踪气体浓度云图及流线图

(a) SW、0.5m/s；(b) SW、1.0m/s；(c) SW、2.0m/s；(d) SW、3.1m/s；(e) SW、2.0m/s 透视图（二层）

非等温多元通风条件下不同位置稀释倍率（DR）、感染概率　　　　表 10-7

| 风向 | 风速(m/s) | 最大感染概率 | 最小 DR | 电梯井区域 最大感染概率 | 电梯井区域 最小 DR | T3 出口区域 最大感染概率 | T3 出口区域 最小 DR | T3 航站楼内 最大感染概率 | T3 航站楼内 最小 DR |
|---|---|---|---|---|---|---|---|---|---|
| SW | 0.5 | 0 | $>10^{10}$ | 0 | $>10^{10}$ | 0 | $>10^{10}$ | 0 | $>10^{10}$ |
| SW | 1.0 | 0 | $>10^{10}$ | 0 | $>10^{10}$ | 0 | $>10^{10}$ | 0 | $>10^{10}$ |
| SW | 2.0 | 0 | $>10^{10}$ | 0 | $>10^{10}$ | 0 | $>10^{10}$ | 0 | $>10^{10}$ |
| SW | 3.1 | 0 | $>10^{10}$ | 0 | $>10^{10}$ | 0 | $>10^{10}$ | 0 | $>10^{10}$ |

# 10.5　区域负压变化对机场建筑通风的影响

　　根据第 10.3 节及第 10.4 节模拟计算结果，物理隔断可有效阻止入境旅客隔离候车厅的气载致病微生物扩散。但在较大风速下，北连接楼三层特征截面 A（指廊 A）

的气流运动方向仍由国际指廊出发层指向北连接楼，在国际出发层三层并未达到负压通风效果，北连接楼、T2 航站楼、T3 航站楼在变化的外风场条件下病毒仍存在传播风险。

本节将变化国际指廊排风量，其净风量由 $-5000\mathrm{m}^3/\mathrm{h}$ 至 $-50000\mathrm{m}^3/\mathrm{h}$（国际指廊排风量提高到原有的 10 倍）。在模拟计算中，其实现过程为将国际出发厅三层排风机的计算风量由 $-21000\mathrm{m}^3/\mathrm{h}$ 提高至 $-66000\mathrm{m}^3/\mathrm{h}$。

在研究负压条件下的模拟计算中，边界条件为：

（1）等温条件，多元通风（自然通风＋机械通风），标记为边界条件 b3（类似于表 8-6 边界条件标记方式）。

（2）非等温条件，多元通风＋热边界＋ Boussinesq 近似，标记为边界条件 c3（类似于表 8-6 边界条件标记方式）。

### 10.5.1　区域负压通风模式

#### 1. 等温条件下国际指廊区域负压通风的空气动力学模拟

在国际指廊出发层增加排风量的工况下，对新连体建筑模型及电梯井区域空气的流动进行 CFD 数值模拟，分别采用等温和非等温模型多元通风模型进行对比研究。

由图 10-11、表 10-8 和表 10-9 可见，不同室外风速下的室内空气运动流线均由 T3 航站楼指向 T2 航站楼及国际指廊楼。此外，指廊截面 A 的风量为负值，表明风向由北连接楼区域也指向了国际指廊航站楼方向，这与国际指廊楼较小排风量时指廊截面 A 的风量为正值（表 10-4、表 10-6）形成了鲜明对比。这说明增加国际指廊航站楼排风量后，实现了国际指廊航站楼处于负压环境的通风效果。在所关注的各个重点区域内，最小 $DR$ 均高于 $10^{10}$，最大感染概率 $P$ 均低于可监测计算的范围。

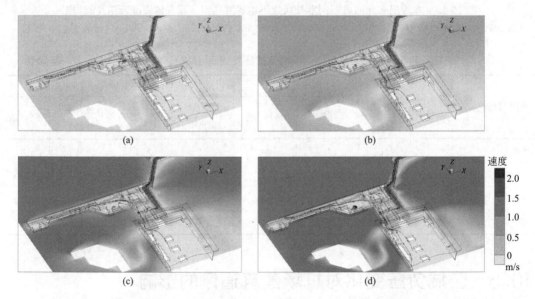

图 10-11　等温多元通风增强负压条件不同室外风速下航站楼内速度云图及流线图

(a) SW、0.5m/s；(b) SW、1.0m/s；(c) SW、2.0m/s；(d) SW、3.1m/s

等温多元通风增强负压条件下北连接楼区域风量变化情况　　　　　　　　表 10-8

| 风向 | 风速 (m/s) | 北连接楼区域风量（正值为进区域）(m³/h) | | | | | | 风量占比 | | | | |
|---|---|---|---|---|---|---|---|---|---|---|---|---|
| | | T2 出口 | 指廊 A | 电梯井 D | T3 出口 | 机械送风 | 总风量 | T2 出口风量/总风量 | 指廊 A 风量/总风量 | 电梯井 D 风量/总风量 | T3 出口风量/总风量 | 机械送风风量/总风量 |
| SW | 0.5 | −628774 | −34483 | 25 | 512402 | 158040 | 663257 | −94.8% | −5.2% | 0 | 77.3% | 23.8% |
| SW | 1.0 | −628616 | −34404 | 25 | 512247 | 158040 | 663020 | −94.8% | −5.2% | 0 | 77.3% | 23.8% |
| SW | 2.0 | −628248 | −34383 | 25 | 511875 | 158040 | 662631 | −94.8% | −5.2% | 0 | 77.2% | 23.9% |
| SW | 3.1 | −627102 | −34380 | 25 | 510724 | 158040 | 661482 | −94.8% | −5.2% | 0 | 77.2% | 23.9% |

等温多元通风增强负压条件下不同位置稀释倍率（$DR$）、感染概率　　　　表 10-9

| 风向 | 风速(m/s) | 最大感染概率 | 最小 $DR$ | 电梯井区域 | | T3 出口区域 | | T3 航站楼内 | |
|---|---|---|---|---|---|---|---|---|---|
| | | | | 最大感染概率 | 最小 $DR$ | 最大感染概率 | 最小 $DR$ | 最大感染概率 | 最小 $DR$ |
| SW | 0.5 | 0 | $>10^{10}$ | 0 | $>10^{10}$ | 0 | $>10^{10}$ | 0 | $>10^{10}$ |
| SW | 1.0 | 0 | $>10^{10}$ | 0 | $>10^{10}$ | 0 | $>10^{10}$ | 0 | $>10^{10}$ |
| SW | 2.0 | 0 | $>10^{10}$ | 0 | $>10^{10}$ | 0 | $>10^{10}$ | 0 | $>10^{10}$ |
| SW | 3.1 | 0 | $>10^{10}$ | 0 | $>10^{10}$ | 0 | $>10^{10}$ | 0 | $>10^{10}$ |

**2. 非等温条件下国际指廊负压通风的空气动力学模拟**

非等温条件下，国际指廊到达层提升排风量的模拟结果与等温条件类似。由图 10-12、表 10-10、表 10-11 可见，建筑内风场主要由 T3 航站楼流向 T2 航站楼，北连接楼区域流向国际指廊航站楼，说明通过适当增大国际指廊航站楼排风量，可以实现国际指廊航站楼国际进港区域负压环境营造的效果。然而针对多连通高大建筑空间，如何确定最佳排

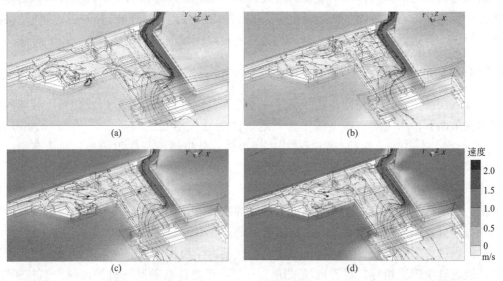

图 10-12　非等温多元通风增强负压条件不同室外风速下航站楼内速度云图及流线图

（a）SW、0.5m/s；（b）SW、1.0m/s；（c）SW、2.0m/s；（d）SW、3.1m/s

风量是有待于设计研究解决的问题。在关注的重点区域内,最小 $DR$ 均高于 $10^{10}$,最大感染概率 $P$ 均低于可监测计算的范围。

表 10-10

非等温多元通风增强负压条件下北连接楼区域风量变化情况

| 风向 | 风速(m/s) | 北连接楼区域风量（正值为进区域)($m^3/h$) | | | | | | 风量占比 | | | | |
|---|---|---|---|---|---|---|---|---|---|---|---|---|
| | | T2出口 | 指廊A | 电梯井D | T3出口 | 机械送风 | 总风量 | T2出口风量/总风量 | 指廊A风量/总风量 | 电梯井D风量/总风量 | T3出口风量/总风量 | 机械送风量/总风量 |
| SW | 0.5 | −636168 | −32789 | −409 | 513245 | 158040 | 669366 | −95.0% | −4.9% | −0.1% | 76.7% | 23.6% |
| SW | 1.0 | −636539 | −31484 | −13 | 513671 | 158040 | 668035 | −95.3% | −4.7% | 0 | 76.9% | 23.7% |
| SW | 2.0 | −621212 | −31719 | −341 | 498193 | 158040 | 653272 | −95.1% | −4.9% | −0.1% | 76.3% | 24.2% |
| SW | 3.1 | −637159 | −30701 | −548 | 514291 | 158040 | 668408 | −95.3% | −4.6% | −0.1% | 76.9% | 23.6% |

表 10-11

非等温多元通风增强负压条件下不同位置稀释倍率（$DR$)、感染概率

| 风向 | 风速(m/s) | 最大感染概率 | 最小 $DR$ | 电梯井区域 | | T3出口区域 | | T3航站楼内 | |
|---|---|---|---|---|---|---|---|---|---|
| | | | | 最大感染概率 | 最小 $DR$ | 最大感染概率 | 最小 $DR$ | 最大感染概率 | 最小 $DR$ |
| SW | 0.5 | 0 | $>10^{10}$ | 0 | $>10^{10}$ | 0 | $>10^{10}$ | 0 | $>10^{10}$ |
| SW | 1.0 | 0 | $>10^{10}$ | 0 | $>10^{10}$ | 0 | $>10^{10}$ | 0 | $>10^{10}$ |
| SW | 2.0 | 0 | $>10^{10}$ | 0 | $>10^{10}$ | 0 | $>10^{10}$ | 0 | $>10^{10}$ |
| SW | 3.1 | 0 | $>10^{10}$ | 0 | $>10^{10}$ | 0 | $>10^{10}$ | 0 | $>10^{10}$ |

综上所述,第 10.3 节及第 10.4 节的通风模式并未严格意义上达到国际出发区的负压效果。有鉴于此,在等温和非等温条件下,本节通过调节国际出发区内的排风量,实现了自然通风与机械通风共同作用下多连通高大建筑空间的负压环境营造。污染源所在的国际指廊处于负压状态,建筑内气流运动由 T3 航站楼流向 T2 航站楼和国际指廊区域,稀释倍率大于 $10^{10}$,远远超过了 10000 倍,在关注的重点区域内感染概率极低。

## 10.5.2 多元通风正负压条件转换

气载致病微生物种类多样,然而从其物理特征、空气传播途径,以及建筑环境通风技术保障视角而言,为气溶胶粒子的传播问题（微生物气溶胶的粒径多在 $0.01\sim10\,\mu m$ 范围)。鉴于此,本书基于 A 机场新冠肺炎疫情事件,从疫情流行病学调查及通风空调运行情况调研出发,从通风及室内空气动力学的角度,分析了机场建筑自然通风潜力,开展了机场建筑模型试验,模拟解析了自然通风及多元通风条件下机场建筑污染物传播路径。在研究中,以示踪气体来表征连续性病毒气溶胶的浓度分布,以数值模拟或者模型试验探究了机场等高大建筑内空气流动及污染物扩散问题。

对机场进行了现场测试、可视化试验、空气动力学模拟。如前述章节论及,因机场防疫通风缺乏科学理论指导,尽管机场采用"大面积开窗自然通风＋机械通风"防控策略,还是发生了疫情传播事件——位于机场一层国际到达区境外输入病例病毒气溶胶仍通过扶梯井的"拔风"效应,传播到了位于三层的国内出发区连廊,造成了路经连廊转机人员感

染（见图 10-13，电梯井附近区域污染物浓度及感染概率高达 1.91％，中国疾病预防控制中心的现场荧光微球试验也佐证了这一结果）。

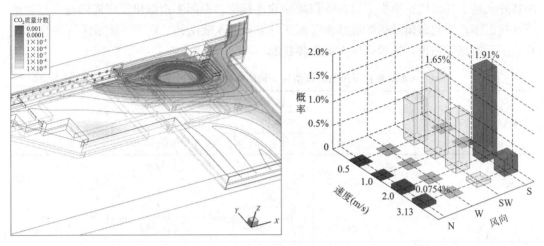

图 10-13 不同外风场条件下建筑内电梯井附近区域污染物浓度及感染概率分布
注：该图的彩图见本书附录 D。

究其原因，无论新冠病毒还是"非典"病毒都是"新生事物"，传统的通风空调新风量计算及管道输配系统设计均没有考虑这一项内容。因此，无论是"非典"抑或当前新冠肺炎疫情期间，作为临时性应急手段的开窗等自然通风或机械通风并举的模式尽管"遍地开花"，但仍然缺乏通风理论的支撑，导致其通风引排污染物效果实际上是难以预料的。

回顾通风空调设计方法，传统上人们把自然通风、机械通风分开来看，非此即彼；习惯于把自然通风、机械通风的效果看成分别独立的问题，因而很少从设计、调控策略的观点出发研究它们统一的内在规律性。因此，如何设计自然通风与机械通风并存的多元通风模式以控制污染物传播，是一件非常困难的事情。

建立机场建筑疫情防控通风体系的实质在于，研究污染源所处于整个建筑空间流场中的不同位置时的扩散传播或抑控效应，查明内外贯通式建筑通风流动情况，建立"洁净区正压"—"污染区负压"有序引导的通风气流运动设计理念，通过掌握自然通风与机械通风的相互作用关系，获得其满足稀释倍率需求的最小（临界）通风量，提出压力梯度分区通风设计方法，研究多元通风正负压转换条件，建立高效分区抑控污染物传播的气流组织新技术。

通过前三节的分析可知，由于多连通高大建筑几何条件及室外风场条件的影响，难以满足负压定向通风的要求。如第 10.3、10.4 节 CFD 模拟结果所示，由国际指廊出发层三层流向北连接楼的风量为 10000～13000m³/h，增加国际指廊净排风量后（提升至原有风量的 10 倍），国际指廊出发层可以实现从正压环境到负压环境的反转。因此，临界通风量的确定可以根据从正压到负压转化的临界点来确定（即国际指廊出发层负压通风的临界风量），使得国际指廊出发层到北连接楼的风量接近零。临界风量的确定，有助于将污染物的扩散抑控于污染源本身所在区域，同时也避免过大的机械通风能量消耗，以及不必要的过度自然通风问题。

本节通过 CFD 模拟计算，以获得国际指廊出发层负压通风的临界风量为例，阐明多元通风正负压转换条件及临界风量的计算确定方法。在本案例中，可取已知指廊截面 A 的最大风量的 1％作为临界值的误差区间，其指廊截面 A 的最大风量为 13399m³/h（表

10-6），即当风量位于［-133.99，133.99］区间内视为达到临界值。

根据计算结果，由表 10-12～表 10-15、图 10-14、图 10-15 可见，不同边界条件、不同室外风速下的流线都不再穿过国际指廊和北连接楼，由国际指廊出发层流向北连接楼的风量接近零，即此时国际指廊航站楼气流无法到达 T3 航站楼，而 T3 航站楼气流也无法到达国际指廊航站楼，达到等压力的临界状况。

等温复合通风临界压条件下国际指廊航站楼风量情况　　　　表 10-12

| 风向 | 风速(m/s) | 国际指廊航站楼(正值为进区域) | | | |
|---|---|---|---|---|---|
| | | 国际出发厅三层排风机 | | 国际出发厅三层设计排风量(m³/h) | 指廊截面 A 的风量(m³/h) |
| | | 风速(m/s) | 风量(m³/h) | | |
| SW | 0.5 | -5.83 | -21000 | 16398 | 10607 |
| | | -8.77 | -31572 | 5826 | -6 |
| | | -18.33 | -66000 | -28602 | -34483 |
| SW | 1.0 | -5.83 | -21000 | 16398 | 10687 |
| | | -8.77 | -31572 | 5826 | -12 |
| | | -18.33 | -66000 | -28602 | -34404 |
| SW | 2.0 | -5.83 | -21000 | 16398 | 10690 |
| | | -8.77 | -31572 | 5826 | -23 |
| | | -18.33 | -66000 | -28602 | -34383 |
| SW | 3.1 | -5.83 | -21000 | 16398 | 10610 |
| | | -8.77 | -31572 | 5826 | -6 |
| | | -18.33 | -66000 | -28602 | -34380 |

非等温复合通风临界压条件下国际指廊航站楼风量情况　　　　表 10-13

| 风向 | 风速(m/s) | 国际指廊航站楼 | | | |
|---|---|---|---|---|---|
| | | 国际出发厅三层排风机 | | 国际出发厅三层设计排风量(m³/h) | 指廊截面 A 的风量(m³/h) |
| | | 风速(m/s) | 流量(m³/h) | | |
| SW | 0.5 | -5.83 | -21000 | 16398 | 13490 |
| | | -9.41 | -33876 | 3522 | 90 |
| | | -18.33 | -66000 | -28602 | -32789 |
| SW | 1.0 | -5.83 | -21000 | 16398 | 13315 |
| | | -9.47 | -34092 | 3306 | 96 |
| | | -18.33 | -66000 | -28602 | -31484 |
| SW | 2.0 | -5.83 | -21000 | 16398 | 13399 |
| | | -9.47 | -34092 | 3306 | 71 |
| | | -18.33 | -66000 | -28602 | -31719 |
| SW | 3.1 | -5.83 | -21000 | 16398 | 12817 |
| | | -9.50 | -34200 | 3198 | -104 |
| | | -18.33 | -66000 | -28602 | -30701 |

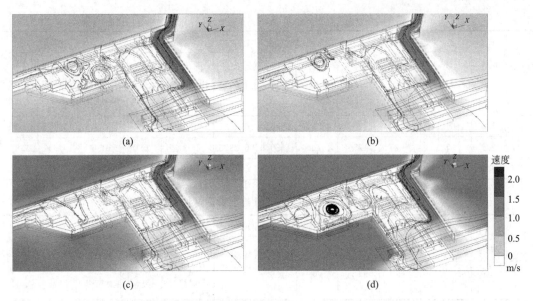

图 10-14　等温复合通风临界压条件不同室外风速下航站楼内速度云图及流线图

(a) SW、0.5m/s；(b) SW、1.0m/s；(c) SW、2.0m/s；(d) SW、3.1m/s

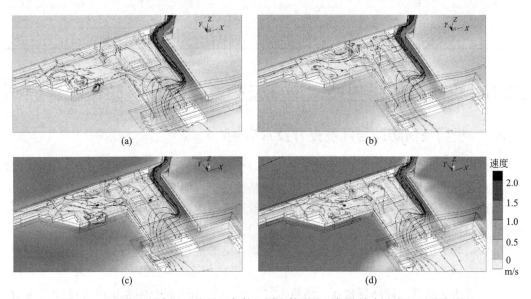

图 10-15　非等温复合通风临界压条件不同室外风速下航站楼内速度云图及流线图

(a) SW、0.5m/s；(b) SW、1.0m/s；(c) SW、2.0m/s；(d) SW、3.1m/s

等温复合通风临界压条件下北连接楼区域风量变化情况　　　　表 10-14

| 风向 | 风速(m/s) | 北连接楼区域风量（正值为进区域）(m³/h) | | | | | | 风量占比 | | | | |
|---|---|---|---|---|---|---|---|---|---|---|---|---|
| | | T2出口 | 指廊A | 电梯井D | T3出口 | 机械送风 | 总风量 | T2出口风量/总风量 | 指廊A风量/总风量 | 电梯井D风量/总风量 | T3出口风量/总风量 | 机械送风风量/总风量 |
| SW | 0.5 | −612758 | −6 | 25 | 467444 | 158040 | 612764 | −100.0% | 0.0 | 0.0 | 76.3% | 25.8% |

| 风向 | 风速<br>(m/s) | 北连接楼区域风量（正值为进区域）($m^3/h$) | | | | | | 风量占比 | | | | |
| | | T2 出口 | 指廊 A | 电梯<br>井 D | T3 出口 | 机械<br>送风 | 总风量 | T2 出口<br>风量/总<br>风量 | 指廊 A<br>风量/<br>总风量 | 电梯井<br>D 风量/<br>总风量 | T3 出口<br>风量/总<br>风量 | 机械送<br>风风量/<br>总风量 |
|---|---|---|---|---|---|---|---|---|---|---|---|---|
| SW | 1.0 | −612619 | −12 | 25 | 467307 | 158040 | 612631 | −100.0% | 0.0 | 0.0 | 76.3% | 25.8% |
| SW | 2.0 | −612353 | −23 | 25 | 467040 | 158040 | 612376 | −100.0% | 0.0 | 0.0 | 76.3% | 25.8% |
| SW | 3.1 | −611379 | −6 | 25 | 466071 | 158040 | 611385 | −100.0% | 0.0 | 0.0 | 76.2% | 25.8% |

非等温复合通风临界压条件下北连接楼区域风量变化情况　　　　表 10-15

| 风向 | 风速<br>(m/s) | 北连接楼区域风量（正值为进区域）($m^3/h$) | | | | | | 风量占比 | | | | |
| | | T2 出口 | 指廊 A | 电梯<br>井 D | T3 出口 | 机械<br>送风 | 总风量 | T2 出口<br>风量/总<br>风量 | 指廊 A<br>风量/<br>总风量 | 电梯井<br>D 风量/<br>总风量 | T3 出口<br>风量/总<br>风量 | 机械送<br>风风量/<br>总风量 |
|---|---|---|---|---|---|---|---|---|---|---|---|---|
| SW | 0.5 | −662751 | 90 | 264 | 507989 | 158040 | 662751 | −100.0% | 0.0 | 0.0 | 76.6% | 23.8% |
| SW | 1.0 | −663255 | 96 | −125 | 508505 | 158040 | 663381 | −100.0% | 0.0 | 0.0 | 76.7% | 23.8% |
| SW | 2.0 | −664472 | 71 | −388 | 509780 | 158040 | 664860 | −99.9% | 0.1 | −0.1 | 76.7% | 23.8% |
| SW | 3.1 | −664472 | −104 | 214 | 509780 | 158040 | 664684 | −100.0% | 0.0 | 0.0 | 76.7% | 23.8% |

# 10.6　机场疫情防控技术措施及公共建筑环境防疫设计原则

## 10.6.1　机场疫情防控与环境提升技术措施

　　基于机场流行病学调查、机场建筑空气流动模型试验，以及自然通风及多元通风（复合通风）条件下机场建筑气载致病微生物传播路径模拟，研究表明，空调系统送回风管道导致的跨区域空气传播风险概率极低，但存在着连接通道造成不同区域之间空气流动传播新冠病毒的风险。

　　现以机场为例，将此类高大建筑致病微生物污染防控与环境提升的技术措施简要总结如下：

　　（1）机场航站楼的国际候机区、值机大厅、国内候机区的空调系统应分区独立设置，各区域之间空调系统（包括风道）相互独立。对于不同区域，分别由不同的空调机组保障。

　　（2）研究发现，电梯井是一个经常被忽视，但在实际中应该受到重视的暴露风险点，若上下贯通污染源潜在区域与人员活动"洁净区"，暴露感染风险较大。中国疾病预防控制中心对机场高风险区进行的荧光微球试验也佐证了这一论点。

　　（3）应将机场等高大建筑污染源潜在区域与其他人员活动区采取完全物理隔绝等技术措施，不发生空气交换；各区域之间吊顶、格栅顶棚内部设置物理隔断等，阻断气流通过吊顶跨区域流动，降低污染物空气传播风险。

　　（4）机场等高大建筑核酸采样间应设置独立的排风系统，其换气次数不应小于

$20\text{h}^{-1}$。应在采样间、排风管道增加高效消杀装置等,阻断病毒气溶胶外溢扩散至相邻区域。

(5) 宜在高大建筑内部交界处设置自动门及空气幕等技术措施,减少污染空气跨区域流动。

(6) 对建筑内污染源潜在区域增设排风机,关闭侧窗。科学调节送/排风量,使之相对其他区域处于负压环境,阻断该区域含病毒气溶胶、致病性微生物的空气流向其他区域。

(7) 公共卫生间排风系统各自独立,且应保持卫生间处于负压状态,换气次数不宜小于 $20\text{h}^{-1}$。应定期检查卫生间水封装置,并应采取措施保证水封的有效性。

(8) 根据机场航站楼等建筑的功能规划、运营模式,通风空调系统设计与运行管理应实现科学的空气运动路径,保障洁净空气按需分配,从清洁区、半污染区向污染区流动,降低污染物扩散风险。

(9) 根据机场航站楼结构、布局和气候条件,疫情期间机场内区空调系统采用全新风运行的机械通风模式,新风及排风系统宜保持 24 h 运行。应定期对室外空气取风口空气安全状况进行排查。

(10) 应定期对空调系统过滤器清洁消毒,空调通风系统的卫生管理等应符合《公共场所集中空调通风系统卫生规范》WS 394—2012[1]、《公共场所集中空调通风系统卫生学评价规范》WS/T 395—2012[2]、《公共场所集中空调通风系统清洗消毒规范》WS/T 396—2012[3]、《运输航空公司、机场疫情防控技术指南(第八版)》[4] 及住房和城乡建设部印发的《公共及居住建筑室内空气环境防疫设计与安全保障指南》[5] 等。

值得说明的是,这些技术措施已经在机场建筑改造升级等工程中得到实施,为机场等高大空间建筑疫情防控及环境提升提供了科学指导。

## 10.6.2 公共建筑室内空气环境防疫设计原则

室内空气环境防疫(Epidemic prevention and control for indoor air environment)是指为应对呼吸道传染病传播,对建筑采取的通风稀释、空气净化、设施消毒等室内空气环境控制技术及策略的总称。对于公共建筑室内空气环境防疫设计,国家及行业部门出台了系列标准、指南,如《公共及居住建筑室内空气环境防疫设计与安全保障指南》《公共建筑用通风空调设备平疫结合技术条件》等,总的原则是,基于国家卫生防疫的法律法规和方针政策,科学设计通风空调系统,减少呼吸道传染病在疫情期间的传播风险,确保疫情期间室内空气环境安全保障[6,7]。总结新冠病毒疫情防控实践经验,提出室内空气环境防疫设计原则如下[8]:

(1) 建筑及通风空调系统设计,宜遵循正常使用工况和疫情期间使用工况相互兼顾的"平疫结合"设计原则。通风空调系统设计在正常使用工况下应满足相关节能设计标准的要求,实现节能运行;疫情期间能实现快速功能转化,降低传播风险、保障室内空气安全。机场航站楼"平疫结合"区的机械通风、空调风管应当按疫情时风量设计。机械送风(新风)、排风系统应分区设置独立系统。疫情时通风系统应当控制各区域空气压力梯度,使空气从清洁区向污染区(潜在污染区)单向流动。

(2) 建筑设计应满足疫情期间主要使用功能房间具备利用自然通风的能力;当自然通

风受限时，通风空调系统设计应具备增大新风量和/或加强循环空气过滤、净化等措施的能力。

（3）居住建筑应通过平面、立面、门窗位置及朝向设计，合理组织自然通风。户间相对的外窗，其间距不应过小，必要时可通过 CFD 数值模拟计算确定。

（4）公共建筑设计应适当控制建筑体量、进深，主要使用功能房间应设置可开启外窗，实现良好的自然通风。

（5）公共建筑空调系统应按使用功能和人员密度的差异分别设置，且能按照需求独立调控。

（6）采用全空气空调系统的人员密集场所，其新风管道及取风口面积应满足新风量不小于 70%设计送风量的要求，以满足疫情期间加大新风量运行的需求。

（7）无可开启外窗的房间采用"冷热末端＋新风"的空调形式时，其新风系统设计宜满足每人所需新风量 $60m^3/$（h·人）的使用工况要求，并能在 $30\sim60m^3/$（h·人）的运行工况范围内高效运行。

（8）室外空气取风口应合理设置，避免取风口所吸入的空气受其他污染源的影响。

（9）通风空调管道系统设计宜采用低阻力输配技术；在室内气流组织设计时，应采用能够保证人员健康、舒适的高效通风气流组织方式。

（10）集中空调系统及新风系统应合理设置有效的过滤措施，服务多个房间的全空气空调系统，其空调设备选型应为疫情发生时更换或增设高中效以上级别过滤器预留技术条件。

（11）公共建筑集中排风热回收系统应设置新风、排风旁通管道。

（12）公共卫生间应保持负压；使用人次较小的卫生间换气次数不应小于 $10h^{-1}$，使用人次较大的卫生间换气次数不宜小于 $20h^{-1}$。

（13）垃圾收集间及设于建筑内的污水池、隔油池等应进行合理的负压控制，垃圾收集间的排风换气次数不应小于 $10h^{-1}$，污水池及隔油池的排风换气次数不宜小于 $20h^{-1}$。

（14）室内空气环境保障要求较高的场所，可采用新风过滤、空气净化、功能涂料、高效气流组织、压力控制等病原微生物传播阻断技术，保障室内空气安全。

（15）公共及居住建筑新风系统、空调系统与卫生间排风系统应调试合格后方可使用，确保送入每个房间的室外空气量和卫生间的排风量满足设计和卫生规范要求。

室内空气环境防疫应急技术措施包括空调系统应尽量加大新风量运行，并符合以下要求：

（1）当室外气候适合时，空调系统应采用全新风运行。全空气系统采用大新风比运行时，应通过加大机械排风或部分门窗保持开启状态，以确保室外空气有效送入。

（2）高疫情风险等级时，负担多个房间的全空气系统宜关闭回风；中疫情风险等级且需要使用回风时，应增设高中效空气过滤器；低疫情风险等级且需要使用回风时，应设置中效空气过滤器。

（3）对于"冷热末端＋新风"的空调形式，在高疫情风险等级时，新风系统及其对应排风系统的风机宜保持 24h 运行；有外窗房间，使用过程中宜适当保持开窗；无外窗房间，应增设机械通风系统或带高效过滤器的房间空气净化器。

（4）疫情期间暂停空气幕运行。

（5）无供冷/供暖需求时，大进深的空间宜采用复合通风（又称多元通风）方式，即外区采用开启外门、外窗的自然通风方式，内区空调系统采用全新风运行的机械通风模式。

（6）冬季宜适当提高热源温度，夏季宜适当降低冷源温度，以满足加大新风量后人体可接受的热舒适需求。当现有冷热源不能满足要求时，可增设辅助加热或降温等措施改善人体热环境。

（7）采用集中排风热回收的空调、新风系统，应停止转轮热回收装置或存在排风侧向新风侧漏风隐患的其他热回收装置，并使其新风或排风从旁通管通过。

（8）有条件时，全空气系统可在空调箱的过滤器迎风面增设紫外线消毒装置，对过滤器表面进行消毒处理。为保证人员安全，应确保不发生紫外线泄漏。

此外，公共建筑物内一旦出现卫生行政主管部门公布的甲、乙类传染病中呼吸道传播疾病的患者，则需按卫生行政主管部门的要求，对通风空调设备和管道表面进行全面消毒，经卫生学评价合格后方可重新启用。

## 本章参考文献

[1]　中国疾病预防控制中心环境与健康相关产品安全所，等．公共场所集中空调通风系统卫生规范：WS 394—2012［S］．北京：中国标准出版社，2012.

[2]　中国疾病预防控制中心环境与健康相关产品安全所，等．公共场所集中空调通风系统卫生学评价规范：WS/T 395—2012［S］．北京：中国标准出版社，2012.

[3]　中国疾病预防控制中心环境与健康相关产品安全所，等．公共场所集中空调通风系统清洗消毒规范：WS/T 396—2012［S］．北京：中国标准出版社，2012.

[4]　中国民用航空局．运输机场疫情防控技术指南（第九版）［S］，2021.

[5]　西安建筑科技大学．公共及居住建筑室内空气环境防疫设计与安全保障指南（试行）［S］．2020.

[6]　侯立安．看不见的室内空气污染［M］．北京：中国建材工业出版社，2019.

[7]　曹国庆，李劲松，钱华，等．建筑室内微生物污染与控制［M］．北京：中国建筑工业出版社，2022.

[8]　贴附通风设计标准（报批稿）［S］．2022.

# 第11章 防疫通风理论及技术的若干问题

气载致病微生物本身的侵袭力和人体免疫系统共同决定了致病阈值。迄今医学界对感染者初始接触新冠病毒量的致病阈值仍未达成共识。建筑防疫通风设计计算需要考虑概率事件的不保证率问题，平衡社会、技术、经济和防疫效果之间的关系是十分必要的。

基于团队多年来对空气动力学、流体力学、环境工程及建筑通风理论与技术的研究实践和思考，现抛砖引玉提出以下问题：

(1) 基于突发呼吸道传染病的气溶胶传播快速溯源算法；

(2) 人群运动行为的影响；

(3) 病毒气溶胶在人体呼吸系统的沉积；

(4) 防疫通风的智能化与智慧化等。

## 11.1 基于突发呼吸道传染病的气溶胶传播快速溯源算法

现代社会人们日常生活中大约 90% 的时间是在封闭环境中度过的，例如建筑物、交通工具等。当这些环境中存在以飞沫、气溶胶为载体传播的病毒时，会严重影响人们的健康。一旦空气流通环境中出现病毒，需要及时采取有效措施进行病人隔离、人群疏散、合理控制通风系统，甚至采用其他手段（物理或化学手段）阻断疾病的传播，进而减小损失。病毒看不见摸不着，所以需要开发快速响应技术，在出现病毒等污染源时给出及时的安全预警，并准确辨识出污染源的位置、强度等信息，直至采取应急措施来清除污染源。鉴于此，了解病毒等生化物质的来源信息对开发相应调控技术就显得至关重要[1]，即对病毒逆向溯源这一反问题进行求解。目前我国公共建筑及居民居住环境多不具备抵御生化袭击的能力。如何加快研发出能够抵御气载致病微生物、生化袭击的预警技术，就显得尤为迫切。

### 11.1.1 逆向溯源

一个科学问题的完整描述通常由三部分构成，即系统的输入、系统自身所涉及的参数及系统的输出（图 11-1）。正问题是指按着自然逻辑顺序来研究问题的演化过程或分布形态，是由因推果的过程。与之相反，反问题就是执果索因的过程，已知系统的输出去探求系统的输入或者系统自身的参数，由可观测的结果来探求问题的内部规律或所受的影响参数，起着倒果求因的作用。把给定系统参数和输出，找出导致该输出的输入，称为重构问题；若给定输入和输出，确定符合输入—输出关系的系统参数，称为识别问题。重构问题和识别问题统称为反问题[1-6]。需要说明，当问题的因果逻辑关系不太明晰时，反问题与正问题二者是互相依存的。若存在两个问题，一个问题的表述或处理涉及或包含了有关另一个问题的全部或部分的知识，称这一问题为正问题，另一个则为反问题。比如，各种积分变换及其微分反演就互为反问题[7]。

输入 → 系统(参数) → 输出

图 11-1 科学问题的三个基本组成部分

在本书中关于病毒、颗粒物等气溶胶输运行为的研究中，通常是由已知的污染源信息来获得污染物的传播途径及特定点位污染物的浓度，需要根据输入条件及系统参数研究输运模型的输出结果，属于"执因索果"，为正问题。例如，在 CFD 计算过程中，首先根据收集到的建筑物布局构建几何模型，并设定空气物性参数及外部风场的风力和风向，这些内容均为系统参数部分。接下来，分析可能的病毒携带者所走过的路线，根据分析结果假定一些特定位置作为污染源的散发位置，同时需要设定污染源的强度信息，这些内容为系统的输入部分。由于气载致病微生物传播问题的支配规律已知，即受对流—扩散方程支配，因此，只需要按照上述因果关系就可以计算出气载致病微生物的传播过程，得到气载致病微生物的时空分布，这里主要关注的是病毒的传播路径问题。根据病毒的传播路径，可以得到上游的感染源对哪些人群会施加影响，即确定出下游的感染者。

同样，在关于病毒、颗粒物等气溶胶输运行为的研究中，还可以根据模型的输出结果找出输入条件或者系统参数。实践中通常是利用传感器测定特定点位的污染物浓度，推断污染源信息，属于"执果索因"，在此条件下便构成有别于传统正问题的另一类反问题。需要注意，这里不涉及推求流动边界，意味着所需要的流动信息都应该是已知的，所谈及的反问题求解仅限于识别污染源条件。反问题求解主要包括以下内容：

（1）污染源在哪里？

（2）有多少污染源？

（3）污染物释放了多长时间？

（4）污染源的当前和初始释放强度是多少？

（5）污染源如何移动的？

在完成反问题求解的基础上，就可以进行后续气流调控的研究，包括如何消除/隔离污染源、对受污染区域进行通风以净化受污染的空气等。

## 11.1.2 反问题研究

### 1. 反问题的数学特征

反问题区别于正问题的数学特点在于绝大多数反问题属于病态问题，即无法同时满足求解过程中解的存在性、单一性以及数值稳定性三个要素。这种病态主要体现在：首先，由于客观条件的限制，反问题中的输入数据往往是过定或欠定的，这就会导致解的不存在性或不唯一性[8]；其次，反问题的解对输入数据往往不具有连续依赖性，即解的不稳定性。病态问题的数学机制在于存在"时间之矢"和数据噪声。

所谓"时间之矢"，即正问题中可能存在某种不减物理量。例如，当考虑一个绝热系统的扩散问题时，熵是不减的，并且最终趋于一个定值，因此，任何初态的分布在扩散无穷长时间后，最后都将均匀分布。可见，无法从末态的均匀分布推断出初态分布，仅当扩散过程是有限长时间时，倒推初态才是可能的。例如，对于本书中采用的CFD数值求解方法，求解病毒传播溯源问题一般的思路是将时间取反，即让时间步长为负数，从而再现污染物的传播历史过程，直至找到污染源。然而，简单地把时间步长取为负数会带来数值稳定性问题。因此，需要对反问题方程（对流—扩散方程）进行修正，用四阶扩散项代替原方程的二阶扩散项，但这样一来其物理意义丢失，对流—扩散方程的基本守恒性质将不再满足。

噪声在物理问题中常被称为不确定度或随机性来源。在数值和实验研究中，用于获取位置的概率参数可能与实际参数不同时，噪声问题就出现了，从而干扰了位置概率的计算。研究发现，考虑到湍流和各种扰动因素的影响，室内气流速度的随机误差高达90%。此外，污染物的质量范围是另一个需要提前假定的参数。如果源的质量的范围不包括真实的源质量，该算法将产生一个源位置的不精确的表征。对这一发现的物理解释是，相同的浓度值可能是附近弱源造成的结果，也可能是远处强源造成的结果。当质量范围错误时，预测的源位置可能会偏离实际的源位置。因此，确定适当的质量范围的目的是确保包含实际的源强度。将反问题应用于包含诸如瞬态速度和污染物浓度等不确定量的系统时，需要对该方法中的关键参数进行敏感性分析。

**2. 反问题的求解方法**

（1）逆向方法

直接按负时间步长求解原方程的过程通常是病态的，可以通过正则化引入四阶稳定项代替原方程的二阶扩散项，即拟可逆法，使方程可以稳定求解，这种方法最早应用于热传导问题的反问题。而四阶项破坏了原方程的物理意义，因此只能提供一个近似解，且拟可逆法使用的前提是流场信息已知。与拟可逆法反转时间不同，伪可逆法将流动反向实现污染物反向传输过程，伪可逆法的使用同样也需要将已知的流场作为条件。

逆向方法的准确性随问题和正则化操作的强度而变化。除了在某些情况下需要搜索最佳正则化参数外，一般不需要迭代计算。因此，在许多应用中逆向方法比正向方法更加适用。例如，对于室内环境研究，人们可以使用这些方法来跟踪医院中的传染病源；可以使用这些方法来确定传感器位置以检测化学/生物战剂；这些方法也可用于舒适性研究，如基于这一方法可以确定在大型车间中何处放置辐射板，以便在冬季保持局部工作区域的温暖。

（2）正向方法

基于正向方法的反问题求解不直接处理反演，而是转为正向因果关系，寻找满足目标的设计变量，因此实质是一种优化方法。求解的控制方程是正向的、适定的、有解，且解通常是稳定的。由于当边界条件变动就会产生一个正解，因此在逆向设计时需要求解大量不同边界设置的方案。

正向方法的求解思路与求解正问题类似（图11-2）。正向方法假设所有可能存在的污染源作为已知条件，通过求解污染物传播的控制方程来获得传感器所在位置的浓度信息，最后通过数学优化的方法匹配污染源与传感器布置位置的浓度信息，从而判断污染物释放来自哪个污染源。由于在人工环境这一实际应用问题中，污染源可能出现的方案千变万化，因而优化法计算量巨大[9]。利用不同的优化技术，如伴随方法和遗传算法，可加速搜索所需的解决方案。伴随方法是一种基于梯度的优化，如果没有施加人工判断，它可能会导致局部最优。遗传算法在全局范围内搜索最优解，但代价是需要对大量的解进行计算比较，因此它基于高 CFD 计算强度。

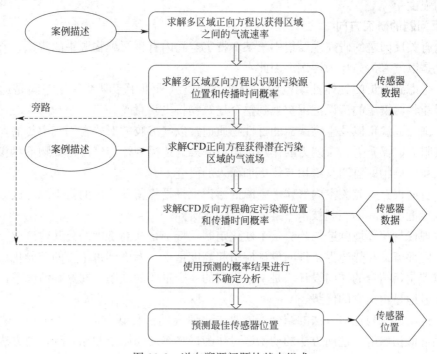

图 11-2　逆向溯源问题的基本组成

为了提高效率，一种选择是使用快速流体动力学（FFD）作为 CFD 的替代品。FFD通过使用三步时间推进方案求解 N-S 方程，该方案将动量方程拆分为三个离散方程。FFD 首先通过半拉格朗日方法求解对流项，然后使用隐式方案求解源项和扩散项，最后，采用压力投影法求解压力项和连续性方程。通过结合三个离散方程的解，该方法可以得到N-S 方程的最终答案。该算法不需要迭代，因此计算速度快。它是在计算机游戏行业中提出的，主要为追求计算速度而不是准确性。目前，FFD 可以比 CFD 快 50 倍，流场的预测精度是可以接受的。

另一种选择是用人工神经网络代替 CFD 模拟。例如，可以结合遗传算法和人工神经网络来优化办公空间的通风系统，还可基于遗传算法的方法来优化人工神经网络的架构、训练参数和输入。然而，使用人工神经网络代替 CFD 会增加不确定性和累积误差的风险。为了解决这个问题，可以综合使用人工神经网络和 CFD 来获得新个体的设计目标。这种集成方法可以确保计算设计目标的准确性。据测算，可将计算成本降低约 65%。

另一种减少计算工作量的方法是利用组合遗传算法和伴随方法。例如用于空气动力学形状优化设计的组合遗传方法，在初始设计中采用遗传算法，微调时采用伴随方法，这样收敛速度更快。基于这种组合的遗传算法和伴随方法可以比单纯基于 CFD 的遗传算法快得多。此外，组合方法可以找到全局最优值，从而克服了单纯基于 CFD 的伴随方法的缺点。将遗传算法与伴随方法相结合，在优化变量数量较大时也具有明显的优势。

最后，对于单点、瞬时释放的污染源，当污染源位置确定以后，其释放强度的确定就不再是难事。因为一旦污染源位置确定以后，便可以利用 CFD 方法来模拟污染物的释放过程以及浓度分布状况。由于污染源强度与污染物浓度之间是线性关系，在确定的污染源位置之处模拟释放一个任意已知强度的假定污染源，便可以利用线性缩放关系来确定实际污染物的强度。

**3. 反问题的研究方向**

目前有关反问题的研究主要集中于某个特定空间内有害污染物源头的辨识，所研究的污染物也是以气态污染物为样例。因此：

（1）考虑到人员的具体活动范围，若污染物监测只集中于某个特定空间是远远不够的，如果能将污染源的辨识范围扩大到整个建筑物将更具意义。

（2）细菌或病毒以及生物武器的毒性物质通常以气溶胶的形式在空气中传播，由于重力、空气阻力、浮升力、布朗力的作用，细菌病毒的传播规律与气态污染物不尽相同，因而关于颗粒污染物的监测及辨识有待更加深入的研究。

（3）目前仅有的有关室内气体污染源的辨识也只是停留在简单的污染源释放方案，更加复杂且接近于实际的控制技术方案还有待深入研究。

（4）现代封闭环境营造的趋势是个性化定制，特别是在高密度的公共建筑或交通工具车厢内，内部流动和热边界条件的设计应引起高度重视。考虑到每个人的差异化目标及与个人环境控制相结合的逆向设计，是未来研究的一个重要的主题。在这种情况下，逆向设计可以明显地显示出它的优势。

（5）逆向方法与正向方法的结合可能是未来研究的一种新方向[10]。逆向方法可以有效地提供近似初始解。逆向方法的初始解可作为最终解的初始猜测输入到正向方法中，然后采用正向方法进一步提高求解精度。上述策略可以缩短寻找满足设计目标的设计变量的粗略范围所花费的时间。

（6）机场大型建筑的溯源是移动的人的溯源，而不是固定的污染物散发源，研究人员运动扰动气流对污染物分布的影响是一个重要的方向。同时，由于室内温度较低，人体热羽流对污染分布的影响也不容忽略。

（7）正向方法在室内环境设计中具有较大潜力。在没有任何经验的全新环境中，正向方法可以提供理想的解决方案[11]。

# 11.2　人群运动行为的影响

纵观人类社会的发展，传染病一直深刻地影响社会的发展进程，从早期的"非典"到近期的新型冠状病毒[12]，每种传染病的爆发都会给人们的生活造成严重的影响[13]。由于这些传染病是通过空气传播的呼吸道疾病，其特点是具有较强的传播性，其传播强度与周围的气流流动有关。当这些传染病突然爆发时，如何正确有效地采取措施降低感染率、死亡率是一个重要的问题。这里，公共场所的人群运动所造成的气流扰动会影响病毒气溶胶的传播，是后续值得进一步研究的重要问题。

对于该问题，需要确定典型人员流动的路线特点，研究固定点源释放、固定路径线源释放、随机移动源释放的影响，以此来获得运动人群间的病毒气溶胶传播的规律。这里首先将被研究的人员分为两类，感染者人群（污染源）与易感者人群（非污染源，可转变为被感染者），后续的研究内容可细分为：

（1）在交通建筑空气环境 CFD 模拟时，假设感染者为可移动污染物释放源，通过行人运动模型计算人员的移动路径，考虑感染者在固定点停留、按照固定路径移动、随机移动三种情况，模拟计算建筑内污染物的动态时空分布，获得易感者运动对病毒气溶胶传播的影响规律。

（2）在上述 CFD 模拟计算获得污染分布的前提下，假设易感者运动不会对污染物的分布产生影响。结合交通建筑内易感者流动的路线特点，考虑人员在路线上暴露剂量的累积，推算暴露风险与感染概率。

（3）在上述 CFD 模拟计算时，假设易感者运动会对周围流场产生扰动，进而影响污染物的分布。通过行人运动模型计算易感者的运动路径，在 CFD 模型中引入动量源来考虑易感者对流场的扰动。在获得污染分布后，进一步推算暴露风险与感染概率。

上述问题都需要考虑行人具体的运动情况。行人运动模型按描述角度的不同主要分为宏观模型和微观模型。宏观行人运动模型将人群看作具有同质性的群体[14]，主要有流体动力学模型[15]、蒙特卡洛方法[16] 和网络流模型[17] 等。行人运动特性由位置、时间、流量、平均速度、密度等宏观参数描述。因此，宏观模型能较好地描述行人运动的整体行为特点，消耗计算资源少，计算速度快。但是，同质性观点忽略了个体之间的相互作用以及个体行为的特异性。微观行人运动模型将行人个体作为研究对象，充分考虑群体中个人的行为特性，是一种由内而外、通过描述个体自主运动来观察整体运动特性的方法。也正因此，微观模型的求解需要更多的计算资源。相对行人运动的宏观描述，微观方法可以更好地描述复杂的疏散运动细节，各种模型层出，取得了丰硕的研究成果，主要有社会力模型[18]、元胞自动机模型[19]、格子气模型[20] 等。

社会力模型（SFM，Social Force Model）是研究人群运动常用的方法之一，1995 年由 Helbing 等人提出[21]。与其他描述人群运动的模型相比，SFM 基于牛顿第二定律，能够通过精确的数学表达式描述个体之间的相互作用力，是一种显式求解的方法，不需要迭代计算，计算效率高，能够模拟多种行人的自组织行为现象，目前已经广泛应用于多种商用软件。

在经典 SFM 中，行人运动主要遵从以下几条规则：

（1）个体会以自己最舒适的方法到达目的地。个体会选择没有弯路的一条路，即最短路线。个体运动不受到干扰时，将以一定的期望速度 $v$ 朝向目的地运动。

（2）个体的运动受到其他个体的影响，如他们之间的距离。在实际运动过程中，个体与其他个体保持一定的距离，这可以解释为领土效应。个体也与其他障碍物、墙壁、街道等保持一定的距离，因为个体会避免自己不小心碰到障碍物而受伤。

（3）个体根据各自的运动目的有时会被其他个体、建筑等所吸引，并且这种吸引随着时间下降。吸引效应是形成行人群体聚集的主要原因。

在 SFM 中，以人群中每个个体为研究对象，对个体进行受力分析，研究行人的运动情况。假设 $i$ 代表某一个行人个体，根据以上行人行走规则，个体在运动过程中受到自驱动力、人与人之间的相互作用力和人与障碍物之间的相互作用力，其合力统称为"社会力"，运动方程为：

$$m_i \frac{\mathrm{d}\vec{v_i}}{\mathrm{d}t} = \vec{f_i^0} + \sum_{j(\neq i)} \vec{f_{ij}} + \sum_{\mathrm{w}} \vec{f_{i\mathrm{w}}} \qquad (11\text{-}1)$$

式中　$m_i$——行人 $i$ 的质量，kg；

$\vec{v_i}$——行人 $i$ 的移动速度，m/s；

$\vec{f_i^0}$——驱动力，行人为了达到期望的移动速度而驱动自身运动的力，N；

$\vec{f_{ij}}$——由于行人 $j$ 对行人 $i$ 的影响，产生的作用于行人 $i$ 的力，N；

$\vec{f_{i\mathrm{w}}}$——由于障碍物对行人 $i$ 的影响，产生的作用于行人 $i$ 的力，N。

在考虑感染者及易感者运动对气流影响的问题时，由于研究的是瞬态问题，需要使用动网格进行计算，动网格方法被广泛用于研究室内移动对象的效果，如人的移动、门的打开等[20,21]。然而，动网格方法需要在静态和动态区域之间的数据交换（例如动量传递），或者在时间演化时进行网格重划分，因此相对于静止网格大大增加了计算资源的需求。若考虑真实人体的几何形态，由于其几何结构复杂，通常需要进行复杂的网格生成过程和更小的网格空间步长，这进一步加剧了实现动网格的困难程度。

在研究运动人群的传染问题时，现有文献的行人运动模型对个体间的病毒传播方式往往做了简化[22-29]。如没有考虑病毒在空气中传播的过程，通过直接给定感染概率或分布、使用宏观模型、设置接触感染半径等方式研究个体间的感染传播等。然而被感染的概率取决于易感者与感染者接触时所接受的传染性物质的数量、人与人之间接触的持续时间及病毒在空气中的传播机制等。

在研究感染者与易感者的呼吸问题时，其边界条件的设置也是值得关注的问题。Weiqin Wu[30] 等人将行人设置为只呼气不吸气的连续性污染源，Wang[31] 等人认为污染源是间断的，只考虑打喷嚏或咳嗽时产生的影响；而 Bjørn[32] 等人考虑了呼吸的真实性，将行人设置为含吸气口及呼气口的间歇性污染源。行人呼吸问题是否需要简化为连续性污染源也是需要考虑的一个问题。

# 11.3　病毒气溶胶在人体呼吸系统的沉积

以空气作为传播途径的病毒性疾病具有传染性强、传播速度快、传播载体多样等特点[33]，例如新冠肺炎（COVID-19）、甲型 H1N1 禽流感等。当人暴露在含有该类疾病病毒的空气中时，病毒将随呼吸气流进入到人的呼吸系统，并沉积于呼吸道中，进而使得人感染疾病。同时，感染的人会呼出含有病毒的生物气溶胶，加速人与人之间的传播。因而了解病毒在呼吸系统中的沉积过程是量化人感染疾病概率、预防人感染疾病、制定避免交叉感染策略等的前提。

## 11.3.1　呼吸系统建模与流动仿真

由于呼吸系统是一个在进化过程不断优化的组织器官，研究病毒在呼吸系统中的沉积过程需要呼吸系统较真实且完整的几何模型，因此，构建完整呼吸系统模型是研究病毒在呼吸系统中沉积过程的前提[34]。呼吸系统是人类在适应自然环境过程中为实现人体与外界环境之间高效气体交换而不断进化的结果，具有跨尺度且复杂的结构。其上呼吸道的尺

寸量级约为 $10^{-2}$ m，下呼吸道远端肺的肺泡孔尺寸量级约为 $10^{-6}$ m[35]。上呼吸道及下呼吸道上游为二分叉气管/支气管结构；下呼吸道的远端肺区域为非严格的二分叉细支气管结构，同时远端肺的细支气管壁面上附着有大量的肺泡（约 4 亿个），进而构成了复杂的远端肺结构。这种复杂结构的基本特征是细支气管及肺泡将空间完全填充，即一种密铺的几何布置，相邻肺泡共用薄壁上存在的 1～9 个微米尺度（2～15 μm）的肺泡孔[36]。

呼吸系统除了具有复杂的几何结构之外，还具有复杂的物理参数，包括内部气体的含湿量、液膜结构、流态、弹性模量等。由于人体中水分含量占体重的 70%～75%，同时在呼吸的过程中鼻腔及口腔具有空气加湿过程，因此呼吸系统中的气体具有较高的含湿量[37]。除此之外，呼吸系统的气管、支气管、细支气管、肺泡的内壁面具有一层液膜；肺泡孔中具有一层随呼吸运动不断破裂的液膜[38]；肺炎患者的支气管及细支气管中含有痰液[39]。对于流体流动，由于呼吸系统是一个跨尺度结构，因此其内部气流流动为跨尺度流动，即，斯托克斯流动→湍流流动。对于肺的弹性模量，由于呼吸系统的不同区域具有不同的生理作用，因此其不同部位具有不同的弹性模量。随着气管及支气管代数的增大，其弹性模量不断减小[36]。远端肺的肺泡及细支气管在呼吸运动过程中随节律呼吸经历大幅度的节律形变。

现有关于呼吸系统几何模型的研究大多集中于上呼吸道的气管及下呼吸道的支气管，对完整呼吸系统的研究较少。现有关于上呼吸道及下呼吸道上游的气管及支气管研究通常采用三维对称二分叉刚性气管及支气管的截断分支模型[35]；下呼吸道的远端肺区域采用三维刚性细支气管表面附有具有节律形变特征的球形肺泡的呼吸道模型及二维密铺、含有肺泡孔、具有节律形变特征的呼吸道模型[36,39,40]。由于目前的研究没有实现密铺二维及三维全肺模型的构建，进而现有模型往往难以实现二维及三维全肺模型的呼吸运动及轮廓形状对病毒沉积过程影响的研究。

现有关于呼吸系统中颗粒物（表面携带病毒）沉积及液滴气溶胶（液滴中包含病毒）扩散的研究所考虑的影响因素相对较少。现有研究主要集中于在上呼吸道及下呼吸道上游非润湿的气管/支气管中 0.1～10 μm 颗粒物沉积过程[41,42]，同时考虑了呼吸参数（运动强度）等因素对颗粒物沉积过程的影响，例如，剧烈运动，久坐不动等。然而对呼吸系统中的潮湿环境及支气管壁面液膜的考虑却较少，较难量化潮湿环境及液膜破裂等因素对呼吸道中颗粒物沉积及液滴气溶胶扩散的影响。

## 11.3.2　关于病毒在人体的沉积

由于目前研究所构建的呼吸系统模型与真实模型之间存在较大差异，同时所考虑的影响因素也相对较少，因此现有呼吸系统中颗粒物沉积及液滴气溶胶扩散的研究存在较大误差。后续可以进行以下方向的研究：

（1）对于二维全肺模型，后续可以利用正六边形密铺剖分和融合的方式，即自下而上（肺泡→支气管/气管）的方式构建全肺模型，并根据真实的肺轮廓形状对密铺全肺模型的外轮廓进行优化。

（2）对于三维全肺模型，后续可以利用密铺原理进行多面体空间密铺剖分，并融合剖分单元构建更接近真实肺的三维密铺全肺模型。除此之外，可将三维模型各个面进行速度赋值，实现与真实呼吸运动相似的三维肺泡及细支气管的节律形变，进而探究呼吸道的节律形变对颗粒物沉积及液滴气溶胶扩散规律的影响。

（3）对于完整呼吸系统模型，后续可以将现有CT扫描合成的三维鼻、咽、喉模型与密铺三维全肺模型结合，构建完整的呼吸系统模型。

（4）由于呼吸系统内的环境为潮湿环境，颗粒及液滴在呼吸系统中分别发生团聚及凝并，进而形成较大的颗粒团及液滴。当颗粒发生团聚及液滴发生凝并现象时，重力将对呼吸系统中的颗粒物沉积及液滴气溶胶扩散产生较大的影响。后续研究应重视呼吸系统中颗粒物团聚及液滴凝并的现象。

# 11.4　防疫通风的智能化与智慧化控制

室内封闭环境中，通风受限的封闭区域会增加传播风险。空气运动直接影响气载病毒的传播，故需要合理控制室内气流的流动，以保证病毒的快速稀释或排除。目前控制室内气流的手段主要是自然通风、机械送风或这两种模式的结合，通过控制门、窗、机械送风口，对室内流场进行调控。相比于机械送风，自然通风被认为是一个有效增加通风量的调控手段，以较低能耗实现快速稀释或排除，然而自然通风的缺点是其往往存在着随机性。想要获得满足防疫需求的流场，需要通过数值仿真或实验获得具体的控制方案。由于发生疫情时其源头不定，可通过CFD模拟比较方便地获取控制方案。然而CFD计算也存在大量问题：首先，计算几何模型巨大，耗时长，流场复杂，无法快速得到控制方案，严重滞后防疫措施的执行；其次，实际情况中存在大量不确定干扰因素，例如频繁的室外风向、风速变化，无法保证模拟结果的可靠性。综上所述，室内防疫气流组织的控制存在大规模、非线性、滞后时间长、不确定干扰因素多的特性。因此，研究解决室内气流快速稀释或排除病毒方法是一个挑战性问题。

近年来发展迅速的人工智能方法，包括传统机器学习、神经网络和深度学习，已经应用于众多领域[43]。这些方法被认为是处理不确定因素多、规律不直观问题时的一种方便和有用的手段。尤其是深度学习，在应对复杂、需要快速响应的问题（包括自动驾驶、人机交互），取得了巨大的成功。而防疫措施的一条最重要的要求就是响应快速。因此，结合人工智能方法，将室内气流组织控制系统智能化，自动根据突发疫情状况调节系统，是一条新的途径，具有重要的研究价值。

室内气流组织的智能化控制系统，主要包含监测系统、智能决策系统及设备系统。监测系统由各种检测设备组成，实时获取室内流场的局部信息（测点位置的病毒浓度、气流流速、温度等）；智能决策系统则为训练好的AI算法，获取收集的流场信息，并根据信息输出控制方案；设备系统包括可调节窗户及其控制器，将室外气流引入室内，窗户是其中主要的途径，控制方案主要是窗户状态的调节，包括开、闭、朝向修改。系统的流程图如图11-3所示。

流场控制是一个具有挑战性的问题，尤其是在连栋建筑类大空间，这几乎是一种不可完成的事情，不管是湍流带来的随机性，还是外部风场变化频繁带来的扰动，都显著影响室内气流组织。但是随着深度学习、强化学习的快速发展，使这个问题有了解决的可能性。这些算法的建立思路类似于人的大脑，从数据中提取关键特征（也可称之为学习"经验"），并在下次遇见类似数据时，做出"感性"的判断，并根据这个判断做出相应的动

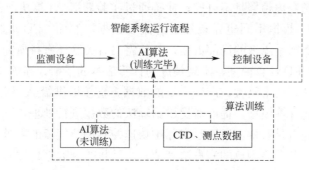

图 11-3　气流组织智能控制的主要流程图

作。其主要包括两部分：算法本身及数据。针对引入自然通风来实现快速稀释或排除病毒的目的，能够提供的数据为不同室外风场及窗户状态下，室内的流场、温度场及浓度场，这些数据可以通过实验或 CFD 计算获得。不论是深度学习还是强化学习，都应用了前馈神经网络这个基本模型，前馈神经网络提供了表示函数的万能近似，给定一个函数，存在的前馈网络就能够近似该函数，因此算法的神经网络构架要依据数据进行设计，让算法遍历数据，提取我们感兴趣的特征，遍历数据的过程称之为训练过程。

　　想要成功实现智能化的防疫气流组织控制，目前存在着一系列亟需解决的科学问题（图 11-4）：

　　（1）如何合理布置测点。测点位置必须具有代表意义，表征流动状态；测点数量需要在能够提供足够信息量的前提下尽可能少，以减少购置、维护等成本。连栋建筑空间复杂，不同的室内气流状况下，能够表征流动状态的测点位置不同，同时，测点数量的确定也缺少理论依据的支撑。

　　（2）如何设计改进已有的 AI 算法使其契合当前问题。当前的 AI 算法可以分为有监督学习、无监督学习、半监督学习及强化学习，当前主流的方法为有监督学习的深度学习算法、强化学习的马尔可夫决策过程，以及两者结合的深度强化学习的深度 Q 网络等。深度学习具有较强的感知能力，而强化学习具有决策能力，深度强化学习将两者结合起来，适合解决复杂系统的感知决策问题。使防疫气流组织的控制智能化，深度强化学习是一个契合的研究方向，但是如何设计一个合适的奖励机制，仍旧有待研究。

　　（3）如何处理已知目标流场，求解边界条件这个反问题。引入自然通风控制室内流场，则需要调节窗户的状态，使室外气流按需求的流向、流速流入室内。要确定何种流向、流速才能实现病毒的快速稀释或排出，这是一个挑战。在 CFD 计算中，窗户的不同状态可以表示为不同的边界条件，这意味着已知的是流场，需要求解的是边界条件，是一个反问题。解决此问题的第一个方向是尝试反向求解流动控制方程，进行流场反演，但是由于控制方程中的耗散项不可逆，使得通过 CFD 反向求解控制方程，得到满足的边界条件是困难的。另一个方向就是借助 AI 算法，让其从大量的流场数据中提取特征，拟合控制方案。这需要大量数据，收集数据带来巨大成本。

　　（4）如何将 CFD 的计算结果与测点数据联系起来。想要根据测点的检测结果让 AI 算法控制门、窗、机械送排风口，以调节气流组织，就必须让算法"知道"调节后室内的流场应该是什么样子，就必须给 AI 算法提供大量的流场数据让其"学习"，挖掘出其中的规律。由于室外风场变化频繁且不可控，使得通过实验获取 AI 算法所需的数据是不可行的。故需要通过 CFD 模拟不同边界条件下的流场数据，然而 CFD 求解的是物理场的数据，而测点获得的数据是离散的局部数据，如何将二者关联还有待研究。

（5）如何简化 CFD 计算模型，实现精度与计算成本的平衡。连栋建筑几何模型复杂，若进行直接模拟，计算成本巨大，产生大量的数据，直接提供给 AI 算法，提高算法的训练成本。故需要简化计算模型，提前对提供给算法的数据进行处理，减少无关数据。

（6）响应时间是否足够快，以满足实际中快速控制调节气流的需求。整个智能化流程为：监测设备检测出各个检测点的病毒浓度值；之后将浓度数据传输到 AI 系统；AI 系统读取数据并输出响应信号；响应信号提供给装在门、窗上的控制装置；控制装置根据信号调整门、窗。整个流程中每个模块都具有响应时间，所有响应时间的叠加若比室外风场变化的时间长，则控制的室内流场与目标流场的误差无限累积，系统失去控制功能。

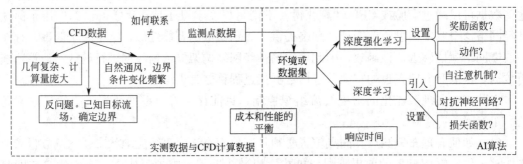

图 11-4　室内通风智能化控制存在的科学问题

智慧化与自动化、智能化存在较大的区别。自动化相对简单，一般为针对几种情况作不同的反应，多用于重复性的工程。智能化相较自动化更为高级，其加入了像人一样的判断程序，一般能根据多种不同的情况做出不同的反应，它的目标是将繁琐、简单、机械化的工作进行数据化，通过人工智能等方式直接调用或指导其工作，将人所需付出的时间及精力尽可能降至最低，具有"拟人智能"的特性和功能，实现智能化可以大大降低人力成本，比如自适应、自校正、自协调等功能。

智能化系统一般具有以下特点：1）具有感知能力，也就是具有能够感知外部世界、获取外部信息的能力，这是产生智能活动的前提条件和必要条件；2）具有记忆和思维能力，也就是能够存储感知到的外部信息及由思维产生的知识，同时能够利用已有的知识对信息进行分析、计算、比较、判断、联想、决策；3）具有学习能力和自适应能力，可通过与环境的相互作用，不断学习积累知识，使自己能够适应环境变化；4）具有行为决策能力，对外界的刺激做出反应，形成决策并传达相应的信息。具有上述特点的系统就称为智能系统或智能化系统。

智慧化是升级版的智能化，即人机环境系统之间的交互角色最优化，取长补短、优势互补，除了必要的计算机知识、数学算法外，还应把哲学、心理学、生理学、语言学、人类学、神经科学、社会学、地理学等融为一体。智能具有一定的"自我"判断能力，自动化只是能够按照已经制订的程序工作，没有自我判断能力。智慧则是生命具有的基于生理和心理器官的高级创造思维能力，尽管大数据具备多维度、大样本量的特性，加上人工智能技术赋能，我们比以往更接近复杂系统全貌。我国目前的通风系统控制大多停留在智能化阶段，要真正实现智慧化，还有较长的一段路程。但是随着科技的发展进步，我们期望可以从技术层面上无限接近于智慧化，以群体智能、类脑智能、神经芯片和脑机接口等为代表的强人工智能，远超现在的人工智能水平，实现推理和解决问题，表现出类似生命体思考能力的智慧化。

# 本章参考文献

［1］ Liu W，Zhang T，Xue Y，et al. State-of-the-art methods for inverse design of an enclosed environment［J］. Building and Environment，2015，9：91-100.

［2］ Sohn M D，Reynolds P，Gadgil A J，et al. Rapidly locating sources and predicting contaminant dispersion in buildings［J］. Proceedings of the Indoor Air，2002.

［3］ Zhang T，Yin S，Wang S. An inverse method based on CFD to quantify the temporal release rate of a continuously released pollutant source［J］. Atmospheric Environment，2013，77：62-77.

［4］ Zhao X，Liu W，Liu S，et al. Inverse design of an indoor environment using a CFD-based adjoint method with the adaptive step size for adjusting the design parameters［J］. Numerical Heat Transfer，Part A：Applications，2017，71（7）：707-720.

［5］ Wei Y，Liu W，Xue Y，et al. Inverse design of aircraft cabin ventilation by integrating three methods［J］. Building and Environment，2019，150：33-43.

［6］ Zhao X，Chen Q. Inverse design of indoor environment using an adjoint RNG k-ε turbulence model［J］. Indoor Air，2019，29（2）：320-330.

［7］ 肖庭延，于慎根，王彦飞. 反问题的数值解法［M］. 北京：科学出版社，2003.

［8］ Zhang T，Chen Q. Identification of contaminant sources in enclosed spaces by a single sensor［J］. Indoor Air，2007，17：439-449.

［9］ Zhang T，Chen Q. Identification of contaminant sources in enclosed environments by inverse CFD modeling［J］. Indoor Air，2007，17（3）：167-177.

［10］ 张腾飞. 辨识室内空气污染源的反问题建模［J］. 建筑热能通风空调，2008，27（6）：18-23.

［11］ Liu X，Zhai Z. Inverse modeling methods for indoor airborne pollutant tracking：literature review and fundamentals［J］. Indoor Air，2007，17：419-438.

［12］ Dutra M T. COVID-19 risk comorbidities：Time to reappraise our physical inactivity habits（again!）［J］. World Journal of Clinical Infectious Diseases，2020，10（4）：4.

［13］ Luijkx K，Janssen M，Stoop A，et al. Involve residents to ensure person-centered nursing home care during crises like the COVID-19 outbreak［M］. Berlin：Springer，2021.

［14］ Dogbe C. On the modelling of crowd dynamics by generalized kinetic models［J］. Journal of Mathematical Analysis and Applications，2012，387（2）：512-532.

［15］ Shiwakoti N，Sarvi M. Understanding pedestrian crowd panic：a review on model organisms approach［J］. Journal of Transport Geography，2013，26：12-17.

［16］ Mhalla A，Chateau T，Gazzah S，et al. Scene-specific pedestrian detector using monte carlo rramework and Faster R-CNN Deep Model：PhD Forum［C］//Proceedings of the 10th international conference on distributed smart camera，2016：228-229.

［17］ Chalmet L G，Francis R L，Saunders P B. Network models for building evacuation［J］. Management Science，1982，28（1）：86-105.

[18] Still G K. Review of pedestrian and evacuation simulations [J]. International Journal of Critical Infrastructures, 2007, 3 (3/4): 376.

[19] Kirchner A, Nishinari K, Schadschneider A. Friction effects and clogging in a cellular automaton model for pedestrian dynamics [J]. Physical Review E, 2003, 67 (5).

[20] Shang H Y, Huang H J, Zhang Y M. An extended mobile lattice gas model allowing pedestrian step size variable [J]. Physica A: Statistical Mechanics and its Applications, 2015, 424: 283-293.

[21] Helbing D, Molnár P. Social force model for pedestrian dynamics [J]. Physical Review E, 1995, 51 (5): 4282.

[22] Mazumdar S, Yin Y, Guity A, et al. Impact of moving objects on contaminant concentration distributions in an inpatient ward with displacement ventilation [J]. HVAC&R Research, 2010, 16 (5): 545-563.

[23] Goldasteh I, Tian Y, Ahmadi G, et al. Human induced flow field and resultant particle resuspension and transport during gait cycle [J]. Building and Environment, 2014, 77: 101-109.

[24] Namilae S, Derjany P, Mubayi A, et al. Multiscale model for pedestrian and infection dynamics during air travel [J]. Physical Review E, 2017, 95 (5): 52320.

[25] Namilae S, Srinivasan A, Sudheer C D, et al. Self-propelled pedestrian dynamics model for studying infectious disease propagation during air-travel [J]. Journal of Transport and Health, 2016, 3 (2): S40.

[26] Harweg T, Bachmann D, Weichert F. Agent-based simulation of pedestrian dynamics for exposure time estimation in epidemic risk assessment [J]. Journal of Public Health, 2021: 1-8.

[27] Tsukanov A A, Senjkevich A M, Fedorov M V, et al. How risky is it to visit a supermarket during the pandemic [J]. Plos One, 2021, 16 (7): e0253835.

[28] Alam M D J, Habib M A, Holmes D. Pedestrian movement simulation for an airport considering social distancing strategy [J]. Transportation research interdisciplinary perspectives, 2022, 13: 100527.

[29] 陈力, 杜彩肖, 姚萌, 等. 基于社会力模型的地铁站微观人群传染与防控 [J]. 中国感染控制杂志, 2022, 21 (1): 22-29.

[30] Wu W, Zhang L. Experimental study of the influence of a moving manikin on temperature profile and carbon dioxide distribution under three air distribution methods [J]. Building and Environment, 2015, 87: 142-153.

[31] Wang J, Chow T T. Numerical investigation of influence of human walking on dispersion and deposition of expiratory droplets in airborne infection isolation room [J]. Building and Environment, 2011, 46 (10): 1993-2002.

[32] Bjørn E, Nielsen P V. Dispersal of exhaled air and personal exposure in displacement ventilated rooms [J]. Indoor Air, 2002, 12 (3): 147-164.

[33] April Si X, Talaat M, Xi J. SARS COV-2 virus-laden droplets coughed from deep lungs: Numerical quantification in a single-path whole respiratory tract geometry [J]. Physics of Fluids, 2021, 33 (2): 023306.

[34] Koshiyama K, Wada S. Mathematical model of a heterogeneous pulmonary acinus structure [J]. Computers in Biology and Medicine, 2015, 62: 25-32.

[35] Deng Q, Ou C, Shen Y M, et al. Health effects of physical activity as predicted by particle deposition in the human respiratory tract [J]. Science of the Total Environment, 2019, 657: 819-826.

［36］ Jin Y，Cui H，Chen L，et al. Effects of airway deformation and alveolar pores on particle deposition in the lungs ［J］. Science of the Total Environment，2022，831：154931.

［37］ Lari E，Mohaddes E，Pyle G G. Effects of oil sands process-affected water on the respiratory and circulatory system of Daphnia magna Straus，1820 ［J］. Science of the Total Environment，2017，605：824-829.

［38］ Oldham M J，Moss O R. Pores of Kohn: forgotten alveolar structures and potential source of aerosols in exhaled breath ［J］. Journal of Breath Research，2019，13 (2)：021003.

［39］ Jin Y，Cui H，Chen L，et al. Study of the flow mechanism and influencing factors of sputum excretion from the distal lung ［J］. International Journal of Numerical Methods for Heat and Fluid Flow，2022 (ahead-of-print).

［40］ Sznitman J，Heimsch F，Heimsch T，et al. Three-dimensional convective alveolar flow induced by rhythmic breathing motion of the pulmonary acinus ［J］. Journal of biomechanical engineering，2007，129 (5)：658-665.

［41］ Koullapis P G，Hofemeier P，Sznitman J，et al. An efficient computational fluid-particle dynamics method to predict deposition in a simplified approximation of the deep lung ［J］. European Journal of Pharmaceutical Sciences，2018，113：132-144.

［42］ Deng Q，Ou C，Chen J，et al. Particle deposition in tracheobronchial airways of an infant，child and adult ［J］. Science of the Total Environment，2018，612：339-346.

［43］ Hati A S. A comprehensive review of energy-efficiency of ventilation system using Artificial Intelligence ［J］. Renewable and Sustainable Energy Reviews，2021，146：111153.

# 附　录

## 附录 A　空调运行模式

A 机场 12 月 3 日、4 日和 5 日空调运行模式 附表 A

| 日期 | 区域 | 设备开启类型 | 运行时段 | 空调新风量（m³/h） | 空调回风量（m³/h） | 开窗情况 | 备注 |
|------|------|------------|---------|-----------------|-----------------|---------|------|
| 12 月 3 日 | 主楼一层 | 地板辐射＋风机盘管＋全空气空调机组 | 地板辐射 0：00～24：00 开启；风机盘管 0：00～10：00 开启，其余时段关闭；空调机组 5：20～10：00 开启，其余时段关闭 | 29141～87423 | 262269～203987 | 侧窗：0：00～24：00 开启 | |
| | 主楼二层 | 地板辐射 | 0：00～24：00 开启 | — | — | 天窗：10：46～15：54 开启；侧窗：0：00～24：00 开启 | |
| | 国际分流到达区域 | 风机盘管＋全空气空调机组 | 风机盘管与空调机组 19：50～22：30 开启，其余时段未开机 | 119740 | 关 | 侧窗：0：00～24：00 开启 | |
| | 国际出发区域 | 地板辐射＋全空气空调机组 | 地板辐射、空调机组 13：30～22：20 开启，其余时段关闭 | 45000 | 关 | 侧窗：0：00～24：00 开启 | |
| 12 月 4 日 | 主楼一层 | 地板辐射＋风机盘管＋全空气空调机组 | 地板辐射 0：00～24：00 开启；风机盘管 6：00～16：00、20：00～22：00 开启，其余时段关闭；空调机组 6：00～16：00 开启，其余时段关闭 | 29141～87423 | 262269～203987 | 侧窗：0：00～18：00 开启 | |
| | 主楼二层 | 地板辐射 | 0：00～24：00 开启 | — | — | 天窗：13：00～18：10 开启；侧窗：0：00～24：00 开启 | |

244

续表

| 日期 | 区域 | 设备开启类型 | 运行时段 | 空调新风量(m³/h) | 空调回风量(m³/h) | 开窗情况 | 备注 |
|---|---|---|---|---|---|---|---|
| 12月4日 | 国际分流到达区域 | 风机盘管＋全空气空调机组 | 风机盘管与空调机组09:30～21:30开启,其余时段未开机 | 119740 | 关 | 侧窗:0:00～24:00开启 | |
| | 国际出发区域 | 地板辐射＋全空气空调机组 | 地板辐射16:30～22:00开启;空调机组16:30～22:00开启,其余时段关闭 | 45000 | 关 | 侧窗:0:00～24:00开启 | |
| 12月5日 | 主楼一层 | 地板辐射＋风机盘管＋全空气空调机组 | 地板辐射0:00～24:00开启;风机盘管8:00～14:40、21:50～24:00开启,其余时段关闭;空调机组8:00～14:40、21:50～24:00开启,其余时段关闭 | 29141～87423 | 262269～203987 | 侧窗:15:00～17:00开启 | |
| | 主楼二层 | 地板辐射 | 0:00～24:00开启 | — | — | 天窗:15:00～17:00开启;侧窗:0:00～24:00开启 | |
| | 国际分流到达区域 | 风机盘管＋全空气空调机组 | 风机盘管与空调机组05:30～00:30开启,其余时段未开机 | 119740 | 关 | 侧窗:0:00～24:00开启 | |
| | 国际出发区域 | 地板辐射＋全空气空调机组 | 0:00～24:00关闭 | — | — | 侧窗:0:00～24:00开启 | 无航班 |

# 附录 B　室外气象参数

机场 12 月 1 日～7 日室外气象参数统计　　　　　附表 B

| 日期 | 时刻 | 温度(℃) | 风速(m/s) | 风向 | 日期 | 时刻 | 温度(℃) | 风速 | 风向(m/s) |
|---|---|---|---|---|---|---|---|---|---|
| 12月1日 | 0:00 | −2.22 | 0.89 | N | 12月1日 | 8:00 | −3.89 | 1.79 | W |
| 12月1日 | 1:00 | −2.22 | 1.79 | NNE | 12月1日 | 9:00 | 0.00 | 0.89 | N |
| 12月1日 | 2:00 | −2.22 | 1.79 | NNE | 12月1日 | 10:00 | 2.22 | 1.79 | ENE |
| 12月1日 | 3:00 | −2.22 | 1.79 | NE | 12月1日 | 11:00 | 3.89 | 1.79 | E |
| 12月1日 | 4:00 | −2.22 | 0.89 | N | 12月1日 | 12:00 | 6.11 | 1.79 | SSE |
| 12月1日 | 5:00 | −2.78 | 1.79 | W | 12月1日 | 13:00 | 7.22 | 1.79 | S |
| 12月1日 | 6:00 | −3.89 | 0.89 | N | 12月1日 | 14:00 | 7.78 | 0.89 | N |
| 12月1日 | 7:00 | −3.89 | 0.89 | WNW | 12月1日 | 15:00 | 8.89 | 1.79 | SSE |

| 日期 | 时刻 | 温度(℃) | 风速(m/s) | 风向 | 日期 | 时刻 | 温度(℃) | 风速 | 风向(m/s) |
|---|---|---|---|---|---|---|---|---|---|
| 12月1日 | 16:00 | 8.89 | 0.89 | N | 12月3日 | 4:00 | −3.89 | 1.79 | WSW |
| 12月1日 | 17:00 | 7.78 | 0.89 | N | 12月3日 | 5:00 | −2.78 | 1.79 | SSW |
| 12月1日 | 18:00 | 6.11 | 0.89 | N | 12月3日 | 6:00 | −5.00 | 0.89 | N |
| 12月1日 | 19:00 | 2.22 | 0.89 | N | 12月3日 | 7:00 | −6.11 | 0.89 | N |
| 12月1日 | 20:00 | 1.11 | 0.89 | WSW | 12月3日 | 8:00 | −5.00 | 0.89 | N |
| 12月1日 | 21:00 | 1.11 | 1.79 | W | 12月3日 | 9:00 | 1.11 | 0.89 | NW |
| 12月1日 | 22:00 | 1.11 | 3.13 | W | 12月3日 | 10:00 | 5.00 | 0.00 | N |
| 12月1日 | 23:00 | 0.00 | 1.79 | SW | 12月3日 | 11:00 | 6.11 | 0.89 | N |
| 12月2日 | 0:00 | 0.00 | 1.79 | SW | 12月3日 | 12:00 | 8.89 | 0.89 | N |
| 12月2日 | 1:00 | −1.11 | 1.79 | S | 12月3日 | 13:00 | 11.11 | 0.89 | N |
| 12月2日 | 2:00 | 1.11 | 3.13 | S | 12月3日 | 14:00 | 11.11 | 1.79 | SE |
| 12月2日 | 3:00 | −1.11 | 0.89 | N | 12月3日 | 15:00 | 10.00 | 3.13 | SSE |
| 12月2日 | 4:00 | −1.11 | 4.02 | SW | 12月3日 | 16:00 | 7.78 | 1.79 | SW |
| 12月2日 | 5:00 | 0.00 | 3.13 | SW | 12月3日 | 17:00 | 7.22 | 0.89 | SW |
| 12月2日 | 6:00 | −1.11 | 0.89 | N | 12月3日 | 18:00 | 5.00 | 3.13 | W |
| 12月2日 | 7:00 | 1.11 | 4.02 | WSW | 12月3日 | 19:00 | 1.11 | 0.89 | N |
| 12月2日 | 8:00 | 1.11 | 1.79 | N | 12月3日 | 20:00 | 0.00 | 0.89 | W |
| 12月2日 | 9:00 | 2.78 | 0.89 | N | 12月3日 | 21:00 | −1.11 | 0.89 | N |
| 12月2日 | 10:00 | 7.78 | 0.89 | N | 12月3日 | 22:00 | −2.22 | 0.89 | N |
| 12月2日 | 11:00 | 10.00 | 3.13 | WSW | 12月3日 | 23:00 | −2.78 | 1.79 | W |
| 12月2日 | 12:00 | 11.11 | 1.79 | SSW | 12月4日 | 0:00 | −3.13 | 1.79 | W |
| 12月2日 | 13:00 | 12.22 | 4.92 | SW | 12月4日 | 1:00 | −4.30 | 0.89 | N |
| 12月2日 | 14:00 | 12.78 | 4.92 | SW | 12月4日 | 2:00 | −4.38 | 1.79 | WSW |
| 12月2日 | 15:00 | 13.89 | 4.02 | WSW | 12月4日 | 3:00 | −5.42 | 0.89 | WNW |
| 12月2日 | 16:00 | 12.78 | 4.02 | WSW | 12月4日 | 4:00 | −5.55 | 0.89 | W |
| 12月2日 | 17:00 | 11.11 | 3.13 | SSW | 12月4日 | 5:00 | −6.58 | 0.89 | NE |
| 12月2日 | 18:00 | 7.78 | 1.79 | SW | 12月4日 | 6:00 | −5.49 | 0.00 | N |
| 12月2日 | 19:00 | 3.89 | 1.79 | W | 12月4日 | 7:00 | −5.45 | 1.79 | WSW |
| 12月2日 | 20:00 | 2.78 | 3.13 | W | 12月4日 | 8:00 | −5.26 | 0.89 | N |
| 12月2日 | 21:00 | 1.11 | 0.89 | N | 12月4日 | 9:00 | −1.24 | 0.89 | WSW |
| 12月2日 | 22:00 | 1.11 | 1.79 | WSW | 12月4日 | 10:00 | 3.87 | 0.89 | N |
| 12月2日 | 23:00 | 1.11 | 1.79 | SW | 12月4日 | 11:00 | 6.33 | 0.89 | N |
| 12月3日 | 0:00 | −1.11 | 0.89 | SW | 12月4日 | 12:00 | 8.05 | 0.89 | N |
| 12月3日 | 1:00 | −1.11 | 1.79 | NNW | 12月4日 | 13:00 | 10.43 | 1.79 | WSW |
| 12月3日 | 2:00 | −2.22 | 1.79 | W | 12月4日 | 14:00 | 11.65 | 1.79 | N |
| 12月3日 | 3:00 | −2.78 | 0.89 | NW | 12月4日 | 15:00 | 12.70 | 1.79 | SSW |

| 日期 | 时刻 | 温度(℃) | 风速(m/s) | 风向 | 日期 | 时刻 | 温度(℃) | 风速 | 风向(m/s) |
|---|---|---|---|---|---|---|---|---|---|
| 12月4日 | 16:00 | 11.53 | 3.13 | SW | 12月6日 | 4:00 | −2.78 | 1.79 | S |
| 12月4日 | 17:00 | 9.12 | 3.13 | SSW | 12月6日 | 5:00 | −2.78 | 0.89 | N |
| 12月4日 | 18:00 | 6.21 | 1.79 | SSW | 12月6日 | 6:00 | −2.78 | 0.89 | W |
| 12月4日 | 19:00 | 4.05 | 3.13 | SSW | 12月6日 | 7:00 | −3.89 | 0.89 | WNW |
| 12月4日 | 20:00 | 2.07 | 0.89 | SW | 12月6日 | 8:00 | −2.22 | 0.89 | N |
| 12月4日 | 21:00 | −0.05 | 0.89 | W | 12月6日 | 9:00 | 0.00 | 0.89 | N |
| 12月4日 | 22:00 | −1.45 | 1.79 | WSW | 12月6日 | 10:00 | 5.00 | 1.79 | ENE |
| 12月4日 | 23:00 | −2.45 | 0.89 | WSW | 12月6日 | 11:00 | 7.78 | 0.89 | N |
| 12月5日 | 0:00 | −2.22 | 1.79 | W | 12月6日 | 12:00 | 10.00 | 1.79 | ESE |
| 12月5日 | 1:00 | −1.11 | 1.79 | S | 12月6日 | 13:00 | 10.00 | 1.79 | E |
| 12月5日 | 2:00 | 0.00 | 1.79 | SW | 12月6日 | 14:00 | 11.11 | 4.02 | ENE |
| 12月5日 | 3:00 | −1.11 | 1.79 | WNW | 12月6日 | 15:00 | 10.00 | 4.92 | E |
| 12月5日 | 4:00 | −2.78 | 0.89 | N | 12月6日 | 16:00 | 11.11 | 4.92 | E |
| 12月5日 | 5:00 | −5.00 | 0.89 | N | 12月6日 | 17:00 | 10.00 | 4.92 | E |
| 12月5日 | 6:00 | −3.89 | 0.89 | N | 12月6日 | 18:00 | 7.22 | 1.79 | NNE |
| 12月5日 | 7:00 | −3.89 | 0.89 | N | 12月6日 | 19:00 | 7.22 | 3.13 | NNE |
| 12月5日 | 8:00 | −3.89 | 0.89 | N | 12月6日 | 20:00 | 7.22 | 1.79 | NNE |
| 12月5日 | 9:00 | −1.11 | 0.89 | N | 12月6日 | 21:00 | 6.11 | 1.79 | NNE |
| 12月5日 | 10:00 | 3.89 | 1.79 | NNE | 12月6日 | 22:00 | 5.00 | 0.89 | N |
| 12月5日 | 11:00 | 6.11 | 0.89 | N | 12月6日 | 23:00 | 7.22 | 3.13 | NE |
| 12月5日 | 12:00 | 8.89 | 0.89 | N | 12月7日 | 0:00 | 7.78 | 4.02 | ENE |
| 12月5日 | 13:00 | 11.11 | 0.89 | N | 12月7日 | 1:00 | 7.22 | 5.81 | ENE |
| 12月5日 | 14:00 | 12.22 | 1.79 | E | 12月7日 | 2:00 | 7.78 | 7.16 | ENE |
| 12月5日 | 15:00 | 12.78 | 1.79 | E | 12月7日 | 3:00 | 7.78 | 7.16 | ENE |
| 12月5日 | 16:00 | 12.78 | 1.79 | E | 12月7日 | 4:00 | 7.78 | 5.81 | ENE |
| 12月5日 | 17:00 | 11.11 | 1.79 | SE | 12月7日 | 5:00 | 7.22 | 7.16 | NE |
| 12月5日 | 18:00 | 7.22 | 0.89 | N | 12月7日 | 6:00 | 7.22 | 7.16 | NE |
| 12月5日 | 19:00 | 2.22 | 0.89 | N | 12月7日 | 7:00 | 7.22 | 8.05 | NE |
| 12月5日 | 20:00 | 1.11 | 0.89 | NW | 12月7日 | 8:00 | 7.22 | 8.94 | NE |
| 12月5日 | 21:00 | 0.00 | 1.79 | W | 12月7日 | 9:00 | 7.22 | 8.94 | NE |
| 12月5日 | 22:00 | 0.00 | 1.79 | W | 12月7日 | 10:00 | 7.22 | 8.94 | NE |
| 12月5日 | 23:00 | 0.00 | 1.79 | WSW | 12月7日 | 11:00 | 7.22 | 8.05 | NE |
| 12月6日 | 0:00 | −1.11 | 1.79 | W | 12月7日 | 12:00 | 7.22 | 8.94 | NE |
| 12月6日 | 1:00 | −2.22 | 1.79 | W | 12月7日 | 13:00 | 7.78 | 8.05 | NE |
| 12月6日 | 2:00 | −1.11 | 0.89 | W | 12月7日 | 14:00 | 8.89 | 8.94 | ENE |
| 12月6日 | 3:00 | −2.22 | 1.79 | WSW | 12月7日 | 15:00 | 10.00 | 8.05 | ENE |

| 日期 | 时刻 | 温度(℃) | 风速(m/s) | 风向 | 日期 | 时刻 | 温度(℃) | 风速 | 风向(m/s) |
|---|---|---|---|---|---|---|---|---|---|
| 12月7日 | 16:00 | 10.00 | 8.05 | NE | 12月7日 | 20:00 | 8.89 | 3.13 | E |
| 12月7日 | 17:00 | 8.89 | 4.92 | NE | 12月7日 | 21:00 | 7.22 | 1.79 | NE |
| 12月7日 | 18:00 | 7.78 | 1.79 | NE | 12月7日 | 22:00 | 7.22 | 1.79 | NE |
| 12月7日 | 19:00 | 7.78 | 1.79 | ENE | 12月7日 | 23:00 | 7.22 | 3.13 | E |

# 附录 C　典型位置的稀释倍率及感染概率

不同工况下国际指廊二层采样间排风内外关联感染潜在高风险区域 1~10 的感染概率

附表 C-1

| 工况 | 风向 | 风速(m/s) | 典型位置 | 示踪气体浓度(质量分数) | $DR^*$ | 感染概率 |
|---|---|---|---|---|---|---|
| 1 | SW | 0.5 | 1 | $<10^{-13}$ | $>10^{10}$ | $<0.0000001\%$ |
|  | SW | 0.5 | 2 | $<10^{-13}$ | $>10^{10}$ | $<0.0000001\%$ |
|  | SW | 0.5 | 3 | $<10^{-13}$ | $>10^{10}$ | $<0.0000001\%$ |
|  | SW | 0.5 | 4 | $<10^{-13}$ | $>10^{10}$ | $<0.0000001\%$ |
|  | SW | 0.5 | 5 | $<10^{-13}$ | $>10^{10}$ | $<0.0000001\%$ |
|  | SW | 0.5 | 6 | $<10^{-13}$ | $>10^{10}$ | $<0.0000001\%$ |
|  | SW | 0.5 | 7 | $<10^{-13}$ | $>10^{10}$ | $<0.0000001\%$ |
|  | SW | 0.5 | 8 | $<10^{-13}$ | $>10^{10}$ | $<0.0000001\%$ |
|  | SW | 0.5 | 9 | $<10^{-13}$ | $>10^{10}$ | $<0.0000001\%$ |
|  | SW | 0.5 | 10 | $<10^{-13}$ | $>10^{10}$ | $<0.0000001\%$ |
| 2 | SW | 1 | 1 | $6.966\times10^{-5}$ | $6.879\times10^{5}$ | $0.0000033\%$ |
|  | SW | 1 | 2 | $6.954\times10^{-5}$ | $6.956\times10^{5}$ | $0.0000033\%$ |
|  | SW | 1 | 3 | $6.938\times10^{-5}$ | $6.619\times10^{5}$ | $0.0000035\%$ |
|  | SW | 1 | 4 | $6.985\times10^{-5}$ | $3.819\times10^{5}$ | $0.0000060\%$ |
|  | SW | 1 | 5 | $7.086\times10^{-5}$ | $3.740\times10^{5}$ | $0.0000061\%$ |
|  | SW | 1 | 6 | $6.837\times10^{-5}$ | $3.165\times10^{5}$ | $0.0000072\%$ |
|  | SW | 1 | 7 | $6.852\times10^{-5}$ | $3.582\times10^{5}$ | $0.0000064\%$ |
|  | SW | 1 | 8 | $6.868\times10^{-5}$ | $4.779\times10^{5}$ | $0.0000048\%$ |
|  | SW | 1 | 9 | $6.881\times10^{-5}$ | $4.914\times10^{5}$ | $0.0000047\%$ |
|  | SW | 1 | 10 | $6.884\times10^{-5}$ | $5.647\times10^{5}$ | $0.0000041\%$ |
| 3 | SW | 2 | 1 | $1.800\times10^{-4}$ | $2.439\times10^{5}$ | $0.0000094\%$ |
|  | SW | 2 | 2 | $1.823\times10^{-4}$ | $2.142\times10^{5}$ | $0.0000107\%$ |
|  | SW | 2 | 3 | $1.873\times10^{-4}$ | $9.395\times10^{4}$ | $0.0000244\%$ |
|  | SW | 2 | 4 | $2.231\times10^{-4}$ | $4.695\times10^{4}$ | $0.0000487\%$ |
|  | SW | 2 | 5 | $2.198\times10^{-4}$ | $5.387\times10^{4}$ | $0.0000425\%$ |
|  | SW | 2 | 6 | $2.180\times10^{-4}$ | $4.075\times10^{4}$ | $0.0000562\%$ |
|  | SW | 2 | 7 | $2.170\times10^{-4}$ | $4.536\times10^{4}$ | $0.0000505\%$ |
|  | SW | 2 | 8 | $2.153\times10^{-4}$ | $5.822\times10^{4}$ | $0.0000393\%$ |
|  | SW | 2 | 9 | $2.278\times10^{-4}$ | $8.747\times10^{4}$ | $0.0000262\%$ |
|  | SW | 2 | 10 | $2.284\times10^{-4}$ | $8.670\times10^{4}$ | $0.0000264\%$ |

| 工况 | 风向 | 风速(m/s) | 典型位置 | 示踪气体浓度(质量分数) | $DR^*$ | 感染概率 |
|---|---|---|---|---|---|---|
| 4 | SW | 3.13 | 1 | $8.701 \times 10^{-5}$ | $4.462 \times 10^4$ | 0.0000513% |
| | SW | 3.13 | 2 | $8.686 \times 10^{-5}$ | $4.553 \times 10^4$ | 0.0000503% |
| | SW | 3.13 | 3 | $8.685 \times 10^{-5}$ | $4.285 \times 10^4$ | 0.0000534% |
| | SW | 3.13 | 4 | $8.661 \times 10^{-5}$ | $3.216 \times 10^4$ | 0.0000711% |
| | SW | 3.13 | 5 | $8.682 \times 10^{-5}$ | $3.093 \times 10^4$ | 0.0000740% |
| | SW | 3.13 | 6 | $8.708 \times 10^{-5}$ | $3.690 \times 10^4$ | 0.0000620% |
| | SW | 3.13 | 7 | $8.705 \times 10^{-5}$ | $4.213 \times 10^4$ | 0.0000543% |
| | SW | 3.13 | 8 | $8.715 \times 10^{-5}$ | $5.658 \times 10^4$ | 0.0000404% |
| | SW | 3.13 | 9 | $8.660 \times 10^{-5}$ | $3.283 \times 10^4$ | 0.0000697% |
| | SW | 3.13 | 10 | $8.689 \times 10^{-5}$ | $7.454 \times 10^4$ | 0.0000307% |
| 5 | S | 0.5 | 1 | $8.402 \times 10^{-5}$ | $1.258 \times 10^6$ | 0.0000018% |
| | S | 0.5 | 2 | $8.361 \times 10^{-5}$ | $1.287 \times 10^6$ | 0.0000018% |
| | S | 0.5 | 3 | $8.307 \times 10^{-5}$ | $1.167 \times 10^6$ | 0.0000020% |
| | S | 0.5 | 4 | $8.224 \times 10^{-5}$ | $2.300 \times 10^6$ | 0.0000010% |
| | S | 0.5 | 5 | $8.259 \times 10^{-5}$ | $1.892 \times 10^6$ | 0.0000012% |
| | S | 0.5 | 6 | $7.673 \times 10^{-5}$ | $1.200 \times 10^6$ | 0.0000019% |
| | S | 0.5 | 7 | $7.731 \times 10^{-5}$ | $2.029 \times 10^6$ | 0.0000011% |
| | S | 0.5 | 8 | $7.788 \times 10^{-5}$ | $1.775 \times 10^6$ | 0.0000013% |
| | S | 0.5 | 9 | $7.883 \times 10^{-5}$ | $1.612 \times 10^6$ | 0.0000014% |
| | S | 0.5 | 10 | $8.006 \times 10^{-5}$ | $1.177 \times 10^6$ | 0.0000019% |
| 6 | S | 1 | 1 | $7.358 \times 10^{-7}$ | $1.958 \times 10^8$ | <0.0000001% |
| | S | 1 | 2 | $7.464 \times 10^{-7}$ | $1.966 \times 10^8$ | <0.0000001% |
| | S | 1 | 3 | $7.374 \times 10^{-7}$ | $2.045 \times 10^8$ | <0.0000001% |
| | S | 1 | 4 | $7.544 \times 10^{-7}$ | $1.818 \times 10^8$ | <0.0000001% |
| | S | 1 | 5 | $7.599 \times 10^{-7}$ | $1.665 \times 10^8$ | <0.0000001% |
| | S | 1 | 6 | $8.200 \times 10^{-7}$ | $1.959 \times 10^8$ | <0.0000001% |
| | S | 1 | 7 | $7.968 \times 10^{-7}$ | $3.179 \times 10^8$ | <0.0000001% |
| | S | 1 | 8 | $8.177 \times 10^{-7}$ | $2.980 \times 10^8$ | <0.0000001% |
| | S | 1 | 9 | $7.706 \times 10^{-7}$ | $2.081 \times 10^8$ | <0.0000001% |
| | S | 1 | 10 | $7.800 \times 10^{-7}$ | $2.217 \times 10^8$ | <0.0000001% |
| 7 | S | 2 | 1 | $1.228 \times 10^{-5}$ | $6.429 \times 10^6$ | 0.0000004% |
| | S | 2 | 2 | $1.230 \times 10^{-5}$ | $7.645 \times 10^6$ | 0.0000003% |
| | S | 2 | 3 | $1.223 \times 10^{-5}$ | $1.024 \times 10^7$ | 0.0000002% |
| | S | 2 | 4 | $1.220 \times 10^{-5}$ | $4.809 \times 10^6$ | 0.0000005% |
| | S | 2 | 5 | $1.207 \times 10^{-5}$ | $4.237 \times 10^6$ | 0.0000005% |
| | S | 2 | 6 | $1.184 \times 10^{-5}$ | $1.141 \times 10^7$ | 0.0000002% |
| | S | 2 | 7 | $1.176 \times 10^{-5}$ | $1.229 \times 10^7$ | 0.0000002% |
| | S | 2 | 8 | $1.187 \times 10^{-5}$ | $1.358 \times 10^7$ | 0.0000002% |
| | S | 2 | 9 | $1.213 \times 10^{-5}$ | $2.861 \times 10^6$ | 0.0000008% |
| | S | 2 | 10 | $1.192 \times 10^{-5}$ | $4.016 \times 10^6$ | 0.0000006% |

续表

| 工况 | 风向 | 风速(m/s) | 典型位置 | 示踪气体浓度(质量分数) | $DR^*$ | 感染概率 |
|---|---|---|---|---|---|---|
| 8 | S | 3.13 | 1 | $1.925\times10^{-5}$ | $3.669\times10^{6}$ | 0.0000006% |
|  | S | 3.13 | 2 | $1.926\times10^{-5}$ | $6.476\times10^{6}$ | 0.0000004% |
|  | S | 3.13 | 3 | $1.927\times10^{-5}$ | $6.271\times10^{6}$ | 0.0000004% |
|  | S | 3.13 | 4 | $1.915\times10^{-5}$ | $1.402\times10^{6}$ | 0.0000016% |
|  | S | 3.13 | 5 | $1.904\times10^{-5}$ | $1.588\times10^{6}$ | 0.0000014% |
|  | S | 3.13 | 6 | $1.931\times10^{-5}$ | $4.824\times10^{6}$ | 0.0000005% |
|  | S | 3.13 | 7 | $1.927\times10^{-5}$ | $4.626\times10^{6}$ | 0.0000005% |
|  | S | 3.13 | 8 | $1.930\times10^{-5}$ | $5.344\times10^{6}$ | 0.0000004% |
|  | S | 3.13 | 9 | $1.915\times10^{-5}$ | $1.013\times10^{6}$ | 0.0000023% |
|  | S | 3.13 | 10 | $1.900\times10^{-5}$ | $1.235\times10^{6}$ | 0.0000019% |
| 9 | W | 0.5 | 1 | $2.579\times10^{-7}$ | $1.461\times10^{8}$ | <0.0000001% |
|  | W | 0.5 | 2 | $2.693\times10^{-7}$ | $1.312\times10^{8}$ | <0.0000001% |
|  | W | 0.5 | 3 | $2.842\times10^{-7}$ | $1.197\times10^{8}$ | <0.0000001% |
|  | W | 0.5 | 4 | $3.148\times10^{-7}$ | $9.937\times10^{7}$ | <0.0000001% |
|  | W | 0.5 | 5 | $3.420\times10^{-7}$ | $8.152\times10^{7}$ | <0.0000001% |
|  | W | 0.5 | 6 | $2.015\times10^{-6}$ | $2.349\times10^{7}$ | 0.0000001% |
|  | W | 0.5 | 7 | $1.898\times10^{-6}$ | $2.907\times10^{7}$ | 0.0000001% |
|  | W | 0.5 | 8 | $1.794\times10^{-6}$ | $4.581\times10^{7}$ | <0.0000001% |
|  | W | 0.5 | 9 | $1.505\times10^{-6}$ | $5.055\times10^{7}$ | <0.0000001% |
|  | W | 0.5 | 10 | $1.440\times10^{-6}$ | $4.037\times10^{7}$ | 0.0000001% |
| 10 | W | 1 | 1 | $<10^{-13}$ | $>10^{10}$ | <0.0000001% |
|  | W | 1 | 2 | $<10^{-13}$ | $>10^{10}$ | <0.0000001% |
|  | W | 1 | 3 | $<10^{-13}$ | $>10^{10}$ | <0.0000001% |
|  | W | 1 | 4 | $<10^{-13}$ | $>10^{10}$ | <0.0000001% |
|  | W | 1 | 5 | $<10^{-13}$ | $>10^{10}$ | <0.0000001% |
|  | W | 1 | 6 | $<10^{-13}$ | $>10^{10}$ | <0.0000001% |
|  | W | 1 | 7 | $<10^{-13}$ | $>10^{10}$ | <0.0000001% |
|  | W | 1 | 8 | $<10^{-13}$ | $>10^{10}$ | <0.0000001% |
|  | W | 1 | 9 | $<10^{-13}$ | $>10^{10}$ | <0.0000001% |
|  | W | 1 | 10 | $<10^{-13}$ | $>10^{10}$ | <0.0000001% |
| 11 | W | 2 | 1 | $1.594\times10^{-10}$ | $>10^{10}$ | <0.0000001% |
|  | W | 2 | 2 | $1.706\times10^{-10}$ | $>10^{10}$ | <0.0000001% |
|  | W | 2 | 3 | $1.740\times10^{-10}$ | $>10^{10}$ | <0.0000001% |
|  | W | 2 | 4 | $1.789\times10^{-10}$ | $>10^{10}$ | <0.0000001% |
|  | W | 2 | 5 | $1.638\times10^{-10}$ | $>10^{10}$ | <0.0000001% |
|  | W | 2 | 6 | $4.368\times10^{-10}$ | $>10^{10}$ | <0.0000001% |
|  | W | 2 | 7 | $4.615\times10^{-10}$ | $>10^{10}$ | <0.0000001% |
|  | W | 2 | 8 | $3.519\times10^{-10}$ | $>10^{10}$ | <0.0000001% |
|  | W | 2 | 9 | $1.722\times10^{-10}$ | $>10^{10}$ | <0.0000001% |
|  | W | 2 | 10 | $1.478\times10^{-10}$ | $>10^{10}$ | <0.0000001% |

续表

| 工况 | 风向 | 风速(m/s) | 典型位置 | 示踪气体浓度(质量分数) | $DR^*$ | 感染概率 |
|---|---|---|---|---|---|---|
| 12 | W | 3.13 | 1 | $<10^{-13}$ | $>10^{10}$ | $<0.0000001\%$ |
| | W | 3.13 | 2 | $<10^{-13}$ | $>10^{10}$ | $<0.0000001\%$ |
| | W | 3.13 | 3 | $<10^{-13}$ | $>10^{10}$ | $<0.0000001\%$ |
| | W | 3.13 | 4 | $<10^{-13}$ | $>10^{10}$ | $<0.0000001\%$ |
| | W | 3.13 | 5 | $<10^{-13}$ | $>10^{10}$ | $<0.0000001\%$ |
| | W | 3.13 | 6 | $6.034\times10^{-13}$ | $>10^{10}$ | $<0.0000001\%$ |
| | W | 3.13 | 7 | $1.198\times10^{-12}$ | $>10^{10}$ | $<0.0000001\%$ |
| | W | 3.13 | 8 | $6.710\times10^{-12}$ | $>10^{10}$ | $<0.0000001\%$ |
| | W | 3.13 | 9 | $<10^{-13}$ | $>10^{10}$ | $<0.0000001\%$ |
| | W | 3.13 | 10 | $<10^{-13}$ | $>10^{10}$ | $<0.0000001\%$ |
| 13 | N | 0.5 | 1 | $4.064\times10^{-5}$ | $1.373\times10^{6}$ | $0.0000017\%$ |
| | N | 0.5 | 2 | $4.052\times10^{-5}$ | $1.429\times10^{6}$ | $0.0000016\%$ |
| | N | 0.5 | 3 | $4.019\times10^{-5}$ | $1.251\times10^{6}$ | $0.0000018\%$ |
| | N | 0.5 | 4 | $3.995\times10^{-5}$ | $1.325\times10^{6}$ | $0.0000017\%$ |
| | N | 0.5 | 5 | $3.998\times10^{-5}$ | $1.383\times10^{6}$ | $0.0000017\%$ |
| | N | 0.5 | 6 | $3.892\times10^{-5}$ | $1.435\times10^{6}$ | $0.0000016\%$ |
| | N | 0.5 | 7 | $3.886\times10^{-5}$ | $1.761\times10^{6}$ | $0.0000013\%$ |
| | N | 0.5 | 8 | $3.896\times10^{-5}$ | $2.859\times10^{6}$ | $0.0000008\%$ |
| | N | 0.5 | 9 | $3.913\times10^{-5}$ | $1.835\times10^{6}$ | $0.0000012\%$ |
| | N | 0.5 | 10 | $3.914\times10^{-5}$ | $1.214\times10^{6}$ | $0.0000019\%$ |
| 14 | N | 1 | 1 | $2.543\times10^{-8}$ | $6.776\times10^{9}$ | $<0.0000001\%$ |
| | N | 1 | 2 | $2.496\times10^{-8}$ | $5.524\times10^{9}$ | $<0.0000001\%$ |
| | N | 1 | 3 | $2.459\times10^{-8}$ | $2.694\times10^{9}$ | $<0.0000001\%$ |
| | N | 1 | 4 | $2.403\times10^{-8}$ | $1.280\times10^{9}$ | $<0.0000001\%$ |
| | N | 1 | 5 | $2.398\times10^{-8}$ | $1.580\times10^{9}$ | $<0.0000001\%$ |
| | N | 1 | 6 | $2.562\times10^{-8}$ | $1.716\times10^{9}$ | $<0.0000001\%$ |
| | N | 1 | 7 | $2.552\times10^{-8}$ | $1.851\times10^{9}$ | $<0.0000001\%$ |
| | N | 1 | 8 | $2.510\times10^{-8}$ | $2.326\times10^{9}$ | $<0.0000001\%$ |
| | N | 1 | 9 | $2.449\times10^{-8}$ | $2.045\times10^{9}$ | $<0.0000001\%$ |
| | N | 1 | 10 | $2.390\times10^{-8}$ | $2.495\times10^{9}$ | $<0.0000001\%$ |
| 15 | N | 2 | 1 | $<10^{-13}$ | $>10^{10}$ | $<0.0000001\%$ |
| | N | 2 | 2 | $<10^{-13}$ | $>10^{10}$ | $<0.0000001\%$ |
| | N | 2 | 3 | $<10^{-13}$ | $>10^{10}$ | $<0.0000001\%$ |
| | N | 2 | 4 | $<10^{-13}$ | $>10^{10}$ | $<0.0000001\%$ |
| | N | 2 | 5 | $<10^{-13}$ | $>10^{10}$ | $<0.0000001\%$ |
| | N | 2 | 6 | $<10^{-13}$ | $>10^{10}$ | $<0.0000001\%$ |
| | N | 2 | 7 | $<10^{-13}$ | $>10^{10}$ | $<0.0000001\%$ |
| | N | 2 | 8 | $<10^{-13}$ | $>10^{10}$ | $<0.0000001\%$ |
| | N | 2 | 9 | $<10^{-13}$ | $>10^{10}$ | $<0.0000001\%$ |
| | N | 2 | 10 | $<10^{-13}$ | $>10^{10}$ | $<0.0000001\%$ |

| 工况 | 风向 | 风速(m/s) | 典型位置 | 示踪气体浓度(质量分数) | $DR^{*}$ | 感染概率 |
|---|---|---|---|---|---|---|
| 16 | N | 3.13 | 1 | $8.027 \times 10^{-8}$ | $5.069 \times 10^{8}$ | $<0.0000001\%$ |
| | N | 3.13 | 2 | $7.923 \times 10^{-8}$ | $4.296 \times 10^{8}$ | $<0.0000001\%$ |
| | N | 3.13 | 3 | $7.802 \times 10^{-8}$ | $2.130 \times 10^{8}$ | $<0.0000001\%$ |
| | N | 3.13 | 4 | $7.710 \times 10^{-8}$ | $1.031 \times 10^{8}$ | $<0.0000001\%$ |
| | N | 3.13 | 5 | $7.939 \times 10^{-8}$ | $1.218 \times 10^{8}$ | $<0.0000001\%$ |
| | N | 3.13 | 6 | $7.418 \times 10^{-8}$ | $1.375 \times 10^{8}$ | $<0.0000001\%$ |
| | N | 3.13 | 7 | $7.493 \times 10^{-8}$ | $1.491 \times 10^{8}$ | $<0.0000001\%$ |
| | N | 3.13 | 8 | $7.469 \times 10^{-8}$ | $1.892 \times 10^{8}$ | $<0.0000001\%$ |
| | N | 3.13 | 9 | $7.391 \times 10^{-8}$ | $1.764 \times 10^{8}$ | $<0.0000001\%$ |
| | N | 3.13 | 10 | $7.315 \times 10^{-8}$ | $1.947 \times 10^{8}$ | $<0.0000001\%$ |

国际指廊国际到达层二层核酸采样间内外排风关联感染——国际出发层三层典型位置①～⑤感染概率表

附表 C-2

| 工况 | 风向 | 风速(m/s) | 典型位置 | 示踪气体浓度(质量分数) | $DR^{*}$ | 感染概率 |
|---|---|---|---|---|---|---|
| 1 | SW | 0.5 | ① | $6.984 \times 10^{-8}$ | $2.716 \times 10^{9}$ | $<0.0000001\%$ |
| | SW | 0.5 | ② | $<10^{-13}$ | $>10^{10}$ | $<0.0000001\%$ |
| | SW | 0.5 | ③ | $<10^{-13}$ | $>10^{10}$ | $<0.0000001\%$ |
| | SW | 0.5 | ④ | $<10^{-13}$ | $>10^{10}$ | $<0.0000001\%$ |
| | SW | 0.5 | ⑤ | $<10^{-13}$ | $>10^{10}$ | $<0.0000001\%$ |
| 2 | SW | 1 | ① | $4.283 \times 10^{-5}$ | $9.326 \times 10^{5}$ | $0.0000098\%$ |
| | SW | 1 | ② | $3.258 \times 10^{-5}$ | $7.850 \times 10^{5}$ | $0.0000117\%$ |
| | SW | 1 | ③ | $1.637 \times 10^{-5}$ | $8.130 \times 10^{5}$ | $0.0000113\%$ |
| | SW | 1 | ④ | $1.472 \times 10^{-5}$ | $7.524 \times 10^{5}$ | $0.0000122\%$ |
| | SW | 1 | ⑤ | $7.869 \times 10^{-5}$ | $2.320 \times 10^{5}$ | $0.0000395\%$ |
| 3 | SW | 2 | ① | $1.204 \times 10^{-4}$ | $1.765 \times 10^{5}$ | $0.0000519\%$ |
| | SW | 2 | ② | $7.310 \times 10^{-5}$ | $7.353 \times 10^{4}$ | $0.0001245\%$ |
| | SW | 2 | ③ | $5.790 \times 10^{-5}$ | $1.225 \times 10^{5}$ | $0.0000747\%$ |
| | SW | 2 | ④ | $6.141 \times 10^{-5}$ | $7.901 \times 10^{4}$ | $0.0001158\%$ |
| | SW | 2 | ⑤ | $1.093 \times 10^{-4}$ | $8.900 \times 10^{4}$ | $0.0001028\%$ |
| 4 | SW | 3.13 | ① | $<10^{-13}$ | $>10^{10}$ | $<0.0000001\%$ |
| | SW | 3.13 | ② | $1.780 \times 10^{-11}$ | $>10^{10}$ | $<0.0000001\%$ |
| | SW | 3.13 | ③ | $2.510 \times 10^{-10}$ | $2.547 \times 10^{9}$ | $<0.0000001\%$ |
| | SW | 3.13 | ④ | $<10^{-13}$ | $>10^{10}$ | $<0.0000001\%$ |
| | SW | 3.13 | ⑤ | $1.185 \times 10^{-4}$ | $1.889 \times 10^{4}$ | $0.0004846\%$ |
| 5 | S | 0.5 | ① | $<10^{-13}$ | $>10^{10}$ | $<0.0000001\%$ |
| | S | 0.5 | ② | $<10^{-13}$ | $>10^{10}$ | $<0.0000001\%$ |
| | S | 0.5 | ③ | $<10^{-13}$ | $>10^{10}$ | $<0.0000001\%$ |
| | S | 0.5 | ④ | $2.204 \times 10^{-4}$ | $8.620 \times 10^{4}$ | $0.0001062\%$ |
| | S | 0.5 | ⑤ | $1.578 \times 10^{-4}$ | $1.117 \times 10^{5}$ | $0.0000819\%$ |

续表

| 工况 | 风向 | 风速(m/s) | 典型位置 | 示踪气体浓度(质量分数) | $DR^*$ | 感染概率 |
|---|---|---|---|---|---|---|
| 6 | S | 1 | ① | $<10^{-13}$ | $>10^{10}$ | $<0.0000001\%$ |
| | S | 1 | ② | $<10^{-13}$ | $>10^{10}$ | $<0.0000001\%$ |
| | S | 1 | ③ | $4.744\times10^{-8}$ | $4.476\times10^{8}$ | $<0.0000001\%$ |
| | S | 1 | ④ | $<10^{-13}$ | $>10^{10}$ | $<0.0000001\%$ |
| | S | 1 | ⑤ | $7.319\times10^{-8}$ | $1.542\times10^{8}$ | $<0.0000001\%$ |
| 7 | S | 2 | ① | $1.733\times10^{-8}$ | $2.660\times10^{9}$ | $<0.0000001\%$ |
| | S | 2 | ② | $<10^{-13}$ | $>10^{10}$ | $<0.0000001\%$ |
| | S | 2 | ③ | $1.678\times10^{-7}$ | $6.789\times10^{7}$ | $0.0000001\%$ |
| | S | 2 | ④ | $5.183\times10^{-7}$ | $6.615\times10^{6}$ | $0.0000014\%$ |
| | S | 2 | ⑤ | $7.999\times10^{-7}$ | $6.726\times10^{6}$ | $0.0000014\%$ |
| 8 | S | 3.13 | ① | $3.758\times10^{-8}$ | $9.798\times10^{8}$ | $<0.0000001\%$ |
| | S | 3.13 | ② | $1.789\times10^{-8}$ | $2.576\times10^{8}$ | $<0.0000001\%$ |
| | S | 3.13 | ③ | $<10^{-13}$ | $>10^{10}$ | $<0.0000001\%$ |
| | S | 3.13 | ④ | $3.773\times10^{-8}$ | $6.212\times10^{7}$ | $0.0000001\%$ |
| | S | 3.13 | ⑤ | $1.558\times10^{-6}$ | $2.130\times10^{6}$ | $0.0000043\%$ |
| 9 | W | 0.5 | ① | $1.079\times10^{-4}$ | $4.836\times10^{5}$ | $0.0000189\%$ |
| | W | 0.5 | ② | $7.100\times10^{-5}$ | $5.230\times10^{5}$ | $0.0000175\%$ |
| | W | 0.5 | ③ | $9.671\times10^{-5}$ | $1.455\times10^{5}$ | $0.0000629\%$ |
| | W | 0.5 | ④ | $2.096\times10^{-6}$ | $4.686\times10^{6}$ | $0.0000020\%$ |
| | W | 0.5 | ⑤ | $1.769\times10^{-6}$ | $7.865\times10^{6}$ | $0.0000012\%$ |
| 10 | W | 1 | ① | $1.812\times10^{-5}$ | $1.596\times10^{6}$ | $0.0000057\%$ |
| | W | 1 | ② | $4.940\times10^{-6}$ | $3.831\times10^{6}$ | $0.0000024\%$ |
| | W | 1 | ③ | $<10^{-13}$ | $>10^{10}$ | $<0.0000001\%$ |
| | W | 1 | ④ | $<10^{-13}$ | $>10^{10}$ | $<0.0000001\%$ |
| | W | 1 | ⑤ | $<10^{-13}$ | $>10^{10}$ | $<0.0000001\%$ |
| 11 | W | 2 | ① | $<10^{-13}$ | $>10^{10}$ | $<0.0000001\%$ |
| | W | 2 | ② | $<10^{-13}$ | $>10^{10}$ | $<0.0000001\%$ |
| | W | 2 | ③ | $5.875\times10^{-10}$ | $7.053\times10^{9}$ | $<0.0000001\%$ |
| | W | 2 | ④ | $1.963\times10^{-9}$ | $1.501\times10^{9}$ | $<0.0000001\%$ |
| | W | 2 | ⑤ | $1.308\times10^{-9}$ | $3.595\times10^{9}$ | $<0.0000001\%$ |
| 12 | W | 3.13 | ① | $6.823\times10^{-8}$ | $1.418\times10^{8}$ | $<0.0000001\%$ |
| | W | 3.13 | ② | $4.129\times10^{-8}$ | $1.475\times10^{8}$ | $<0.0000001\%$ |
| | W | 3.13 | ③ | $4.354\times10^{-9}$ | $6.160\times10^{8}$ | $<0.0000001\%$ |
| | W | 3.13 | ④ | $5.029\times10^{-10}$ | $3.807\times10^{9}$ | $<0.0000001\%$ |
| | W | 3.13 | ⑤ | $8.230\times10^{-11}$ | $>10^{10}$ | $<0.0000001\%$ |

| 工况 | 风向 | 风速(m/s) | 典型位置 | 示踪气体浓度(质量分数) | $DR^*$ | 感染概率 |
|---|---|---|---|---|---|---|
| 13 | N | 0.5 | ① | $3.366\times10^{-8}$ | $9.601\times10^8$ | <0.0000001% |
| | N | 0.5 | ② | $2.355\times10^{-8}$ | $7.043\times10^8$ | <0.0000001% |
| | N | 0.5 | ③ | $6.139\times10^{-8}$ | $2.166\times10^8$ | <0.0000001% |
| | N | 0.5 | ④ | $1.054\times10^{-5}$ | $9.559\times10^5$ | 0.0000096% |
| | N | 0.5 | ⑤ | $4.708\times10^{-5}$ | $5.704\times10^5$ | 0.0000160% |
| 14 | N | 1 | ① | $<10^{-13}$ | $>10^{10}$ | <0.0000001% |
| | N | 1 | ② | $<10^{-13}$ | $>10^{10}$ | <0.0000001% |
| | N | 1 | ③ | $<10^{-13}$ | $>10^{10}$ | <0.0000001% |
| | N | 1 | ④ | $<10^{-13}$ | $>10^{10}$ | <0.0000001% |
| | N | 1 | ⑤ | $<10^{-13}$ | $>10^{10}$ | <0.0000001% |
| 15 | N | 2 | ① | $9.043\times10^{-9}$ | $1.288\times10^9$ | <0.0000001% |
| | N | 2 | ② | $1.018\times10^{-8}$ | $5.389\times10^8$ | <0.0000001% |
| | N | 2 | ③ | $2.729\times10^{-8}$ | $1.547\times10^8$ | <0.0000001% |
| | N | 2 | ④ | $6.262\times10^{-9}$ | $4.401\times10^8$ | <0.0000001% |
| | N | 2 | ⑤ | $<10^{-13}$ | $>10^{10}$ | <0.0000001% |
| 16 | N | 3.13 | ① | $<10^{-13}$ | $>10^{10}$ | <0.0000001% |
| | N | 3.13 | ② | $<10^{-13}$ | $>10^{10}$ | <0.0000001% |
| | N | 3.13 | ③ | $<10^{-13}$ | $>10^{10}$ | <0.0000001% |
| | N | 3.13 | ④ | $4.624\times10^{-8}$ | $3.843\times10^7$ | 0.0000002% |
| | N | 3.13 | ⑤ | $5.888\times10^{-8}$ | $1.932\times10^8$ | <0.0000001% |

一楼转运候车厅关联感染电梯井 T2-T3 潜在高风险区域 1~10 的感染概率一览表

附表 C-3

| 工况 | 风向 | 风速(m/s) | 典型位置 | 示踪气体浓度(质量分数) | $DR^*$ | 感染概率 |
|---|---|---|---|---|---|---|
| 1 | SW | 0.5 | 1 | $8.351\times10^{-6}$ | $4.810\times10^3$ | 0.4149% |
| | SW | 0.5 | 2 | $1.308\times10^{-5}$ | $3.194\times10^3$ | 0.6242% |
| | SW | 0.5 | 3 | $1.620\times10^{-5}$ | $2.508\times10^3$ | 0.7944% |
| | SW | 0.5 | 4 | $1.667\times10^{-5}$ | $2.423\times10^3$ | 0.8219% |
| | SW | 0.5 | 5 | $1.455\times10^{-5}$ | $2.767\times10^3$ | 0.7201% |
| | SW | 0.5 | 6 | $1.476\times10^{-5}$ | $2.734\times10^3$ | 0.7290% |
| | SW | 0.5 | 7 | $1.730\times10^{-5}$ | $2.304\times10^3$ | 0.8644% |
| | SW | 0.5 | 8 | $1.771\times10^{-5}$ | $2.280\times10^3$ | 0.8733% |
| | SW | 0.5 | 9 | $6.700\times10^{-6}$ | $6.118\times10^3$ | 0.3264% |
| | SW | 0.5 | 10 | $4.687\times10^{-6}$ | $8.571\times10^3$ | 0.2331% |

| 工况 | 风向 | 风速(m/s) | 典型位置 | 示踪气体浓度(质量分数) | $DR^*$ | 感染概率 |
|---|---|---|---|---|---|---|
| 2 | SW | 1 | 1 | $1.211\times10^{-5}$ | $3.318\times10^{3}$ | 0.6010% |
| | SW | 1 | 2 | $2.036\times10^{-5}$ | $1.997\times10^{3}$ | 0.9966% |
| | SW | 1 | 3 | $2.490\times10^{-5}$ | $1.629\times10^{3}$ | 1.2199% |
| | SW | 1 | 4 | $2.734\times10^{-5}$ | $1.485\times10^{3}$ | 1.3376% |
| | SW | 1 | 5 | $2.916\times10^{-5}$ | $1.391\times10^{3}$ | 1.4276% |
| | SW | 1 | 6 | $3.191\times10^{-5}$ | $1.254\times10^{3}$ | 1.5821% |
| | SW | 1 | 7 | $3.250\times10^{-5}$ | $1.199\times10^{3}$ | 1.6540% |
| | SW | 1 | 8 | $3.173\times10^{-5}$ | $1.266\times10^{3}$ | 1.5670% |
| | SW | 1 | 9 | $8.641\times10^{-6}$ | $4.643\times10^{3}$ | 0.4298% |
| | SW | 1 | 10 | $8.140\times10^{-6}$ | $4.925\times10^{3}$ | 0.4052% |
| 3 | SW | 2 | 1 | $8.441\times10^{-6}$ | $4.745\times10^{3}$ | 0.4206% |
| | SW | 2 | 2 | $1.709\times10^{-5}$ | $2.338\times10^{3}$ | 0.8519% |
| | SW | 2 | 3 | $2.333\times10^{-5}$ | $1.735\times10^{3}$ | 1.1461% |
| | SW | 2 | 4 | $2.390\times10^{-5}$ | $1.696\times10^{3}$ | 1.1720% |
| | SW | 2 | 5 | $2.331\times10^{-5}$ | $1.750\times10^{3}$ | 1.1363% |
| | SW | 2 | 6 | $2.280\times10^{-5}$ | $1.775\times10^{3}$ | 1.1203% |
| | SW | 2 | 7 | $2.272\times10^{-5}$ | $1.741\times10^{3}$ | 1.1419% |
| | SW | 2 | 8 | $2.182\times10^{-5}$ | $1.835\times10^{3}$ | 1.0837% |
| | SW | 2 | 9 | $9.153\times10^{-6}$ | $4.376\times10^{3}$ | 0.4560% |
| | SW | 2 | 10 | $8.528\times10^{-6}$ | $4.697\times10^{3}$ | 0.4249% |
| 4 | SW | 3.13 | 1 | $1.540\times10^{-6}$ | $2.608\times10^{4}$ | 0.0767% |
| | SW | 3.13 | 2 | $1.487\times10^{-6}$ | $2.690\times10^{4}$ | 0.0743% |
| | SW | 3.13 | 3 | $1.482\times10^{-6}$ | $2.698\times10^{4}$ | 0.0741% |
| | SW | 3.13 | 4 | $1.476\times10^{-6}$ | $2.706\times10^{4}$ | 0.0739% |
| | SW | 3.13 | 5 | $1.475\times10^{-6}$ | $2.706\times10^{4}$ | 0.0739% |
| | SW | 3.13 | 6 | $1.487\times10^{-6}$ | $2.683\times10^{4}$ | 0.0745% |
| | SW | 3.13 | 7 | $1.523\times10^{-6}$ | $2.624\times10^{4}$ | 0.0762% |
| | SW | 3.13 | 8 | $1.557\times10^{-6}$ | $2.571\times10^{4}$ | 0.0778% |
| | SW | 3.13 | 9 | $1.568\times10^{-6}$ | $2.552\times10^{4}$ | 0.0783% |
| | SW | 3.13 | 10 | $1.574\times10^{-6}$ | $2.543\times10^{4}$ | 0.0786% |
| 5 | S | 0.5 | 1 | $<10^{-9}$ | $>10^{10}$ | $<0.0001\%$ |
| | S | 0.5 | 2 | $<10^{-9}$ | $>10^{10}$ | $<0.0001\%$ |
| | S | 0.5 | 3 | $<10^{-9}$ | $>10^{10}$ | $<0.0001\%$ |
| | S | 0.5 | 4 | $<10^{-9}$ | $>10^{10}$ | $<0.0001\%$ |
| | S | 0.5 | 5 | $<10^{-9}$ | $>10^{10}$ | $<0.0001\%$ |
| | S | 0.5 | 6 | $<10^{-9}$ | $>10^{10}$ | $<0.0001\%$ |
| | S | 0.5 | 7 | $<10^{-9}$ | $>10^{10}$ | $<0.0001\%$ |
| | S | 0.5 | 8 | $<10^{-9}$ | $>10^{10}$ | $<0.0001\%$ |
| | S | 0.5 | 9 | $<10^{-9}$ | $>10^{10}$ | $<0.0001\%$ |
| | S | 0.5 | 10 | $<10^{-9}$ | $>10^{10}$ | $<0.0001\%$ |

| 工况 | 风向 | 风速(m/s) | 典型位置 | 示踪气体浓度(质量分数) | $DR^*$ | 感染概率 |
|---|---|---|---|---|---|---|
| 6 | S | 1 | 1 | $<10^{-9}$ | $>10^{10}$ | $<0.0001\%$ |
| | S | 1 | 2 | $<10^{-9}$ | $>10^{10}$ | $<0.0001\%$ |
| | S | 1 | 3 | $<10^{-9}$ | $>10^{10}$ | $<0.0001\%$ |
| | S | 1 | 4 | $<10^{-9}$ | $>10^{10}$ | $<0.0001\%$ |
| | S | 1 | 5 | $<10^{-9}$ | $>10^{10}$ | $<0.0001\%$ |
| | S | 1 | 6 | $<10^{-9}$ | $>10^{10}$ | $<0.0001\%$ |
| | S | 1 | 7 | $<10^{-9}$ | $>10^{10}$ | $<0.0001\%$ |
| | S | 1 | 8 | $<10^{-9}$ | $>10^{10}$ | $<0.0001\%$ |
| | S | 1 | 9 | $<10^{-9}$ | $>10^{10}$ | $<0.0001\%$ |
| | S | 1 | 10 | $<10^{-9}$ | $>10^{10}$ | $<0.0001\%$ |
| 7 | S | 2 | 1 | $2.013\times10^{-5}$ | $1.987\times10^{3}$ | $1.0016\%$ |
| | S | 2 | 2 | $3.441\times10^{-5}$ | $1.159\times10^{3}$ | $1.7103\%$ |
| | S | 2 | 3 | $3.818\times10^{-5}$ | $1.049\times10^{3}$ | $1.8885\%$ |
| | S | 2 | 4 | $3.857\times10^{-5}$ | $1.038\times10^{3}$ | $1.9079\%$ |
| | S | 2 | 5 | $3.833\times10^{-5}$ | $1.045\times10^{3}$ | $1.8951\%$ |
| | S | 2 | 6 | $3.803\times10^{-5}$ | $1.054\times10^{3}$ | $1.8803\%$ |
| | S | 2 | 7 | $3.798\times10^{-5}$ | $1.054\times10^{3}$ | $1.8791\%$ |
| | S | 2 | 8 | $3.804\times10^{-5}$ | $1.053\times10^{3}$ | $1.8814\%$ |
| | S | 2 | 9 | $3.765\times10^{-5}$ | $1.064\times10^{3}$ | $1.8629\%$ |
| | S | 2 | 10 | $3.706\times10^{-5}$ | $1.081\times10^{3}$ | $1.8334\%$ |
| 8 | S | 3.13 | 1 | $3.584\times10^{-6}$ | $1.116\times10^{4}$ | $0.1790\%$ |
| | S | 3.13 | 2 | $5.968\times10^{-6}$ | $6.678\times10^{3}$ | $0.2990\%$ |
| | S | 3.13 | 3 | $6.871\times10^{-6}$ | $5.834\times10^{3}$ | $0.3422\%$ |
| | S | 3.13 | 4 | $6.993\times10^{-6}$ | $5.735\times10^{3}$ | $0.3481\%$ |
| | S | 3.13 | 5 | $6.874\times10^{-6}$ | $5.843\times10^{3}$ | $0.3417\%$ |
| | S | 3.13 | 6 | $6.636\times10^{-6}$ | $6.047\times10^{3}$ | $0.3302\%$ |
| | S | 3.13 | 7 | $6.465\times10^{-6}$ | $6.195\times10^{3}$ | $0.3223\%$ |
| | S | 3.13 | 8 | $6.446\times10^{-6}$ | $6.211\times10^{3}$ | $0.3215\%$ |
| | S | 3.13 | 9 | $6.571\times10^{-6}$ | $6.089\times10^{3}$ | $0.3279\%$ |
| | S | 3.13 | 10 | $6.701\times10^{-6}$ | $5.974\times10^{3}$ | $0.3342\%$ |
| 9 | W | 0.5 | 1 | $<10^{-9}$ | $>10^{10}$ | $<0.0001\%$ |
| | W | 0.5 | 2 | $<10^{-9}$ | $>10^{10}$ | $<0.0001\%$ |
| | W | 0.5 | 3 | $<10^{-9}$ | $>10^{10}$ | $<0.0001\%$ |
| | W | 0.5 | 4 | $<10^{-9}$ | $>10^{10}$ | $<0.0001\%$ |
| | W | 0.5 | 5 | $<10^{-9}$ | $>10^{10}$ | $<0.0001\%$ |
| | W | 0.5 | 6 | $<10^{-9}$ | $>10^{10}$ | $<0.0001\%$ |
| | W | 0.5 | 7 | $<10^{-9}$ | $>10^{10}$ | $<0.0001\%$ |
| | W | 0.5 | 8 | $<10^{-9}$ | $>10^{10}$ | $<0.0001\%$ |
| | W | 0.5 | 9 | $<10^{-9}$ | $>10^{10}$ | $<0.0001\%$ |
| | W | 0.5 | 10 | $<10^{-9}$ | $>10^{10}$ | $<0.0001\%$ |

| 工况 | 风向 | 风速(m/s) | 典型位置 | 示踪气体浓度（质量分数） | $DR^*$ | 感染概率 |
|---|---|---|---|---|---|---|
| 10 | W | 1 | 1 | $<10^{-9}$ | $>10^{10}$ | $<0.0001\%$ |
| | W | 1 | 2 | $<10^{-9}$ | $>10^{10}$ | $<0.0001\%$ |
| | W | 1 | 3 | $<10^{-9}$ | $>10^{10}$ | $<0.0001\%$ |
| | W | 1 | 4 | $<10^{-9}$ | $>10^{10}$ | $<0.0001\%$ |
| | W | 1 | 5 | $<10^{-9}$ | $>10^{10}$ | $<0.0001\%$ |
| | W | 1 | 6 | $<10^{-9}$ | $>10^{10}$ | $<0.0001\%$ |
| | W | 1 | 7 | $<10^{-9}$ | $>10^{10}$ | $<0.0001\%$ |
| | W | 1 | 8 | $<10^{-9}$ | $>10^{10}$ | $<0.0001\%$ |
| | W | 1 | 9 | $<10^{-9}$ | $>10^{10}$ | $<0.0001\%$ |
| | W | 1 | 10 | $<10^{-9}$ | $>10^{10}$ | $<0.0001\%$ |
| 11 | W | 2 | 1 | $<10^{-9}$ | $>10^{10}$ | $<0.0001\%$ |
| | W | 2 | 2 | $<10^{-9}$ | $>10^{10}$ | $<0.0001\%$ |
| | W | 2 | 3 | $<10^{-9}$ | $>10^{10}$ | $<0.0001\%$ |
| | W | 2 | 4 | $<10^{-9}$ | $>10^{10}$ | $<0.0001\%$ |
| | W | 2 | 5 | $<10^{-9}$ | $>10^{10}$ | $<0.0001\%$ |
| | W | 2 | 6 | $<10^{-9}$ | $>10^{10}$ | $<0.0001\%$ |
| | W | 2 | 7 | $<10^{-9}$ | $>10^{10}$ | $<0.0001\%$ |
| | W | 2 | 8 | $<10^{-9}$ | $>10^{10}$ | $<0.0001\%$ |
| | W | 2 | 9 | $<10^{-9}$ | $>10^{10}$ | $<0.0001\%$ |
| | W | 2 | 10 | $<10^{-9}$ | $>10^{10}$ | $<0.0001\%$ |
| 12 | W | 3.13 | 1 | $1.405\times10^{-9}$ | $2.792\times10^{7}$ | $0.0001\%$ |
| | W | 3.13 | 2 | $1.764\times10^{-9}$ | $2.225\times10^{7}$ | $0.0001\%$ |
| | W | 3.13 | 3 | $<10^{-9}$ | $>10^{10}$ | $<0.0001\%$ |
| | W | 3.13 | 4 | $<10^{-9}$ | $>10^{10}$ | $<0.0001\%$ |
| | W | 3.13 | 5 | $<10^{-9}$ | $>10^{10}$ | $<0.0001\%$ |
| | W | 3.13 | 6 | $<10^{-9}$ | $>10^{10}$ | $<0.0001\%$ |
| | W | 3.13 | 7 | $<10^{-9}$ | $>10^{10}$ | $<0.0001\%$ |
| | W | 3.13 | 8 | $<10^{-9}$ | $>10^{10}$ | $<0.0001\%$ |
| | W | 3.13 | 9 | $<10^{-9}$ | $>10^{10}$ | $<0.0001\%$ |
| | W | 3.13 | 10 | $<10^{-9}$ | $>10^{10}$ | $<0.0001\%$ |
| 13 | N | 0.5 | 1 | $<10^{-9}$ | $>10^{10}$ | $<0.0001\%$ |
| | N | 0.5 | 2 | $<10^{-9}$ | $>10^{10}$ | $<0.0001\%$ |
| | N | 0.5 | 3 | $<10^{-9}$ | $>10^{10}$ | $<0.0001\%$ |
| | N | 0.5 | 4 | $<10^{-9}$ | $>10^{10}$ | $<0.0001\%$ |
| | N | 0.5 | 5 | $<10^{-9}$ | $>10^{10}$ | $<0.0001\%$ |
| | N | 0.5 | 6 | $<10^{-9}$ | $>10^{10}$ | $<0.0001\%$ |
| | N | 0.5 | 7 | $<10^{-9}$ | $>10^{10}$ | $<0.0001\%$ |
| | N | 0.5 | 8 | $<10^{-9}$ | $>10^{10}$ | $<0.0001\%$ |
| | N | 0.5 | 9 | $<10^{-9}$ | $>10^{10}$ | $<0.0001\%$ |
| | N | 0.5 | 10 | $<10^{-9}$ | $>10^{10}$ | $<0.0001\%$ |

续表

| 工况 | 风向 | 风速(m/s) | 典型位置 | 示踪气体浓度(质量分数) | DR* | 感染概率 |
|---|---|---|---|---|---|---|
| 14 | N | 1 | 1 | $<10^{-9}$ | $>10^{10}$ | $<0.0001\%$ |
|  | N | 1 | 2 | $<10^{-9}$ | $>10^{10}$ | $<0.0001\%$ |
|  | N | 1 | 3 | $<10^{-9}$ | $>10^{10}$ | $<0.0001\%$ |
|  | N | 1 | 4 | $<10^{-9}$ | $>10^{10}$ | $<0.0001\%$ |
|  | N | 1 | 5 | $<10^{-9}$ | $>10^{10}$ | $<0.0001\%$ |
|  | N | 1 | 6 | $<10^{-9}$ | $>10^{10}$ | $<0.0001\%$ |
|  | N | 1 | 7 | $<10^{-9}$ | $>10^{10}$ | $<0.0001\%$ |
|  | N | 1 | 8 | $<10^{-9}$ | $>10^{10}$ | $<0.0001\%$ |
|  | N | 1 | 9 | $<10^{-9}$ | $>10^{10}$ | $<0.0001\%$ |
|  | N | 1 | 10 | $<10^{-9}$ | $>10^{10}$ | $<0.0001\%$ |
| 15 | N | 2 | 1 | $1.415\times10^{-7}$ | $2.773\times10^{5}$ | $0.0072\%$ |
|  | N | 2 | 2 | $3.280\times10^{-7}$ | $1.187\times10^{5}$ | $0.0168\%$ |
|  | N | 2 | 3 | $5.758\times10^{-7}$ | $6.920\times10^{4}$ | $0.0289\%$ |
|  | N | 2 | 4 | $6.601\times10^{-7}$ | $5.959\times10^{4}$ | $0.0336\%$ |
|  | N | 2 | 5 | $7.271\times10^{-7}$ | $5.564\times10^{4}$ | $0.0359\%$ |
|  | N | 2 | 6 | $8.440\times10^{-7}$ | $5.001\times10^{4}$ | $0.0400\%$ |
|  | N | 2 | 7 | $1.168\times10^{-6}$ | $3.414\times10^{4}$ | $0.0586\%$ |
|  | N | 2 | 8 | $1.625\times10^{-6}$ | $2.272\times10^{4}$ | $0.0880\%$ |
|  | N | 2 | 9 | $1.618\times10^{-7}$ | $2.426\times10^{5}$ | $0.0082\%$ |
|  | N | 2 | 10 | $1.545\times10^{-7}$ | $2.542\times10^{5}$ | $0.0079\%$ |
| 16 | N | 3.13 | 1 | $9.969\times10^{-7}$ | $3.936\times10^{4}$ | $0.0508\%$ |
|  | N | 3.13 | 2 | $1.165\times10^{-6}$ | $3.358\times10^{4}$ | $0.0595\%$ |
|  | N | 3.13 | 3 | $1.431\times10^{-6}$ | $2.763\times10^{4}$ | $0.0724\%$ |
|  | N | 3.13 | 4 | $1.493\times10^{-6}$ | $2.653\times10^{4}$ | $0.0754\%$ |
|  | N | 3.13 | 5 | $1.490\times10^{-6}$ | $2.693\times10^{4}$ | $0.0742\%$ |
|  | N | 3.13 | 6 | $1.468\times10^{-6}$ | $2.775\times10^{4}$ | $0.0720\%$ |
|  | N | 3.13 | 7 | $1.429\times10^{-6}$ | $2.905\times10^{4}$ | $0.0688\%$ |
|  | N | 3.13 | 8 | $1.330\times10^{-6}$ | $3.120\times10^{4}$ | $0.0641\%$ |
|  | N | 3.13 | 9 | $1.079\times10^{-6}$ | $3.637\times10^{4}$ | $0.0550\%$ |
|  | N | 3.13 | 10 | $1.060\times10^{-6}$ | $3.702\times10^{4}$ | $0.0540\%$ |

一楼转运候车厅关联感染电梯井 T2-T3 潜在高风险区域 1'～10' 的感染概率一览表

附表 C-4

| 工况 | 风向 | 风速(m/s) | 典型位置 | 示踪气体浓度(质量分数) | DR* | 感染概率 |
|---|---|---|---|---|---|---|
| 1 | SW | 0.5 | 1' | $3.223\times10^{-6}$ | $1.250\times10^{4}$ | $0.1599\%$ |
|  | SW | 0.5 | 2' | $2.780\times10^{-6}$ | $1.451\times10^{4}$ | $0.1378\%$ |
|  | SW | 0.5 | 3' | $2.603\times10^{-6}$ | $1.545\times10^{4}$ | $0.1294\%$ |
|  | SW | 0.5 | 4' | $2.399\times10^{-6}$ | $1.672\times10^{4}$ | $0.1195\%$ |
|  | SW | 0.5 | 5' | $2.352\times10^{-6}$ | $1.710\times10^{4}$ | $0.1169\%$ |
|  | SW | 0.5 | 6' | $2.235\times10^{-6}$ | $1.799\times10^{4}$ | $0.1111\%$ |
|  | SW | 0.5 | 7' | $2.062\times10^{-6}$ | $1.946\times10^{4}$ | $0.1027\%$ |
|  | SW | 0.5 | 8' | $2.012\times10^{-6}$ | $1.998\times10^{4}$ | $0.1001\%$ |
|  | SW | 0.5 | 9' | $1.843\times10^{-6}$ | $2.182\times10^{4}$ | $0.0916\%$ |
|  | SW | 0.5 | 10' | $1.610\times10^{-6}$ | $2.493\times10^{4}$ | $0.0802\%$ |

| 工况 | 风向 | 风速(m/s) | 典型位置 | 示踪气体浓度(质量分数) | DR* | 感染概率 |
|---|---|---|---|---|---|---|
| 2 | SW | 1 | 1' | $4.666×10^{-6}$ | $8.599×10^{3}$ | 0.2323% |
| | SW | 1 | 2' | $4.111×10^{-6}$ | $9.817×10^{3}$ | 0.2035% |
| | SW | 1 | 3' | $3.799×10^{-6}$ | $1.060×10^{4}$ | 0.1885% |
| | SW | 1 | 4' | $3.410×10^{-6}$ | $1.175×10^{4}$ | 0.1700% |
| | SW | 1 | 5' | $3.374×10^{-6}$ | $1.192×10^{4}$ | 0.1676% |
| | SW | 1 | 6' | $3.184×10^{-6}$ | $1.263×10^{4}$ | 0.1582% |
| | SW | 1 | 7' | $2.864×10^{-6}$ | $1.400×10^{4}$ | 0.1428% |
| | SW | 1 | 8' | $2.788×10^{-6}$ | $1.441×10^{4}$ | 0.1387% |
| | SW | 1 | 9' | $2.505×10^{-6}$ | $1.605×10^{4}$ | 0.1245% |
| | SW | 1 | 10' | $2.108×10^{-6}$ | $1.902×10^{4}$ | 0.1051% |
| 3 | SW | 2 | 1' | $3.751×10^{-6}$ | $1.069×10^{4}$ | 0.1869% |
| | SW | 2 | 2' | $3.230×10^{-6}$ | $1.251×10^{4}$ | 0.1597% |
| | SW | 2 | 3' | $2.948×10^{-6}$ | $1.367×10^{4}$ | 0.1462% |
| | SW | 2 | 4' | $2.596×10^{-6}$ | $1.543×10^{4}$ | 0.1295% |
| | SW | 2 | 5' | $2.606×10^{-6}$ | $1.544×10^{4}$ | 0.1294% |
| | SW | 2 | 6' | $2.458×10^{-6}$ | $1.638×10^{4}$ | 0.1220% |
| | SW | 2 | 7' | $2.182×10^{-6}$ | $1.837×10^{4}$ | 0.1088% |
| | SW | 2 | 8' | $2.142×10^{-6}$ | $1.876×10^{4}$ | 0.1065% |
| | SW | 2 | 9' | $1.931×10^{-6}$ | $2.083×10^{4}$ | 0.0960% |
| | SW | 2 | 10' | $1.612×10^{-6}$ | $2.487×10^{4}$ | 0.0804% |
| 4 | SW | 3.13 | 1' | $9.637×10^{-7}$ | $4.156×10^{4}$ | 0.0481% |
| | SW | 3.13 | 2' | $8.102×10^{-7}$ | $4.988×10^{4}$ | 0.0401% |
| | SW | 3.13 | 3' | $7.038×10^{-7}$ | $5.739×10^{4}$ | 0.0348% |
| | SW | 3.13 | 4' | $5.893×10^{-7}$ | $6.795×10^{4}$ | 0.0294% |
| | SW | 3.13 | 5' | $5.674×10^{-7}$ | $7.116×10^{4}$ | 0.0281% |
| | SW | 3.13 | 6' | $5.307×10^{-7}$ | $7.614×10^{4}$ | 0.0263% |
| | SW | 3.13 | 7' | $4.804×10^{-7}$ | $8.348×10^{4}$ | 0.0240% |
| | SW | 3.13 | 8' | $4.948×10^{-7}$ | $8.147×10^{4}$ | 0.0245% |
| | SW | 3.13 | 9' | $4.831×10^{-7}$ | $8.354×10^{4}$ | 0.0239% |
| | SW | 3.13 | 10' | $4.503×10^{-7}$ | $8.906×10^{4}$ | 0.0225% |
| 5 | S | 0.5 | 1' | $<10^{-9}$ | $>10^{10}$ | <0.0001% |
| | S | 0.5 | 2' | $<10^{-9}$ | $>10^{10}$ | <0.0001% |
| | S | 0.5 | 3' | $<10^{-9}$ | $>10^{10}$ | <0.0001% |
| | S | 0.5 | 4' | $<10^{-9}$ | $>10^{10}$ | <0.0001% |
| | S | 0.5 | 5' | $<10^{-9}$ | $>10^{10}$ | <0.0001% |
| | S | 0.5 | 6' | $<10^{-9}$ | $>10^{10}$ | <0.0001% |
| | S | 0.5 | 7' | $<10^{-9}$ | $>10^{10}$ | <0.0001% |
| | S | 0.5 | 8' | $<10^{-9}$ | $>10^{10}$ | <0.0001% |
| | S | 0.5 | 9' | $<10^{-9}$ | $>10^{10}$ | <0.0001% |
| | S | 0.5 | 10' | $<10^{-9}$ | $>10^{10}$ | <0.0001% |

续表

| 工况 | 风向 | 风速(m/s) | 典型位置 | 示踪气体浓度(质量分数) | $DR^*$ | 感染概率 |
|---|---|---|---|---|---|---|
| 6 | S | 1 | 1' | $<10^{-9}$ | $>10^{10}$ | $<0.0001\%$ |
| | S | 1 | 2' | $<10^{-9}$ | $>10^{10}$ | $<0.0001\%$ |
| | S | 1 | 3' | $<10^{-9}$ | $>10^{10}$ | $<0.0001\%$ |
| | S | 1 | 4' | $<10^{-9}$ | $>10^{10}$ | $<0.0001\%$ |
| | S | 1 | 5' | $<10^{-9}$ | $>10^{10}$ | $<0.0001\%$ |
| | S | 1 | 6' | $<10^{-9}$ | $>10^{10}$ | $<0.0001\%$ |
| | S | 1 | 7' | $<10^{-9}$ | $>10^{10}$ | $<0.0001\%$ |
| | S | 1 | 8' | $<10^{-9}$ | $>10^{10}$ | $<0.0001\%$ |
| | S | 1 | 9' | $<10^{-9}$ | $>10^{10}$ | $<0.0001\%$ |
| | S | 1 | 10' | $<10^{-9}$ | $>10^{10}$ | $<0.0001\%$ |
| 7 | S | 2 | 1' | $1.971\times10^{-6}$ | $2.036\times10^{4}$ | $0.0982\%$ |
| | S | 2 | 2' | $1.646\times10^{-6}$ | $2.493\times10^{4}$ | $0.0802\%$ |
| | S | 2 | 3' | $1.435\times10^{-6}$ | $2.845\times10^{4}$ | $0.0703\%$ |
| | S | 2 | 4' | $1.106\times10^{-6}$ | $3.621\times10^{4}$ | $0.0552\%$ |
| | S | 2 | 5' | $1.287\times10^{-6}$ | $3.161\times10^{4}$ | $0.0633\%$ |
| | S | 2 | 6' | $1.245\times10^{-6}$ | $3.272\times10^{4}$ | $0.0611\%$ |
| | S | 2 | 7' | $9.978\times10^{-7}$ | $4.023\times10^{4}$ | $0.0497\%$ |
| | S | 2 | 8' | $1.128\times10^{-6}$ | $3.597\times10^{4}$ | $0.0556\%$ |
| | S | 2 | 9' | $1.090\times10^{-6}$ | $3.730\times10^{4}$ | $0.0536\%$ |
| | S | 2 | 10' | $8.483\times10^{-7}$ | $4.732\times10^{4}$ | $0.0423\%$ |
| 8 | S | 3.13 | 1' | $3.902\times10^{-7}$ | $1.029\times10^{5}$ | $0.0194\%$ |
| | S | 3.13 | 2' | $3.316\times10^{-7}$ | $1.237\times10^{5}$ | $0.0162\%$ |
| | S | 3.13 | 3' | $2.937\times10^{-7}$ | $1.390\times10^{5}$ | $0.0144\%$ |
| | S | 3.13 | 4' | $2.310\times10^{-7}$ | $1.734\times10^{5}$ | $0.0115\%$ |
| | S | 3.13 | 5' | $2.716\times10^{-7}$ | $1.498\times10^{5}$ | $0.0133\%$ |
| | S | 3.13 | 6' | $2.669\times10^{-7}$ | $1.526\times10^{5}$ | $0.0131\%$ |
| | S | 3.13 | 7' | $2.201\times10^{-7}$ | $1.824\times10^{5}$ | $0.0110\%$ |
| | S | 3.13 | 8' | $2.552\times10^{-7}$ | $1.590\times10^{5}$ | $0.0126\%$ |
| | S | 3.13 | 9' | $2.548\times10^{-7}$ | $1.596\times10^{5}$ | $0.0125\%$ |
| | S | 3.13 | 10' | $2.067\times10^{-7}$ | $1.942\times10^{5}$ | $0.0103\%$ |
| 9 | W | 0.5 | 1' | $<10^{-9}$ | $>10^{10}$ | $<0.0001\%$ |
| | W | 0.5 | 2' | $<10^{-9}$ | $>10^{10}$ | $<0.0001\%$ |
| | W | 0.5 | 3' | $<10^{-9}$ | $>10^{10}$ | $<0.0001\%$ |
| | W | 0.5 | 4' | $<10^{-9}$ | $>10^{10}$ | $<0.0001\%$ |
| | W | 0.5 | 5' | $<10^{-9}$ | $>10^{10}$ | $<0.0001\%$ |
| | W | 0.5 | 6' | $<10^{-9}$ | $>10^{10}$ | $<0.0001\%$ |
| | W | 0.5 | 7' | $<10^{-9}$ | $>10^{10}$ | $<0.0001\%$ |
| | W | 0.5 | 8' | $<10^{-9}$ | $>10^{10}$ | $<0.0001\%$ |
| | W | 0.5 | 9' | $<10^{-9}$ | $>10^{10}$ | $<0.0001\%$ |
| | W | 0.5 | 10' | $<10^{-9}$ | $>10^{10}$ | $<0.0001\%$ |

| 工况 | 风向 | 风速(m/s) | 典型位置 | 示踪气体浓度(质量分数) | $DR^*$ | 感染概率 |
|---|---|---|---|---|---|---|
| 10 | W | 1 | 1' | $<10^{-9}$ | $>10^{10}$ | $<0.0001\%$ |
| | W | 1 | 2' | $<10^{-9}$ | $>10^{10}$ | $<0.0001\%$ |
| | W | 1 | 3' | $<10^{-9}$ | $>10^{10}$ | $<0.0001\%$ |
| | W | 1 | 4' | $<10^{-9}$ | $>10^{10}$ | $<0.0001\%$ |
| | W | 1 | 5' | $<10^{-9}$ | $>10^{10}$ | $<0.0001\%$ |
| | W | 1 | 6' | $<10^{-9}$ | $>10^{10}$ | $<0.0001\%$ |
| | W | 1 | 7' | $<10^{-9}$ | $>10^{10}$ | $<0.0001\%$ |
| | W | 1 | 8' | $<10^{-9}$ | $>10^{10}$ | $<0.0001\%$ |
| | W | 1 | 9' | $<10^{-9}$ | $>10^{10}$ | $<0.0001\%$ |
| | W | 1 | 10' | $<10^{-9}$ | $>10^{10}$ | $<0.0001\%$ |
| 11 | W | 2 | 1' | $<10^{-9}$ | $>10^{10}$ | $<0.0001\%$ |
| | W | 2 | 2' | $<10^{-9}$ | $>10^{10}$ | $<0.0001\%$ |
| | W | 2 | 3' | $<10^{-9}$ | $>10^{10}$ | $<0.0001\%$ |
| | W | 2 | 4' | $<10^{-9}$ | $>10^{10}$ | $<0.0001\%$ |
| | W | 2 | 5' | $<10^{-9}$ | $>10^{10}$ | $<0.0001\%$ |
| | W | 2 | 6' | $<10^{-9}$ | $>10^{10}$ | $<0.0001\%$ |
| | W | 2 | 7' | $<10^{-9}$ | $>10^{10}$ | $<0.0001\%$ |
| | W | 2 | 8' | $<10^{-9}$ | $>10^{10}$ | $<0.0001\%$ |
| | W | 2 | 9' | $<10^{-9}$ | $>10^{10}$ | $<0.0001\%$ |
| | W | 2 | 10' | $<10^{-9}$ | $>10^{10}$ | $<0.0001\%$ |
| 12 | W | 3.13 | 1' | $<10^{-9}$ | $5.546\times10^{7}$ | $<0.0001\%$ |
| | W | 3.13 | 2' | $<10^{-9}$ | $8.051\times10^{7}$ | $<0.0001\%$ |
| | W | 3.13 | 3' | $<10^{-9}$ | $1.359\times10^{8}$ | $<0.0001\%$ |
| | W | 3.13 | 4' | $<10^{-9}$ | $>10^{10}$ | $<0.0001\%$ |
| | W | 3.13 | 5' | $<10^{-9}$ | $>10^{10}$ | $<0.0001\%$ |
| | W | 3.13 | 6' | $<10^{-9}$ | $>10^{10}$ | $<0.0001\%$ |
| | W | 3.13 | 7' | $<10^{-9}$ | $>10^{10}$ | $<0.0001\%$ |
| | W | 3.13 | 8' | $<10^{-9}$ | $>10^{10}$ | $<0.0001\%$ |
| | W | 3.13 | 9' | $<10^{-9}$ | $>10^{10}$ | $<0.0001\%$ |
| | W | 3.13 | 10' | $<10^{-9}$ | $>10^{10}$ | $<0.0001\%$ |
| 13 | N | 0.5 | 1' | $<10^{-9}$ | $>10^{10}$ | $<0.0001\%$ |
| | N | 0.5 | 2' | $<10^{-9}$ | $>10^{10}$ | $<0.0001\%$ |
| | N | 0.5 | 3' | $<10^{-9}$ | $>10^{10}$ | $<0.0001\%$ |
| | N | 0.5 | 4' | $<10^{-9}$ | $>10^{10}$ | $<0.0001\%$ |
| | N | 0.5 | 5' | $<10^{-9}$ | $>10^{10}$ | $<0.0001\%$ |
| | N | 0.5 | 6' | $<10^{-9}$ | $>10^{10}$ | $<0.0001\%$ |
| | N | 0.5 | 7' | $<10^{-9}$ | $>10^{10}$ | $<0.0001\%$ |
| | N | 0.5 | 8' | $<10^{-9}$ | $>10^{10}$ | $<0.0001\%$ |
| | N | 0.5 | 9' | $<10^{-9}$ | $>10^{10}$ | $<0.0001\%$ |
| | N | 0.5 | 10' | $<10^{-9}$ | $>10^{10}$ | $<0.0001\%$ |

| 工况 | 风向 | 风速(m/s) | 典型位置 | 示踪气体浓度(质量分数) | $DR^*$ | 感染概率 |
|---|---|---|---|---|---|---|
| 14 | N | 1 | 1' | $<10^{-9}$ | $>10^{10}$ | $<0.0001\%$ |
| | N | 1 | 2' | $<10^{-9}$ | $>10^{10}$ | $<0.0001\%$ |
| | N | 1 | 3' | $<10^{-9}$ | $>10^{10}$ | $<0.0001\%$ |
| | N | 1 | 4' | $<10^{-9}$ | $>10^{10}$ | $<0.0001\%$ |
| | N | 1 | 5' | $<10^{-9}$ | $>10^{10}$ | $<0.0001\%$ |
| | N | 1 | 6' | $<10^{-9}$ | $>10^{10}$ | $<0.0001\%$ |
| | N | 1 | 7' | $<10^{-9}$ | $>10^{10}$ | $<0.0001\%$ |
| | N | 1 | 8' | $<10^{-9}$ | $>10^{10}$ | $<0.0001\%$ |
| | N | 1 | 9' | $<10^{-9}$ | $>10^{10}$ | $<0.0001\%$ |
| | N | 1 | 10' | $<10^{-9}$ | $>10^{10}$ | $<0.0001\%$ |
| 15 | N | 2 | 1' | $5.816\times10^{-8}$ | $6.898\times10^{5}$ | $0.0029\%$ |
| | N | 2 | 2' | $4.615\times10^{-8}$ | $8.805\times10^{5}$ | $0.0023\%$ |
| | N | 2 | 3' | $3.955\times10^{-8}$ | $1.024\times10^{6}$ | $0.0020\%$ |
| | N | 2 | 4' | $3.217\times10^{-8}$ | $1.246\times10^{6}$ | $0.0016\%$ |
| | N | 2 | 5' | $3.301\times10^{-8}$ | $1.225\times10^{6}$ | $0.0016\%$ |
| | N | 2 | 6' | $3.090\times10^{-8}$ | $1.309\times10^{6}$ | $0.0015\%$ |
| | N | 2 | 7' | $2.639\times10^{-8}$ | $1.521\times10^{6}$ | $0.0013\%$ |
| | N | 2 | 8' | $2.714\times10^{-8}$ | $1.487\times10^{6}$ | $0.0013\%$ |
| | N | 2 | 9' | $2.480\times10^{-8}$ | $1.630\times10^{6}$ | $0.0012\%$ |
| | N | 2 | 10' | $2.023\times10^{-8}$ | $1.985\times10^{6}$ | $0.0010\%$ |
| 16 | N | 3.13 | 1' | $6.032\times10^{-7}$ | $6.645\times10^{4}$ | $0.0301\%$ |
| | N | 3.13 | 2' | $5.203\times10^{-7}$ | $7.765\times10^{4}$ | $0.0258\%$ |
| | N | 3.13 | 3' | $4.734\times10^{-7}$ | $8.516\times10^{4}$ | $0.0235\%$ |
| | N | 3.13 | 4' | $4.195\times10^{-7}$ | $9.548\times10^{4}$ | $0.0209\%$ |
| | N | 3.13 | 5' | $4.197\times10^{-7}$ | $9.598\times10^{4}$ | $0.0208\%$ |
| | N | 3.13 | 6' | $4.010\times10^{-7}$ | $1.005\times10^{5}$ | $0.0199\%$ |
| | N | 3.13 | 7' | $3.666\times10^{-7}$ | $1.094\times10^{5}$ | $0.0183\%$ |
| | N | 3.13 | 8' | $3.706\times10^{-7}$ | $1.086\times10^{5}$ | $0.0184\%$ |
| | N | 3.13 | 9' | $3.494\times10^{-7}$ | $1.153\times10^{5}$ | $0.0173\%$ |
| | N | 3.13 | 10' | $3.112\times10^{-7}$ | $1.288\times10^{5}$ | $0.0155\%$ |

# 附录 D　本书部分图的彩图

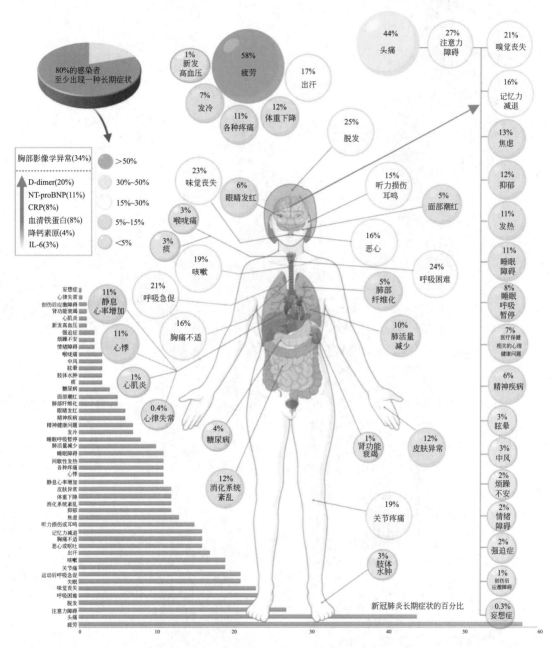

图 1-2　新冠肺炎的长期影响（病毒感染后 14 至 110 天）

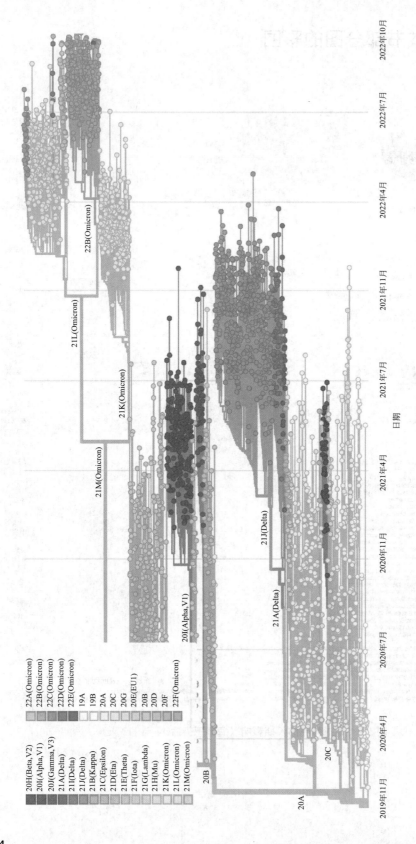

图 1-3　全球范围内引发新冠疫情的 SARS-CoV-2 病毒的基因组流行病学进化树（2019 年 11 月至 2022 年 10 月 3033 个基因组样本）

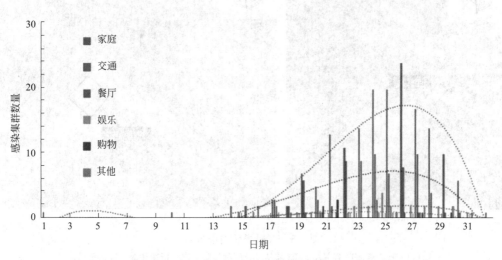

图 2-1　2020 年初国内 231 次新冠肺炎疫情暴发所在不同类别场所分类

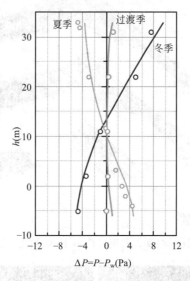

图 4-13　成都双流国际机场典型季节日间室内外压差的垂直分布

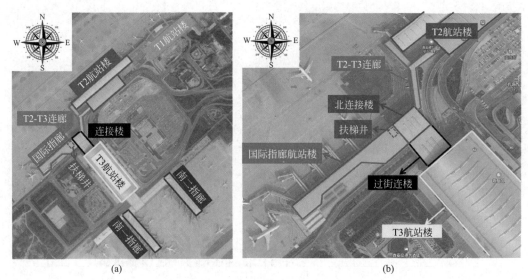

图 5-3　A 机场航站楼布局

（a）T1 航站楼、T2 航站楼、T3 航站楼、国际指廊、南一指廊和南二指廊布局；

（b）T2 航站楼、T3 航站楼与国际指廊的连通

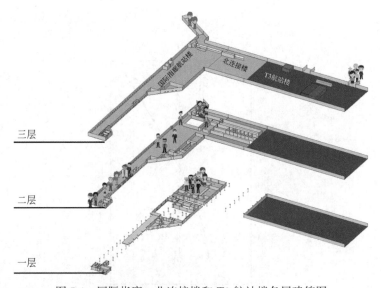

图 5-4　国际指廊、北连接楼和 T3 航站楼各层建筑图

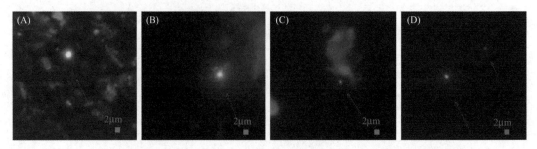

图 6-1　深圳宝安机场流行病学调查区的现场荧光微球气溶胶模拟实验

注：图中 A、B、C、D 表示不同的测点位置，距气溶胶释放源由近及远。

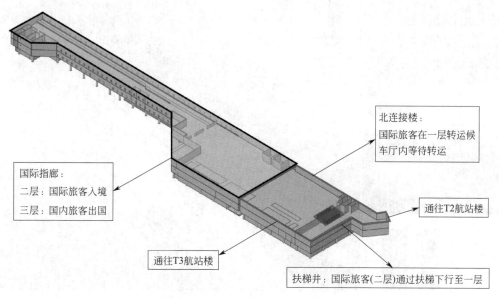

图 6-2 国际指廊及北连接楼模型

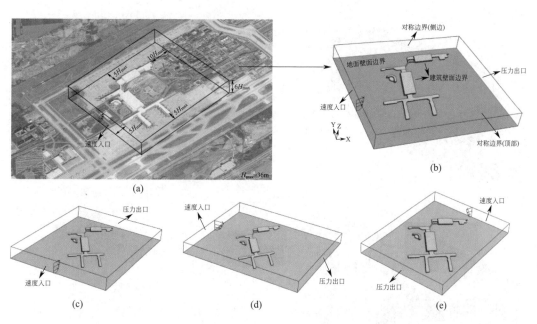

图 7-1 不同风向下外风场计算域和模拟边界条件

(a) 卫星地图背景的西南风向下外风场的计算域范围；(b) 西南风向；

(c) 南风向；(d) 西风向；(e) 北风向

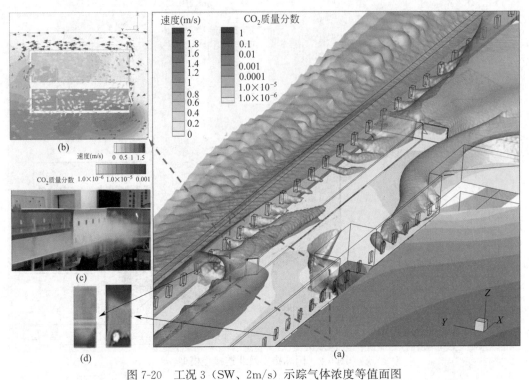

图 7-20 工况 3（SW、2m/s）示踪气体浓度等值面图

（a）示踪气体浓度等值面图；（b）X 截面切向速度矢量和浓度云图；（c）实验图；（d）典型窗口截面浓度云图

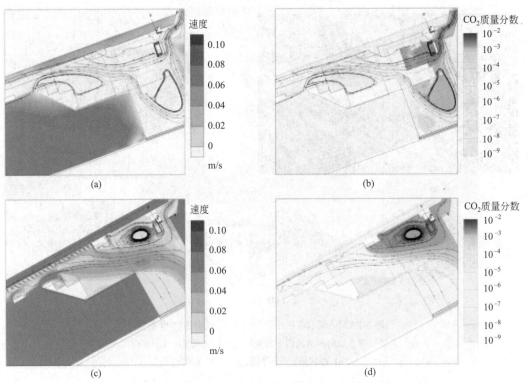

图 7-23 工况 2（SW、1m/s）电梯井周围速度和示踪气体浓度云图

（a）二层速度云图；（b）二层浓度云图；（c）三层速度云图；（d）三层浓度云图

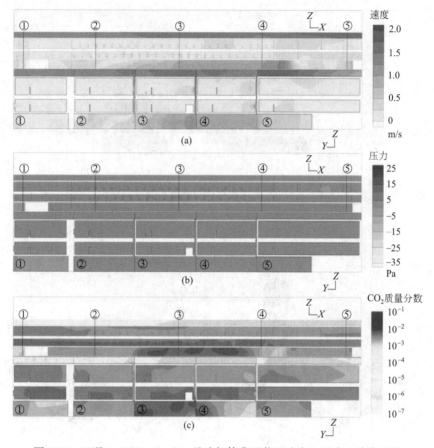

图 7-27　工况 3（SW、2m/s）示踪气体典型截面速度、压力、浓度云图

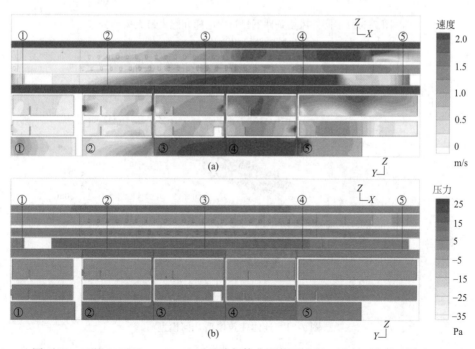

图 7-28　工况 4（SW、3.13m/s）示踪气体典型截面速度、压力、浓度云图（一）

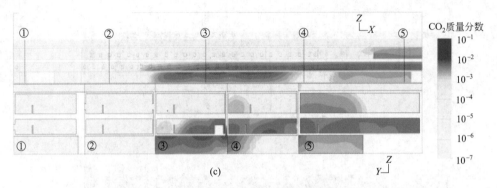

图 7-28 工况 4（SW、3.13m/s）示踪气体典型截面速度、压力、浓度云图（二）

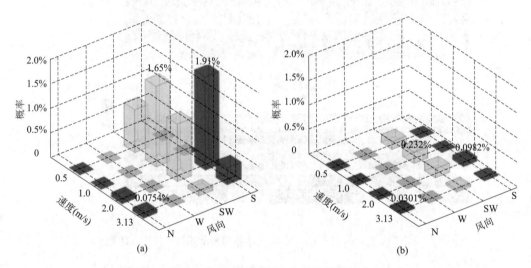

图 7-30 不同外风场条件下建筑内电梯井感染最大概率分布

(a) 位置 1～10；(b) 位置 1′～10′

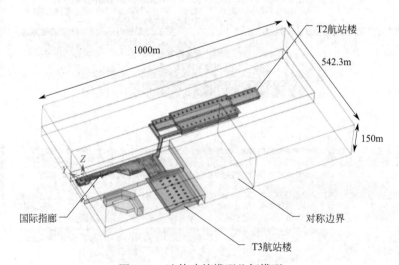

图 7-31 连体建筑模型几何模型

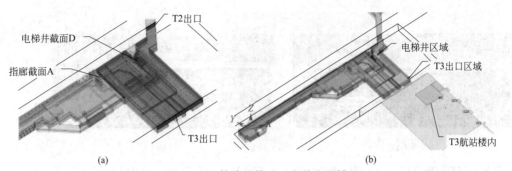

(a)　　　　　　　　　　　　　　　　　　　　(b)

图 7-32　连体建筑模型重点关注区域

（a）北连接楼截面区域；（b）稀释倍率与感染概率计算采样区域

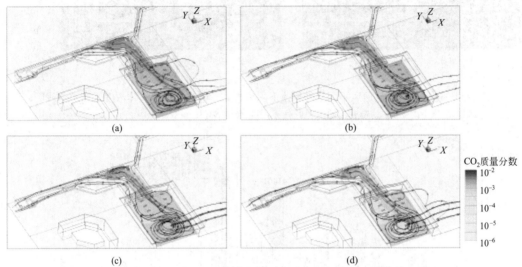

(a)　　　　　　　　　　　　　　　　　　　　(b)

(c)　　　　　　　　　　　　　　　　　　　　(d)

图 7-35　连体建筑自然通风不同室外风速下航站楼内示踪气体浓度云图及流线图

（a）SW、0.5m/s；（b）SW、1.0m/s；（c）SW、2.0m/s；（d）SW、3.1m/s

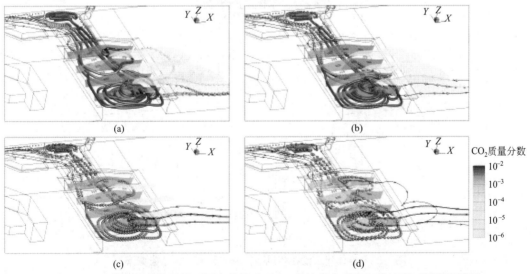

(a)　　　　　　　　　　　　　　　　　　　　(b)

(c)　　　　　　　　　　　　　　　　　　　　(d)

图 7-36　连体建筑自然通风不同室外风速下 T3 航站楼内示踪气体浓度云图及流线图

（a）SW、0.5m/s；（b）SW、1.0m/s；（c）SW、2.0m/s；（d）SW、3.1m/s

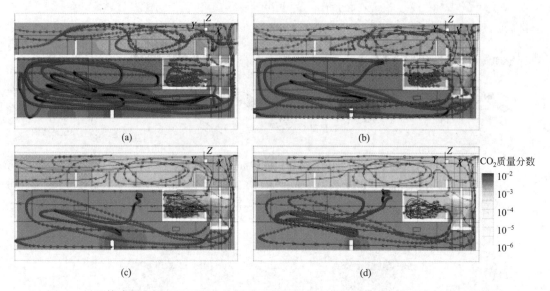

图 7-37　连体建筑自然通风不同室外风速下国际指廊、电梯井示踪气体浓度云图及流线图

(a) SW、0.5m/s；(b) SW、1.0m/s；(c) SW、2.0m/s；(d) 3.1m/s

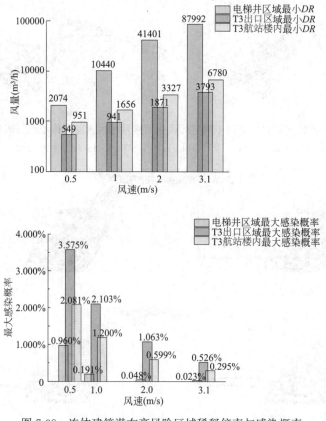

图 7-38　连体建筑潜在高风险区域稀释倍率与感染概率

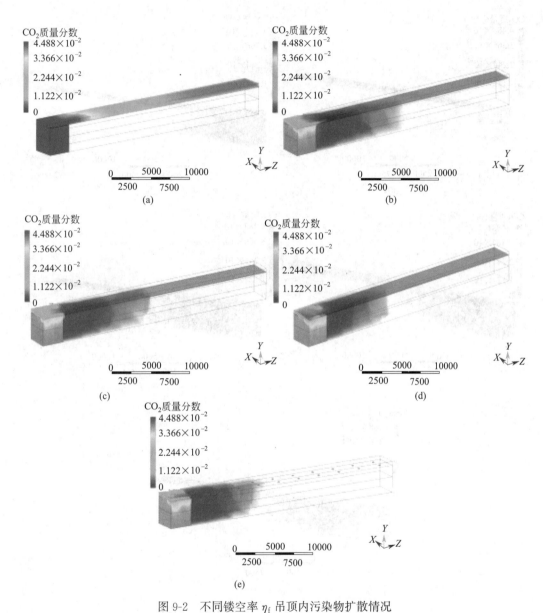

图 9-2 不同镂空率 $\eta_f$ 吊顶内污染物扩散情况

(a) $\eta_f=0$; (b) $\eta_f=12.5\%$; (c) $\eta_f=25\%$; (d) $\eta_f=50\%$; (e) $\eta_f=100\%$

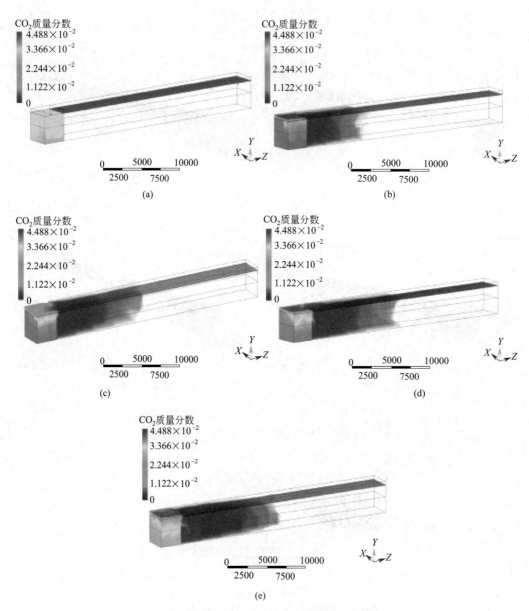

图 9-4  不同镂空率 $\eta_w$ 吊顶内污染物运动情况

（a）$\eta_w=0$；（b）$\eta_w=12.5\%$；（c）$\eta_w=25\%$；（d）$\eta_w=50\%$；（e）$\eta_w=100\%$

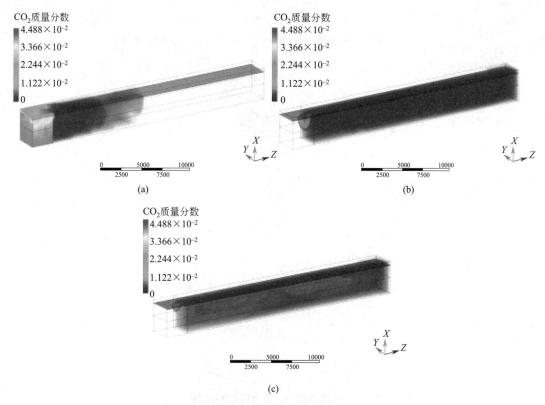

图 9-7　不同侵入风速下吊顶及房间内空气流动

（a）侵入风速为 0m/s；（b）侵入风速为 0.5m/s；（c）侵入风速为 1.0m/s

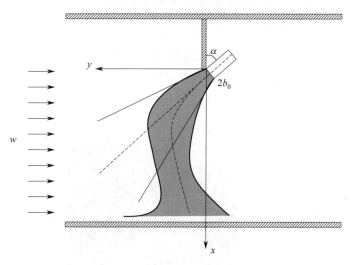

图 9-13　横向气流下的大门空气幕

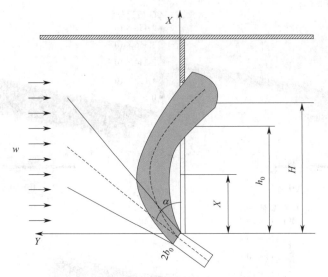

图 9-14　空气幕气流运动

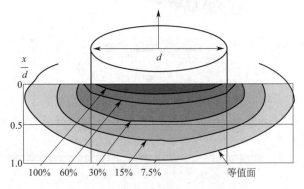

图 9-19　排风口速度分布

$x$——某一点距吸气口的距离，m；$d$——吸气口的直径，m

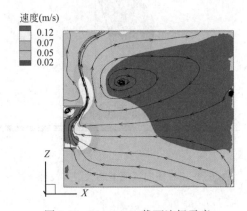

图 9-23　$Y=2.5\mathrm{m}$ 截面流场示意

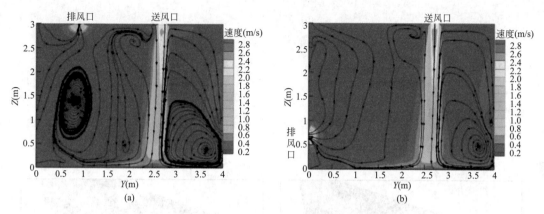

图 9-27　卫生间上送上排、上送下排形式速度分布

(a) 上送上排；(b) 上送下排

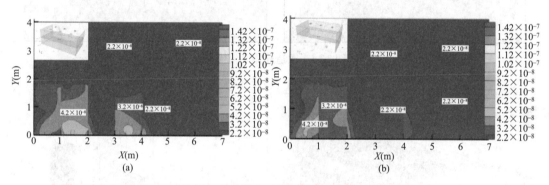

图 9-28　卫生间上送上排、上送下排形式下硫化氢质量分数

(a) 上送上排；(b) 上送下排

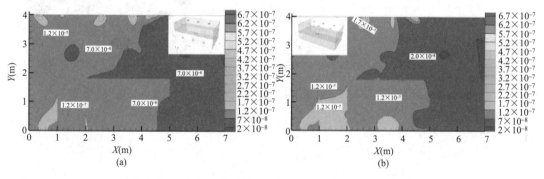

图 9-29　卫生间上送上排、上送下排形式下氨气质量分数

(a) 上送上排；(b) 上送下排

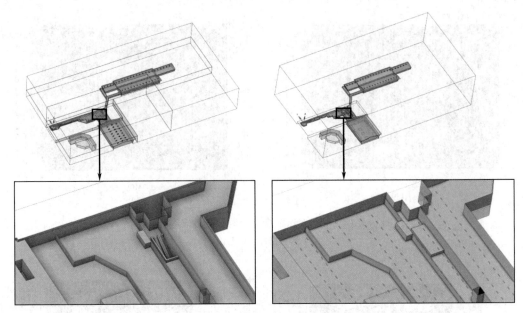

图 10-1　改造连体几何模型

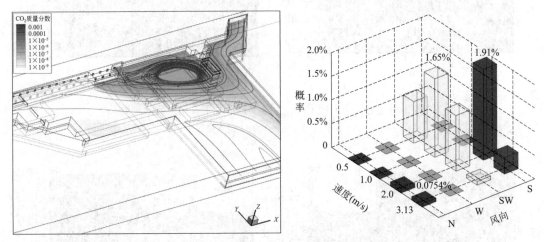

图 10-13　不同外风场条件下建筑内电梯井附近区域污染物浓度及感染概率分布